暨南大学本科教材资助项目（普通教材资助项目）

化学与社会

杨 骏 白 燕 编著

CHEMISTRY

AND

SOCIETY

暨南大学出版社
JINAN UNIVERSITY PRESS

中国·广州

图书在版编目（CIP）数据

化学与社会/杨骏，白燕编著 . —广州：暨南大学出版社，2022.2（2022.9重印）

ISBN 978 - 7 - 5668 - 3300 - 6

Ⅰ . ①化… Ⅱ. ①杨… ②白… Ⅲ. ①化学—关系—社会发展 Ⅳ. ①O6 - 05

中国版本图书馆 CIP 数据核字（2021）第 248751 号

化学与社会

HUAXUE YU SHEHUI

编著者：杨 骏 白 燕

出 版 人：张晋升

责任编辑：曾鑫华 彭琳惠

责任校对：张学颖 王燕丽 陈皓琳

责任印制：周一丹 郑玉婷

出版发行：暨南大学出版社（511443）

电 话：总编室（8620）37332601
营销部（8620）37332680 37332681 37332682 37332683

传 真：（8620）37332660（办公室） 37332684（营销部）

网 址：http：//www. jnupress. com

排 版：广州市天河星辰文化发展部照排中心

印 刷：佛山市浩文彩色印刷有限公司

开 本：787mm×960mm 1/16

印 张：17. 25

字 数：300 千

版 次：2022 年 2 月第 1 版

印 次：2022 年 9 月第 2 次

定 价：49. 80 元

自 序

　　2011 年是"国际化学年"，主题是"化学——我们的生活，我们的未来"，同年，暨南大学大力推进通识教育，于是我们开始构建通识教育"化学与社会"课程体系并于 2012 年开课。化学是一门中心的、实用的和创造性的学科，透过化学可以了解自然科学和学科间的相互交叉与渗透，并且化学让人终身受益的不只是知晓物质的组成、特性和变化，还有对待物质世界的态度、观念以及与自然相处的思想和方法。根据化学学科的特点和培养学生科学精神和人文精神的理念，我们构建了新的教学体系，以化学文化为主线，讲述化学在社会生产和生活中的作用和化学知识。我们的教学特色可用"新""俗"和"广"三个字概括，所谓"新"就是将科学家的最新发现和科技动态以及与化学相关的重大社会热点事件引入课堂，培养学生求真的科学观。"俗"是通俗，我们通过阅读大量的科普作品，学习如何用通俗的语言讲解科学概念，并从文学作品中学习表达技巧，尽可能把化学概念用通俗的语言介绍给缺乏专业背景的学生，并且把难懂的化学与生活中息息相关的事件联系起来，使得化学不再遥不可及。"广"体现在课程内容涉及人类社会的方方面面，从衣食住行用到文学艺术，展示千百年来人类利用化学改善生活质量的成就，让学生在有限的知识储备下，窥探化学世界之美，领略化学的奥秘，从而能够用化学的眼睛看世界，认识化学在实现人与自然和谐共处中的作用。经过不断改进和完善，"化学与社会"课程获得了良好的教学效果，2017 年成为学校通识教育选修课核心课程。我们根据多年的教学经验，在讲稿的基础上编写了本书。

　　本书分为八章，涉及能源、材料、生命、艺术等方面的化学问题和化学家及其成就，以及诺贝尔奖与现代化学发展的关系。本书从与化学密切相关的领域出发，引入大量的实例，讲述化学与社会的交互促进，阐述化学对人类文明进步的贡献，展示化学的魅力，并且以邮票为载体，回顾化学史，重温化学的成就，感恩化学和化学家。作为通识教育的教材，本书从化学文化的角度，以美为基础，通过展示物质的自然美、微观结构的内在美、变化的规律美、物质在转换过程中平衡和守恒的和谐美、化学合成的创造美和实用美以及化学语言美等化学之美，讲述化学的基本概念、原理和技术，介绍化学思维方法和研究方法，并用其解释具体问题。学生可以从中学习化学知识，领悟化学在人类文明进程中的作用。本书适合本科生、研究生阅读，可作为高等学校通识教育课程教材，亦可供自学者参考。

我们在撰写过程中参考了众多文献、教材和专著，从中获取了许多有价值的信息，在此谨致以崇高的敬意和衷心的感谢。感谢狄雨晴、杭雨彤、贺利贞、莫乔菲、吴春蓓、杨凯、叶雪琪、朱燕婷在资料收集、插图绘制，文稿撰写等方面给予的帮助！感谢在课程建设初期与我们一起开设此课程的傅小波教授！感谢郭书好教授、查海燕书记一直以来对我们教学工作的关心和指导！同时，特别感谢近十年来每学期选修本课程的同学们，他们在学习过程中提出的宝贵意见和建议对我们提高教学水平及本书的质量起到了重要作用。感谢暨南大学教务处对"化学与社会"课程建设的支持以及对《化学与社会》教材出版的资助！感谢暨南大学出版社及曾鑫华编辑和彭琳惠编辑为本书出版付出的辛勤劳动！

本书由杨骏策划、统稿并编写第三、四、五、八章，白燕编写第一、二、七章，杨骏和白燕共同编写第六章。尽管我们付出了极大的热情和努力，但由于水平有限，书中难免有欠妥、不足甚至错误之处，敬请读者批评指正！

编者

2021 年 10 月

目　录

1 绪 论

化学——人类进步的关键。

——格仑·丁奥多·西博格

化学是满足社会需要的中心科学，从衣食住行用到高科技领域，化学已经渗透到我们社会生活的各个方面。然而，相比起生物学的崛起和物理学的辉煌成就，近年来化学在大众心目中没有显现其应有的重要地位。社会上存在着对化学和化学工业的诸多负面认识，如食品安全、化学污染、不可再生能源的消耗等，同时也滋生了排斥化学和盲目抵制化学工业的思潮。究其原因，这是公众对化学科学和化学工业缺乏了解。事实上，食品保鲜剂、药品、洗涤用品、塑料制品、油漆涂料和颜料等日常用品皆为化学所创造。化学在医药、食品、能源、材料、环境等学科的发展中发挥着重要作用，在现代社会中人们离开了化学将寸步难行。因此，传播化学知识，让公众理性、客观、全面地认识化学对人类文明和社会进步所作的贡献，是化学人不可推卸的责任。

化学是什么？化学是在分子、原子层次上研究物质组成、结构、性质和变化规律的科学，它涉及存在于自然界的物质及其变化，以及由人类创造的新物质及其变化。世界是由物质组成的，我们生活在这个世界上，化学必然与我们的生活息息相关。

1.1 化学的起源

人类使用火可以被认为是化学的起源，人类最初使用的是自然火——天上的雷电点燃了枯木，燃烧的火焰释放光和热并烧死野兽。原始人用火抵御严寒，照亮黑夜，驱赶猛兽，猎杀动物，而捡食被烧死的野兽则让原始人体会到了熟食的美味和安全。与动物不同，人类悟出了火带来的生存之道，为追求更好的生活，于是开始有意识地保存火种，并掌握了敲石取火和钻木取火的技能。通过对火的使用，原始人掌握了除自身体能以外的一种强大的自然力，从而拥有了生存与发展的基本力量。从此，人类的生活发生了重大变化。使用火，成了人类获取能量的基本途径，也是人类制取新物质以满足生活需要的有效方法，可以说，从人类学会使用火，就开始了最早的化学实践活动。

火是物质燃烧反应过程中所释放的巨大能量，即以光和热的形式释放的化学反应能量。人类借助火的高温取暖和加工食物，并借助火光照明，极大地改善了生存条件。更重要的是，人类借助火的高温实现某些化学变化，制造了工具和生活用品等，以满足更高水准的生存需要。如，用烈火将黏土烧制成陶瓷，制成了具有存水功能、耐高温和耐用的陶器。有了陶器，人们可以吃蒸、煮的食物，不仅尝到了与火烤食物不同的味道，也由此获得了更多的营养成分，如溶于水和油中的营养成分。之后，人类逐步学会了炼制金属。与陶瓷和石头相比，金属具有更好的可塑性和延展性，又比木头具备更高的硬度。我们的祖先借助烈火的高温可以从矿石中炼出金属，并打造更好用的器皿和工具。如，青铜是人类炼成的第一种合金，其主要元素是铜。青铜可制作成食器，如鼎、鬲、簋等，又可制作成酒器，如尊、角、斝等。后来，随着人们饮食需求的不断提高，这些食器和酒器越做越精致。此外，青铜还可制作成编钟、编铙等青铜乐器，刀、剑、戈、矛等兵器，以及度量衡器，等等。人类为了获取更强大的能量，研制出了火药，火药的爆炸能瞬间产生巨大的破坏力，可以用来开矿修路，当然也可作为武器抵御猛兽，与敌人解决纷争。

人类借助火的高温产生的化学反应创造新物质，以及利用新物质产生更高的能量，这是人类有意识地利用化学变化的开端。之后，人类又懂得了酿造、制药、染色、造纸，等等。经过加工改造的食物、药物、用品以及制作技术是古代文明的标志。早期的发现多属于偶然，也有古人对一些化学变化规律的初步摸索，即原始的化学思想。但是随着人们化学知识的增长，人类现在可以通过设计来创造新的物质和反应。人类的生活和社会发展蕴藏着对化学的需求，同时，化学改变着世界。

1.2 化学的贡献

自从人类借助火创造新物质、提高生产技能和改善生活条件以来，化学就一直伴随着人类发展。从探索保存火种、使用工具的原始社会到以煤炭和石油作为能源的工业革命时代，再到如今的信息化现代社会，人类在衣食住行用方方面面都在享受着化学的研究成果。

（1）化学是新能源的希望。能源是人类生存与发展的主要基础。人类对能源的利用是从火的使用开始的，工业革命时代中，人类社会由柴薪能源时期转变为煤炭时期，进而步入石油和天然气时期。目前人类所使用的燃料主要有煤、天然气和石油产品，这些能源是不可再生的。伴随着生产力的发展，人类对能源的需求日益增长，但是不可再生的化石燃料会逐渐枯竭。此外，常规能源带来的空气污染问题也亟待解决。因此，开发可再生能源和清洁新能源必定是化学创新的主题。化学电池是能将化学能转变为电能的装置，具有储能和供能的功能。使用时，将导线连接两个电极即有电流通过。化学电池是化学在能源开发领域的一项重大贡献。便携式化学电池，如锂离子电池已经逐渐应用于社会的各个领域，与我们的生活密不可分。2019 年，古迪纳夫（John B. Goodenough）、威廷汉（M. Stanley Whittingham）和吉野彰（Akira Yoshino）因在锂离子电池发展上所作的杰出贡献而被授予诺贝尔化学奖，这足以说明清洁、便携储能器件研发的巨大意义和价值。正如诺贝尔奖委员会所言："锂离子电池已经彻底改变了我们的生活，其应用从手机到笔记本电脑再到电动汽车，触及方方面面。他们三位的研究为推动一个无线（可移动）、无化石燃料的社会奠定了基础。"

（2）化学使人类丰衣足食，健康长寿。化肥、农药和除草剂使农产品的产量和安全性得以提升，帮助人类消除饥饿，丰衣足食。此外，食品添加剂的合理使用，延长了食物的保存时间和运输距离，使品尝异地美食不再是难事。除了天然的棉麻丝外，各种化学纤维，特别是仿真纤维的问世，丰富了服装、服饰和寝具的面料，使其更加健康、舒适、环保，提升了其功能和安全性能，貌似天然，胜似天然。化学家同样参与了对抗疾病、延长寿命的探索。现代药学就是化学合成的实践，药典中的常见药物几乎都是化学合成的产物。如，胰岛素、维生素是维持和调节机体正常代谢的重要物质，阿司匹林、磺胺嘧啶、利巴韦林、青霉素、青蒿素、紫杉醇等帮助我们对抗细菌、病毒和癌症。化学在造福人类的同时，也守护着自然。直接以动植物为原料来获取大量的化合物和药物会对自然造成严重的破坏。因此，化学家们通常先从动植物中分离出化合物，再进行药效研究和化学结构分析，进而对化合物进行合成和改造，然后再进行药效研究，以此获得新药。

（3）新材料改变着人类的生活方式。从建筑材料到家居装潢，各种新型材料不断涌现，如，钢铁和水泥取代了泥土、木材和稻草；复合材料、油漆涂料、瓷砖和玻璃等的运用使我们的居住环境冬暖夏凉、方便舒适；各种合金，特别是轻质高强的铝合金以及橡胶等材料制造的交通工具，使我们的出行方便快捷；层出不穷的高新材料让我们使用的各类工具和用品变得更加灵巧轻便。陶瓷除广泛用于工艺品、餐饮器具、厨房和浴室的洗涤池外，还用于制造切削刀具和电绝缘器件等。塑料是化学家创造出来的新物质，化学合成的塑性（柔韧性）或刚性材料大多是高分子材料。作为一种新材料，它可替代很多传统材料，你能想象没有塑料的世界吗？看看你身边的任何一样东西：电脑（外壳、键盘、鼠标）、手机、文件夹、笔、眼镜、光碟（CD）、水杯、饭盒、食品包装……还有哪种材料像塑料这样被广泛地应用到生活的各个方面？

随着新技术的运用和化学工业的发展，古老的材料焕发了新的生机。香水从名贵奢侈品渐渐成了生活所需的日用品。玻璃的功能越来越多，用途越来越广泛，从精美的工艺品到可用于移植的生物活性陶瓷玻璃，从玻璃器皿到太空望远镜，它的身影无处不在。高强度的玻璃纤维可用于制造玻璃钢制品，如军用盾牌和运动器械。古老的砖也因遇见了发光玻璃而重放异彩。"发光玻璃砖"让砖不再只是用来砌墙，还可以成为灯具，点亮一面墙、一个空间，或是一条街道。化学研究的核心是制造分子，化学合成是化学学科最具创造性的体现。化学家通过物质间的化学反应制备与我们生活息息相关的物质，而化学也在不经意间改变着我们的生活。

化学是煤炭、石油、钢铁、染料、化工等工业发展的基础，无论是能源的开发、交通工具的发展、日用品的制造、新材料和药物的合成，还是农产品的生产、加工与储存，化学都发挥着无可替代的作用，不断地提高着人们的生活水平。可以说，化学构建了文明社会的几乎是全部的物质基础。

如今，我们生活在一个信息化时代，微电子技术、计算机和互联网是社会生产和生活的基础和标志，以高纯度的单质硅为材料制成的芯片和集成电路是计算机、光网络、传感以及能源技术的核心。因此，信息化时代也可称为"硅器时代"。化学对计算机的发展作出了巨大的贡献，同样，计算机也为化学增添了活力。现在，化学研究所用的仪器是由计算机控制的，实验数据的采集和统计分析也是通过计算机完成的。我们还可以用计算机软件，如 Chemlab（一款交互式的化学实验模拟软件）实现在电脑上"做"化学实验的操作。

1.3　化学的现在和未来——绿色化学

化学创造的新物质涉及生命、材料、能源等领域，满足着现代社会层出不穷的需求，支撑着人类社会的前进步伐。未来的化学将在更广、更深的层面上揭示化学反应的奥妙、设计"分子"的功能。在化学帮助人们解决温饱问题，使人们享受着现代生活的便捷时，人们也产生了对化学的偏见，"化学造成了环境污染""化学破坏了生态平衡"等论调日益高涨。化学的应用的确在某些方面产生了负面的影响，但不能以偏概全，一概而论。化学本身是具有生态价值的，绿色化学是 21 世纪化学发展的方向。绿色化学在生产高品质产品的同时，也追求高环保、低耗能的生产方式，朝着维持和改善自然环境的方向发展。

绿色化学（green chemistry）又称为环境无害化学（environmentally benign chemistry）、环境友好化学（environmentally friendly chemistry）和清洁化学（clean chemistry），其目标是在现代化学工业和现代生活的发展中充分地考虑人类健康和自然环境等因素。绿色化学的核心是利用化学方法和原理，从源头上减少或消除工业对环境的污染，控制化学反应，提高反应效率，从而减少化学反应过程中的副反应，以追求实现反应物的原子全部转化为目标产物，即原子经济。我们的社会发展应该是可持续化的，应实现物质的"循环利用"，在生活和生产活动中做到减量（reduction）、循环（reuse）、回收（recycling）、再生（regeneration）、拒用危害品（rejection），即绿色化学应该遵循"5R"原则，特别是生产的生活必需品，不仅要做到耐用，还要做到可化学回收。未来的化学合成是绿色合成，即清洁合成。遵循"5R"原则，逐步提高反应的原子利用率，并且寻找新的反应介质，以安全的试剂取代危险性试剂，从源头上减少或消除污染，以保护和改善环境。总之，未来的化学将遵循原子经济性和

"5R" 原则，以绿色化学理念引领创新，造福于人类。

1. 模拟自然创造新物质

绿色化学源于人们对和谐美好的自然环境的追求。向自然学习，模拟自然，探索合成环境友好的材料，使生产过程更加环保，是化学的发展方向。大自然的鬼斧神工创造出数量众多却井然有序的复杂分子，它们不仅产生了无数神秘而奇妙的现象，还具有独特的性质和功能，可为人类所用，如五彩缤纷的花朵、动植物的发光和物质的毒性等。解读大自然的密码，通过化学方法合成人类所需而又产量稀少的复杂天然产物，特别是有生理活性的复杂分子，是合成化学家追求的目标，也是化学最受关注的研究领域。例如，1973 年，14 个国家的 100 多位有机合成化学家在美国化学家伍德沃德（Robert Burns Woodward）和瑞士化学家艾申莫瑟（Albert Eschenmoser）的率领下完成的维生素 B_{12}（见图 1 – 1）化学全合成，被认为是有机合成领域的经典之作。自1986 年开始，历时八年完成的海葵毒素（见图 1 – 1）化学全合成也是 20 世纪具有代表性的复杂有机分子的合成。事实上，复杂的分子多是经过自然界几十亿年进化而来的，合成复杂分子极为不易，需要非凡的能力。首先，碳原子的集合和碳链的连接并不容易，因为碳原子并不活泼，不易发生化学反应。其次，复杂的分子往往有很多的立体异构体，合成对立体选择性的要求是非常高的。最后，实验室合成中常常伴随着副反应，产生很多副产物。

自然界中时时刻刻都在进行着各种化学反应，因大多数反应都在生物酶的催化下进行，具有高效性和特异性，所以反应条件温和，副产物少。而且在天然产物中手性分子往往以一种对映体的形式存在，这就意味着酶的催化作用具有较高的立体选择性。于是，化学家模拟酶的催化作用，一方面，研发高效催化剂，减少化学制造过程中的浪费；另一方面，合成手性催化剂，实现不对称催化反应。例如，2010 年诺贝尔化学奖获得者赫克（Richard F. Heck）、根岸英一（Ei-ichi Negishi）和铃木章（Akira Suzuki）发明了集合碳原子的"精致工具"——钯催化的交叉偶联反应。在反应中钯（Pd）有着非常神奇的作用，它可以在非常温和的环境下使两个不同的碳原子连接在一起，因此能够精确有效地制造复杂分子，创造和自然界中一样复杂的碳基分子。此外，日本化学家野依良治（Ryoji Noyori，2001 年诺贝尔化学奖得主之一）研发出性能优异的手性氢化催化剂，使用这种催化剂可近乎 100% 得到所需的物质。自 20 世纪80 年代起，这种不对称合成技术被广泛应用于化学制品、药物和新材料等工业生产中。野依良治指出，未来的合成化学必须是经济的、安全的、环境友好的以及节省资源和能源的，化学家要为实现只生成需要的产物且零废物排放而努力。

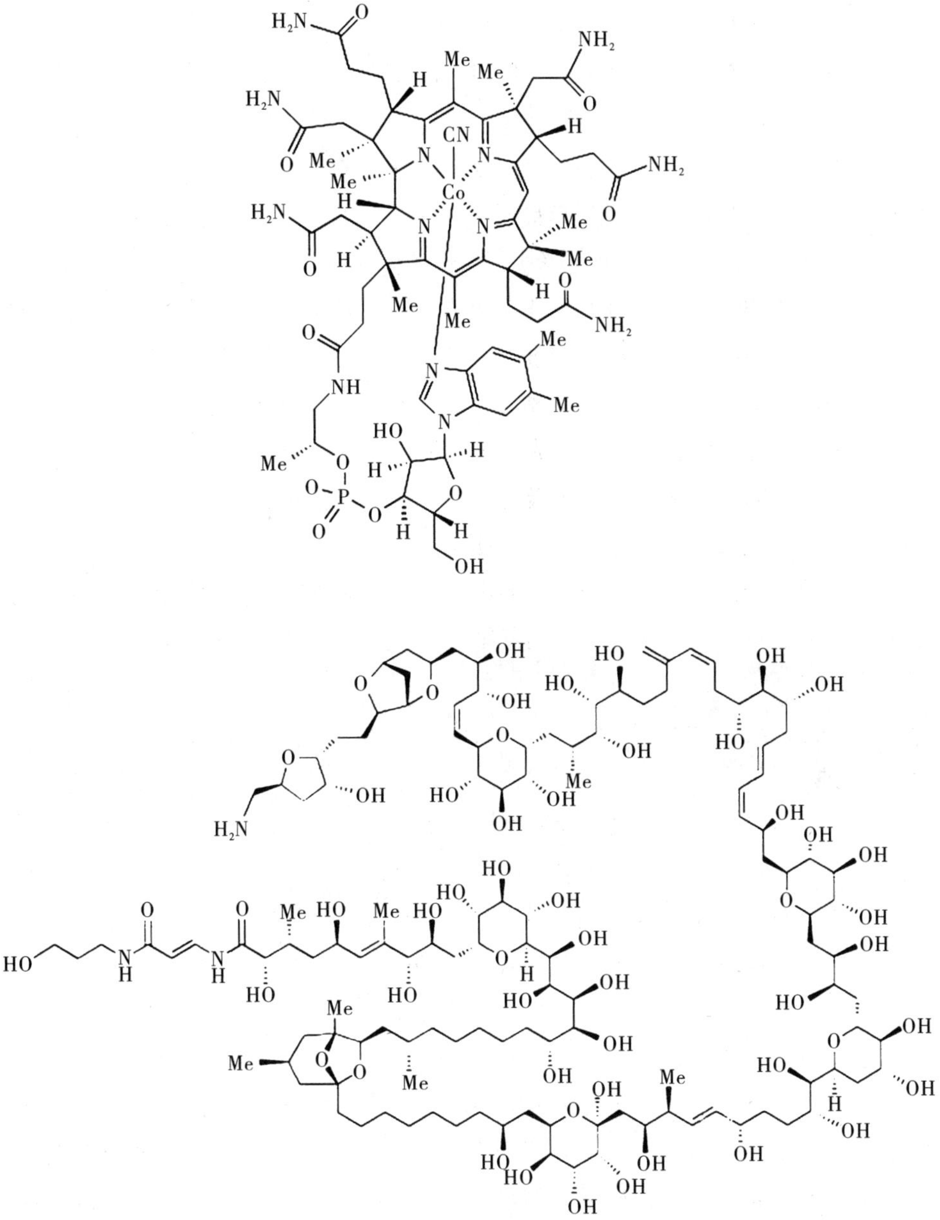

图 1-1　维生素 B_{12}（上）和海葵毒素（下）的分子结构

7

此外，化学家也尝试着让天然酶做一些体外反应和人工设计的新反应。受自然的启迪，化学家将研发出更多仿生新材料、具有奇异特性的材料和多尺度的界面材料，它们所具备的应用特性将远超出自然界中发现的物质。未来，化学家将更加关注分子的性质对于人类衣食住行用产生的影响和其潜在的应用价值，化学研究需要以"合成创造功能"的理念研发新材料。如，复合材料是将不同性质的材料优化组合而成的新材料，不仅保持各组分材料性能的优点，还可以获得单一材料所不能达到的性能。如，将碳纤维包埋在环氧树脂中，借助树脂的黏结作用将碳纤维黏结在一起使其不易断裂，并赋予其较高的强度。这是仅用树脂材料无法达到的效果，碳纤维弥补了树脂材料强度低的缺陷。此复合材料可制造高强韧度的网球拍、雪橇等体育器材。化学也将在精准医疗、生物与医学成像、生物医用材料等方面大有作为。新材料的诞生总能引起社会的巨大变革。因此，人类社会的发展往往以材料的变革为标志，社会历经石时代、铜时代和铁时代，步入了硅时代，而未来则会向着碳时代继续前进。

2. 寻找新能源

能源和环境是当今也是未来人类面临的两大问题。新能源既要追求高效能，也要追求环境友好的特性。在新能源的开发中，化学的核心作用是显而易见的，除了化学电池外，如何产氢、储氢，并用氢气作为燃料，也是化学研究的前沿。氢是目前自然界中最理想的燃料，氢燃烧的产物是水（$2H_2 + O_2 \xrightarrow{\text{燃烧}} 2H_2O$），对环境没有污染，是一种"洁净"的燃料，因此，以氢作为燃料，是解决能源短缺与环境污染问题的理想途径之一。如何获取氢呢？利用电能电解水，或者利用燃烧煤炭和石油所产生的高温去分解水，都可以得到氢，但这样做耗能太多，实用意义不大。因此，化学家正在尝试利用太阳能制氢，比如，构建高效的光催化体系，采用太阳能光催化分解水的技术制氢。满足现代社会对能源的需求需要多种技术，核能和太阳能的发电装置离不开特殊材料的研发，如具有光电转换功能的材料可以将太阳能（光能）转换为电能。化学家首先研发光电转换材料，进而研制光伏电池（太阳能电池），从而将太阳辐射直接转换为电能。未来，化学需要面对的课题还包括化石能源转化所导致的环境污染，人类需寻找清洁的新能源，以及发掘可再生新能源以解决能源危机。

3. 量子化学将化学带入新时代

20世纪初形成的量子力学是描写原子和亚原子尺度的物理学理论。按此理论，化学也可以通过计算预知未知化合物的性质、未知化学反应的速率及其产物。因此，应用量子力学的基本原理，并以计算机为主要计算工具研究化学问题的一门基础科学——量子化学（quantum chemistry）应运而生，就此改变了化学先通过实验获得结果然后提出理论的传统。化学已不再是纯实验的科学。1998 年诺贝尔化学奖授予了科恩（Walter Kohn）和波普尔（John A. Pople），以表彰他们在量子化学方面作出的杰出贡献。科恩提出的密度泛函理论是当今量子化学中应用最广泛的计算方法。波普尔提出的波函数方法使量子化学方法有可能像实验仪器一样成为化学家的日常工具。以数学方法处理原子间成键问题，研究物质结构、分子特性，以及推断反应机理，使得化学发展成为理论和实验紧密结合的科学。正如颁奖词所言："量子化学已经发展成为广大化学家所使用的工具，将化学带入一个新时代，在这个新时代里实验和理论能够共同协力探讨分子体系的性质。化学不再是纯粹的实验科学了。"后来，2013 年诺贝尔化学奖颁给了卡尔普拉斯（Martin Karplus）、莱维特（Michael Levitt）和瓦谢尔（Arieh Warshel），以表彰他们将计算机模型应用于化学研究，为复杂化学系统创立了多尺度模型，开拓了崭新的研究领域——科学家们"将化学实验带进了网络空间中"，通过计算机模拟揭开了化学反应过程的神秘面纱。

数学被誉为科学的皇冠，数学使化学更加成熟，计算机技术的发展使得复杂的计算变为可能。如，利用计算机可以计算分子的性质，并解释一些化学问题，也可以计算分子的结构，并预测化合物的性能。未来的化学将是理论化学与实验化学的互动与交融。化学家在计算机上进行实验，将会像现在在实验室中做实验一样平常。化学家将会更多地利用数学、物理学和计算机技术设计分子，对化合物的性质和构效关系等进行理论预测，预言化学行为，进而阐述化学原理，揭示物质世界的奥妙。化学家通过算法设计分子和预测化学反应使化学合成越来越精准，从而助力绿色化学，使合成化学的未来光明而有趣。

化学源于需求，化学的昨天、今天和明天都离不开人类社会物质和精神的需求。我们的生活，从衣食住行用的物质需求，到文化艺术等精神需求，都离不开化学和化工产品，我们每时每刻都在享受着化学带来的舒适和安逸。世界因化学而绚丽多彩。

1.4　化学的文化价值和社会意义

　　基于化学实践而逐渐形成的化学文化，具有独特的文化内涵，化学工作者和研习者是化学文化的实践者和传播者。一些化学研究的重大成果极大地改变了人们的生活方式，提升了人们的生活品质，同时，杰出化学家的人格魅力也深深地影响着人们。因此，化学和化学家对社会的影响促进了化学文化融入社会，公众对化学家价值理念和行为规范的认可、尊重以及模仿，使化学文化逐步深入人心。

　　首先，化学的文化价值在于化学探索中的科学精神，即科学道德和不畏艰辛、执着探索未知的精神。一方面，正是一代代化学人秉承着科学精神，在求真、证实、怀疑和批判中探索自然，创造出丰富的物质财富和精神财富，推动了人类文明的进步。另一方面，化学知识、学科思想以及科学精神也在化学教育中传承和发展，化学教育不仅引导学习者迈入求真之路，探索物质世界，也传递着科学精神。

　　其次，化学的文化价值在于化学的科学之美，以及化学的思维方式能够帮助我们认识自然、利用自然、与自然和谐相处。化学家对人类文明进步作出的最伟大贡献之一是用一张简洁的元素周期表概括了整个物质世界的元素组成，元素周期表就是118种元素统一起来组成的一个完整的自然体系（见封三）。尽管世界上有无数种物质，但在微观世界里就是这100多种元素的不同排列组合，因此化学反应是化学研究的中心问题。在一定的条件下，物质的化学键断裂，形成离子、原子、自由基等微观粒子，这些粒子相互碰撞和吸引，又会重新形成新的化学键，生成新物质。化学反应导致了物质转换，但组成物质的原子及其数量没有变化。在化学变化中改变的是原子的结合方式（化学键），不变的是原子，千变万化中亦有不变。物质不灭定律、质量守恒定律是化学的基本定律，揭示了物质变化的本质和规律，一种物质的消亡必然伴随着另一种物质的产生。

　　再次，物质的多样性不仅源于原子的种类和数量，还源于原子结合方式的多样性。"碳家族"中的石墨和金刚石虽然都是碳原子构成的，但是它们的结构不同，因此两者外观、性质不同，用途迥异。石墨为片层结构，在碳原子平面层中有未成键的自由电子，层与层之间通过分子间作用力相结合。石墨是灰黑色有金属光泽的固体，质软并具有导电、传热和润滑性，可用于制造电极、铅笔芯、润滑剂等。而新材料石墨纤维，在无氧下可耐 3 500 ℃高温，具有抗燃性、导电性和耐腐蚀等优良特性，如镀镍石墨纤维可用于制造燃料罐。而金刚石是三维结构的原子晶体，金刚石中的 C—C 键很强，所有的价电子都参与了共价键的形成，没有自由电子。因此金刚石是天然存在的最坚硬的物质，熔点极高，不导电。在工业上，金刚石主要用于制造钻头和切割工具。金刚石是正八面体晶体，折射率非常高，色散性能也很强，可以反射出五彩缤纷的光。宝石级的金刚石打磨加工后得到的晶莹璀璨的宝石称为钻石，用于制造首饰等饰品。由于天然钻石稀少，开采不易，因此价格十分昂贵。一句始创于 1948 年的经典广告词"A diamond is forever"（钻石恒久远，一颗永流传）开创了钻戒在婚姻文化中的地位。随着人工合成钻石技术的成熟，人造钻石越来越多，价格也比天然钻石低很多，或将成为消费者的新宠。石墨和金刚石等碳家族成员的宏观性质差异源自其微观结构的不同，"结构决定性质，性质反映结构"和"结构决定性质，性质决定用途"是基本的化学思想。美国化学家鲍林（Linus Carl Pauling）就这样论述结构与性质的关系："当任何一种物质的性质与结构（以原子、分子和组成它的更小的粒子表示）联系起来时，这种性质是最容易、最清楚地被认识和理解的。"据此，化学家可以通过物质的性质推测其结构，也可以通过修饰和改变化学结构赋予物质新特性，以及设计和合成新颖结构的分子，进而研发功能材料和新药。

化学有自己独特的学科语言，即化学语言。化学语言承载着化学知识和化学的学科思想，从元素符号、化学方程式到各种化学术语和化学定律，其形式简洁，内涵丰富，许多现象都可以用化学语言来解释。如，从生命元素到疾病的诊疗和药物的研发，从胚胎的发育到细胞的衰老和凋亡，无数奇妙的化学故事构成了生命科学。此外，化学术语也是化学理论体系的重要组成部分，化学术语体系的完善依赖于化学研究的成果，新概念的提出意味着研究有了重大的突破，数学家丘成桐（1982 年菲尔兹奖获得者）说过："能够传世的科学工作，必先有概念的突破。"基于研究结果和新见解提出的概念成为专业术语，不仅补充了语言体系，对科学研究也具有规范和指导作用。化学主要研究物质的变化，催化概念的提出，为研究化学反应提供了新思路。化学家开始利用催化剂控制化学反应。一方面，通过催化剂与反应物作用，改变反应途径，从而降低反应的活化能，提高了反应速率，或实现了常规条件下难以发生的反应；另一方面，利用催化剂的选择性制造特定的分子（目标物），最大限度地降低副反应。催化剂及其催化作用是化学工业的基础，大多数化学工业化生产是在催化剂参与下实现的，并且可降低能耗，节约原料，减少废物排放。

化学为人类社会创造了极大的物质财富，也直接或间接地改变了人类的精神文化生活。伴随着食材的开发和美食制作工艺的提升，饮食文化应运而生，柴米油盐酱醋茶中蕴含着丰富的化学知识和技能。化学是求真的科学也是精美的艺术，火炬、烟花以及礼炮装点着隆重、热闹的仪式，是化学与艺术融合的典范。"白釉青花一火成，花从釉里透分明。可参造化先天妙，无极由来太极生。"（清代龚轼）享誉世界的青花瓷（blue and white porcelain）素净典雅，有着江南烟雨般朦胧的美，是中华文化的一朵奇葩，其艺术之美源于水墨画与陶瓷的完美结合。青花不因时光流逝而褪色，素有"永不凋谢的青花"之称，这种永恒的美丽源于泥土与清水的凝合，以及釉料在烈火中的升华，它以含氧化钴的钴矿为着色剂在瓷坯上描绘纹饰，再施一层透明釉，入窑经 1 300 ℃左右的高温烧制而成。钴料烧成后呈蓝色，具有着色力强、呈色稳定的特点。由于钴矿中同时含有锰和铁等杂质，锰和铁含量的不同，也会使青花瓷呈现不同的效果，钴赋予了青花瓷丰富而精深的艺术内涵。

在文学作品中，也不乏化学与艺术完美结合的范例。大家熟悉的安徒生童话《打火匣》（1835 年）和《卖火柴的小女孩》（1846 年），反映了 19 世纪新旧两种取火方法交替时代下的生活缩影。还有歌德以化学亲和力为基础创作的小说《亲和力》、莱维用元素讲述的人生故事《元素周期表》等许多作品是有关化学与社会的故事。化学与中国的诗词也有精彩的融合，呈现化学的诗意。比如，于谦的《石灰吟》和《咏煤炭》，诗人通过生石灰的生产和煤炭的开采托物言志。

此外，邮票——国际大使，也与化学有着很深的渊源。不仅制作邮票的材料和工艺与化学密切相关，蕴含着丰富的化学知识，小小的邮票还承载着厚重的化学史。

化学研究的范畴包括自然界中的物质及其化学反应，以及化学家创造的物质及其反应。化学理论揭示和阐述物质的奥秘，呈现了求真的理论美和哲理美，化学合成新分子、创造实用的产品，使人们的生活品质有了明显提高，展示了化学的创造美、生态美和实用美。化学教育是一扇通向真理的门，开启了化学人践行真、善、美的探索历程。

2 化学文化

科学是伟大而美丽的，它那伟大的精神力量将最终洗涤一切邪恶，一切无知，一切贫穷、疾病、战争和痛苦。

——居里夫人

如果我们从更多的视角去感知和认识化学，就会发现化学不再仅仅是在原子、分子层次上研究物质的组成、性质、结构与变化规律，创造新物质的科学体系，它还是一种具有独特文化内涵的科学文化体系，在人类发展的历史长河中，它引导着人们求真创新、向善向美。

2.1 化学与文化

文化是人类在社会发展过程中所创造的物质财富与精神财富的总和，由物质文化、制度文化和精神文化构成，涉及人类在科技、思想、文学、艺术、体育、教育等各方面所取得的成就。科学是一种文化，科学文化是由科学共同体围绕科学活动所形成的一套价值体系、思维方式、制度约束、行为准则和社会规范，是科学技术的精神土壤，是创新发展的思想源泉。化学作为自然科学的一个分支，是科学文化的重要组成部分，化学除了具有知识体系外，还蕴含着独特的文化内涵和智慧。与其他文化一样，在人类与自然相处的实践中，化学文化是认识自然、利用自然和改造自然的凝聚力和推动力，并以其先进、和谐、创新的理念在物质文化、制度文化和精神文化三方面促进人类社会和谐发展。

2.1.1 化学文化的构成

1. 物质文化

物质文化是指人类创造的物质产品，包括生产工具和劳动对象以及创造物质产品的技术，物质文化反映人类物质文明的发展水平。化学源于人类对自然资源的需求，是研究物质及其特性的实用性科学，从使用火到使用电池能源和各种人造物质，人类一直在享用化学创造的成果。

远古时代，人类用草叶、树皮、兽皮裹体，然后掌握了纺织棉、麻、蚕丝等天然纤维的技术并缝制衣物。近代，合成染料的发明使得衣物的色彩越来越美丽，随着化学工业的发展，化学纤维（简称化纤，包括合成纤维和人造纤维）的种类越来越多，羊毛未必出在羊身上。仿生材料的问世，使得衣服的舒适度日渐提升。经过复杂的物理和化学处理的皮革更具有透气性、防腐性，制作的衣物和鞋帽更为柔软、抗撕裂、耐曲折。此外，橡胶和其他新材料的运用使得衣服鞋帽的防水、防晒和保暖等功能日趋完善。

随着化肥、农药和兽药的合理使用，农林牧渔产品的产量大幅度增加，解决了人类的温饱问题。在此基础上，化学可以告诉人们食物提供了哪些营养素，而这些营养素又是如何提供我们身体所需的能量和维持我们身体健康的，人们由吃得饱向吃得好转变。食品添加剂的运用减少了食品的损失，使得食物运输和供应更加安全且不再受地域的限制，丰富了人们的餐桌。酿酒技术造就了饮品之魂——酒。茶叶——神奇的树叶，其加工技术就是利用酶的催化特性，通过钝化或激发酶的活性使茶叶中的物质发生特定的反应，进而保留和生成各类茶叶所特有的营养成分和色香味。

再看人类居住的环境和设施，建筑材料由砖瓦、水泥、钢筋等替代了石头、泥土、木竹，茅草屋变成了高楼大厦，玻璃、油漆、涂料和防滑材料的使用使得房屋美观舒适安全。

在交通方面，人们则更多地依赖化学工业和化工产品。首先，制造交通工具需要新材料。其次，交通的能源和动力不仅需要用汽油、柴油等燃油，还需要燃油添加剂以弥补燃油自身存在的缺陷，并赋予燃油一些新的优良特性，使得燃油更完全地燃烧，从而达到节省燃油、增强动力和降低排放等功效。而新能源汽车如太阳能汽车、燃料电池电动汽车等更离不开化学创新。

在日常生活中，以石油为原料生产的塑料和合成橡胶产品，如日用品、玩具、办公和文体用品等遍布我们生活的每个角落，各有各的精彩，也是我们生活中不可缺少的。化学作为一门满足社会需要的中心科学，带给人类无穷无尽的物质享受和精神享受，展示了生活与科学的完美结合。化学所创造的物质财富和物质文明，在本书的各章节中已详述，这里不再赘述。

2. 制度文化

化学活动的程序和规范是制度文化的体现，如，对化学研究行为的规范和对成果评价的规范及成果应用范围的合理限定，就是利用制度来约束化学人的行为，使其恪守一定的行为准则，践行化学的价值观，在创造财富的同时，树立良好的社会形象，让公众理解和欣赏化学，促使化学文化向大众文化转变，促进科学文化的传播。

（1）化学研究行为的规范。它主要包括但不限于：①研究项目的构建和确立，通过制度的约束确保研究的真实性、科学性和合理性。②实验操作的规范，这包括实验设计、实验过程中的规范操作，仔细而客观的观测和及时准确的记录，以及对结果进行检验等实验的各个环节。化学是一门实验学科，只有那些在化学界公认标准下能够重复观察与测试的实验结果，才能构成化学成果。科学事实必须在可靠观察、严密推理、结果检验的基础上得出。③学术交流的规范，即研究者之间的交流与合作需要规范和监督。科学成果需要以各种形式广泛交流，在同行中传递信息，通过交流激发研究者的灵感和进行合作研究。发表学术论文是交流的主要途径之一，发表论文的规范非常重要。化学工作者发表学术论文的目的是展示自己的研究进展，以供同行进行重复检验、积累知识和确认成果的优先权。因此，作者有责任、有义务确保发表论文中数据和结果的真实。同时，作为成果展示平台的学术刊物也必须保证编辑委员会成员和同行评议人对稿件进行公正、公平的评审，来作出是否发表的决定。所有这些都需要对相关人员的行为进行严格的规范。此外，论文发表中的署名制度、参考文献标注制度等学术规范也是学术共同体成员必须遵循的准则。④化学品仓库和实验室建设、仪器设备购置和布局的规范。化学品储存场所和化学实验室以及所用的仪器设备是化学研究和化学教学实施的基础，依据化学学科的特点，在实验室安全第一，要有标准化操作规程和管理规范，并做好突发事故及灾害的预防，构建一个安全、秩序良好的实验环境。

化学研究的行为规范是化学及相关专业研究者、教师和学生的道德操守，也是社会认可和人们普遍接受的行为标准。在社会生产和生活中有很多的国家标准和行业标准涉及化学领域，诸如：饮用水化学处理剂卫生安全性评价（国家标准GB/T 17218 - 1998）、生活饮用水标准检验方法（国家标准GB/T 5750）、水果和蔬菜中450种农药及相关化学品残留量的测定：液相色谱 - 串联质谱法（国家标准GB/T 20769 - 2008）、蔬菜和水果中有机磷、有机氯、拟除虫菊酯和氨基甲酸酯类农药多残留的测定（农业行业标准 NY/T 761 - 2008），等等，这些标准有明确的技术要求、操作细则和适用范围，是相关机构和从业者必须遵守的技术依据，在法律上具有约束性。由此可见，制度是以物质条件为基础，人们实践活动的产物，也必然成为限制人类不规范活动的因素。同时，新的技术和先进仪器设备会不断进入已确立的系统之中，必然对原有制度产生影响。因此，制度不是一成不变的，随着物质条件的改善，制度也随之改变，而制度的变迁会导致文化的变迁。

确保人身安全是一切社会活动进行的前提和基础，防范胜于救灾。在化学领域，对于危险化学品的管理是重点。如，《危险化学安全品管理条例》是为加强危险化学品的安全管理，预防和减少事故，保障公众的生命财产安全，保护环境制定的国家法规，与之配套的还有国家环境保护总局颁布的《废弃危险化学品污染环境防治办法》，这些在化学研究和教学中是必须严格遵守的。同时，在特定的工作场所通过张贴"危险化学品安全事故防范""常见危险化学品中毒急救"等墙报和宣传画也能够提高从业者的安全防范意识，还能向公众普及安全知识，提升公众对化学的认知。另外，标语口号因其目的明确、语言简洁流畅、通俗易懂、朗朗上口，具有更好的宣传效果。如，在化学实验室内配上醒目的宣传标语，诸如"遵守实验规程，注意实验安全""规范操作，严谨实验""实验之中，不得擅离，仔细观察，预防突变"等能够时时提醒和警示操作者遵守各项管理制度、规范操作，以避免意外事故的发生。

化学人关注制度建设，追求在制度规范下有效地实施各项条例和标准，以保证研究和教学活动安全有序地进行，在创造财富和培养人才的同时，促进文化的繁荣发展。如，在校园里，化学实验室文化能够生动地展现化学专业特有的文化元素，是校园文化的重要组成部分。当你走进化学实验室，看到精密的仪器和布局合理的安全设施、明确的功能分区、清晰的标示、整洁的环境，还有身着实验服、佩戴防护镜和其他防护器具的师生在有条不紊地认真进行着实验，以及奇妙的实验现象，就能够感悟到化学的魅力。再通过环境的渲染——实验室墙壁张贴的安全提示、仪器使用规定、化学废弃物处置规程、安全标志和警示标语以及实验楼内悬挂的制作精美的化学家肖像和名言，这不仅提升了实验室的文化内涵，更能进一步激起人们对化学的好奇和热爱。在这里，化学实验室生动地呈现了化学的价值体系、制度约束、行为准则，彰显了专业实验室的美观和谐。很有文化范儿的化学实验室是由物质和制度保证的，是化学人展示科学精神、化学风采和研究成果的舞台。

（2）成果评价的规范。它对研究成果的评价及其奖励机制具有导向性，决定着学科的发展方向。同时，利用人们对于成就感的追求，激励研究者积极探索、努力创新。崇尚首创是科学文化的重要标志，科学研究是一项竞赛，是科学家之间、国家之间的竞赛，正如物理学家丁肇中（1976 年诺贝尔物理学奖获得者）所言，"自然科学里最重要的发现，只有第一名，没有第二名、第三名"。诺贝尔奖就是奖励那些率先提出改变人类思维方式的原创性科学成果的人。因此，争取成果的优先权及获得同行认可是化学文化的核心内容之一，而同行评议则是优先权竞争的制度保证，只有建立求实和严格的同行评议体系，才能保证公正的评价，体现激励的效果。此外，论文作者的排名、专利证书排名、科技奖励排名等也是成果评价和优先权竞争中保护研发者、认可和尊重同行的体现。规范成果的评价和奖励制度就是要确立科学的社会价值导向，通过奖励绩优来树立典范，明确鼓励的行为。同时，通过惩戒机制来约束研究者的行为，严惩学术不端，防止学术腐败。

一百多年来，诺贝尔化学奖展现了世界上化学的重大成就，对科学的发展起到了极大的促进作用，被公认为化学界的最高荣誉。诺贝尔奖之所以具有权威地位，能得到广泛认可，主要是因为它的评奖制度及其运行机制保证了评选过程和结果的客观公正。首先，诺贝尔奖委员会负责评选工作，瑞典政府无权干涉。其次，候选人不能自荐，由诺贝尔奖评委会委员特别指定的世界知名科学家推荐候选人，再由委员会聘请同行专家对候选人及其科学成果进行审核和评价，其结果提交评委员会并通过投票作出最后决定。评选没有具体条件，唯一标准是成就的大小，完全由推荐人、评议人和评委会委员考量候选人的研究成果及其首创性。在进行遴选、评审过程中，各项工作严加保密并自始至终严格履行同行评议，保证了结果的公正。只有在同行评议和同行认可的基础上，成果的科学意义和社会意义才得以充分体现，诺贝尔奖的激励作用才能得到有效发挥。

（3）成果应用范围的合理限定。化学研究主要围绕着社会需求展开，造福于社会，许多成果是有实用价值和商业价值的，有些研究成果往往蕴藏着巨大的商业利益。但是，有需求就一定要满足吗？化学反应可以创造新药治病救人，也可以制造毒品危害社会。氯气是化学工业的重要原料，如，它可用于生产漂白粉等日用化学品，也可用于生产橡胶和塑料等工业品。但是，在战争中使用氯气对付敌人，会带来灾难性的后果。第一次世界大战期间，德军借助风力向英法联军阵地释放氯气——黄绿色气浪贴地而行（氯气密度高）扑向英法联军阵地，氯气所到之处没有任何生迹，造成英法联军重大伤亡，且毒气蔓延难以控制。化学武器的出现及任何使用化学武器的行为都会引发国际社会的强烈谴责和激烈反应。在当今社会，除极少数国家外，世界各国都同意禁止使用化学武器并且禁止研发、生产和储存化学武器。于 1997 年 4 月 29 日生效的《关于禁止发展、生产、储存和使用化学武器及销毁此种武器的公约》（Convention on the Prohibition of the Development, Production, Stockpiling and Use of Chemical Weapons and on Their Destruction），简称《化学武器公约》（Chemical Weapons Convention, CWC）是第一个全面禁止、彻底销毁化学武器并具有严格核查机制的国际军控条约。此外，长期服用一些在医疗上具有镇痛、兴奋和抑制作用的麻醉和精神药品会有成瘾作用，对其的依赖性会导致滥用，如吸毒。吸毒不仅严重危害自身的健康甚至导致死亡，而且对社会造成极大危害。因此，这些药品的生产、使用以及相关的植物种植都要严格限制。同时，易制毒化学品（国家规定管制的可用于制造麻醉和精神药品的原料和配剂）是毒品制造加工的源头，无论是植物毒品还是合成化学毒品的制备都离不开易制毒化学品，尽管其中很多化学品是工农业生产和日常生活中常用的，但是一旦用于制毒危害极大，必须严格管控。任何非法制造、加工、运输、买卖麻醉和精神药品的行为都属于违法犯罪。1988 年联合国制定了《禁止非法贩运麻醉药品和精神药物公约》，我国于 1989 年加入此条约。2005 年我国公布并施行了《易制毒化学品管理条例》。

由此可见，化学研究成果的应用关乎人类福祉，也关系到社会和经济效益。化学为人类生存的需求而生而发展，但这种发展以造福于人类为目标，不应该侵害人类的共同利益。因此，以何种标准衡量、以何种价值观指导化学成果的应用并对其应用范围做出限定是非常必要的，并非所有的需求都要满足。合理的限定就是要求化学共同体成员对科研成果的应用持谨慎的态度，向善践行社会责任，防止和避免成果的不当使用或滥用。

3. 精神文化

随着时代的变迁，化学研究的对象越来越复杂，研究所用的仪器设备也由简单的玻璃器皿、天平发展到高压反应釜、电子天平和电感耦合等离子体发射光谱仪等各种精密仪器和智能仪器，数据及结果分析也从五官捕获数据，后期统计分析，进入到使用人工智能系统自动完成原始数据采集和统计分析报告，物质条件不断更新迭代，相应的操作程序以及制度规范也随之改变。然而，基于化学知识体系逐步形成的化学精神一直在传承并发扬光大。"求真、独立、合作、质疑"的科学精神（引自施一公，第二届世界顶尖科学家论坛，2019年11月1日）激励着一代代的化学人。

化学人是化学精神的第一载体，正是一代代化学人在化学研究和化学教育中言传身教将化学精神传承下来，而化学人的实践活动则是化学精神传承和化学文化发展的基础，他们通过展示化学研究的方法、技术和成果将化学的价值观和思维模式传播至社会，进而影响和改变人们的生产和生活方式及思维方式和价值观。正如施一公教授所言："所谓科学精神就是通过一言一行将科学精神辐射至大众观念，滋养大众的思想，内化大众的行为；让科技工作成为富有吸引力的工作，成为大家尊崇向往的职业，鼓励更多人投身到科学事业当中来；希望努力实现前瞻性基础研究，做出引领性的原创成果和重大突破，为人类文明作出中华民族应有的贡献。"

弘扬化学精神除了化学人自身的努力外，还要借助社会力量。诺贝尔科学奖之所以产生巨大社会影响，除了获奖成果揭示了重大科学奥秘，对探索自然、促进科学发展有重要作用外，众多国际媒体对于颁奖典礼予以重点报道也提升了诺贝尔奖和获奖成果的社会影响力，特别是对于获奖成果和获奖者奋斗历程的宣传使公众能更多地了解化学和化学家，感受化学精神和化学家的风范。例如，被媒体广泛宣传的2019年诺贝尔化学奖得主古迪纳夫，就很有榜样的力量。这位97岁高龄获奖者被称为"锂离子电池之父"。在60多年的职业生涯中，他一直在为"创造可充电的绿色新世界"辛勤地劳作。他30岁入行，58岁研发出层状结构的钴酸锂（$LiCoO_2$）材料，锂离子可以在钴酸锂晶体中快速移动，由此得到了在一定的使用时长下安全系数较高的电极材料。他75岁研发出Z字形链状结构的磷酸铁锂材料（$LiFePO_4$），该材料的空间骨架结构更稳定，锂离子在骨架的通道中也能快速移动，其储能效果比钴酸锂略低，但其稳定性和低成本具有较高的产业价值。他94岁将液态有机电解质换成了固态电解质，成功地研发出全固态电池，不仅保证了电池的储电性能，还能防止枝晶问题的产生，使电池更安全、更廉价。他97岁获得了诺贝尔化学奖。和他的名字Goodenough不同，他不认为自己做得足够好（goodenough），他一直努力"让不够好的世界足够好"。他坚忍不拔、求实创新的精神就是所有科学工作者以及公众学习的榜样。他把自己比喻为"爬行乌龟"，他说："这种贯穿一生的爬行有可能带来好处，尤其是在你穿越不同领域，一路收集各种线索的情况下。你得有相当多的经验，才能把不同的想法融汇在一起。"

化学学科的主题纪念活动也是化学精神传播的另一个途径。例如，为庆祝玛丽亚·斯克洛多夫斯卡·居里（Marie Sklodowska Curie，居里夫人）获得诺贝尔化学奖100周年和国际化学学会联合会成立100周年，联合国将2011年定为"国际化学年"（International Year of Chemistry，IYC 2011），其主题是"化学——我们的生活，我们的未来"，在世界范围内通过一系列庆祝活动，彰显化学所取得的成就及对知识进步和人类文明的贡献，弘扬科学合作精神，以使公众更好地理解和欣赏化学，提高青年人的科学研究能力。

居里夫人是波兰裔法国籍物理学家、放射化学家。她因开创放射性理论和发明分离放射性元素的技术荣获1903年诺贝尔物理学奖，因发现放射性元素钋（polonium，Po）和镭（radium，Ra）并制取纯镭及研究其性质，荣获1911年诺贝尔化学奖。在她的指导下，人们第一次将放射性同位素用于治疗癌症。1923年12月，居里夫人应邀出席巴黎大学理学院举办的镭发现25周年纪念仪式，发言时她说："我赞同这样的信念：科学是伟大而美丽的，它那伟大的精神力量将最终洗涤一切邪恶，一切无知，一切贫穷、疾病、战争和痛苦。"这是她从事科学研究的信念与定力，她在科学探索中坚毅刻苦、锲而不舍的顽强精神激励着后来者。

很多的化学研究室或实验室都会在墙上粘贴一张元素周期表，它的创建归功于俄国化学家门捷列夫（Dmitri Mendeleev），1869年，他发布了世界上第一张元素周期表。2019年是元素周期表诞生150周年，联合国宣布2019年为"国际化学元素周期表年"（International Year of the Periodic Table of Chemical Elements，IYPT 2019），以此提高全球对化学重要性的认识。2019年1月*Nature-chemistry*（自然—化学）第一期封面图案是由元素符号组成的"150"，以此纪念这一科学史上的伟大发现——The top table。同时，2019年也是国际纯粹与应用化学联合会（International Union of Pure and Applied Chemistry，

IUPAC）成立 100 周年。为庆祝 2019 "国际化学元素周期表年"，宣传"化学元素周期表"的重大科学意义，传播元素及化学知识，培养青少年对化学探索及职业发展的兴趣，IUPAC 与国际青年化学家网络（International Younger Chemists Network，IYCN）遴选了 118 名青年化学家为 118 种化学元素"代言"，以"青年化学家元素周期表"（Periodic Table of Younger Chemists）的形式致敬元素周期表。入选者覆盖与化学相关的科研、教育、科普领域，代表化学学科在下一个百年的发展方向，体现 IUPAC 的使命与核心价值观，并以此鼓励年轻人积极探索创新。在这张"青年化学家元素周期表"中有 8 位中国青年化学家入选，其中，雷晓光代言第 7 号元素氮（N），姜雪峰代言第 16 号元素硫（S），曾晨婕代言第 36 号元素氪（Kr），袁荃代言第 61 号元素钷（Pm），肖成梁代言第 71 号元素镥（Lu），刘庄代言第 80 号元素汞（Hg），王殳凹代言第 92 号元素铀（U），侯旭代言第 100 号元素镄（Fm）。同时，还举办了面向全球青少年的元素周期表挑战赛，参赛者需以创造性的方式突出元素周期表的作用。该活动意在鼓励人们，特别是青少年热爱化学，在全球引起了"元素热"。

中国化学会也遴选了 118 名青年化学家，组成了"中国青年化学家元素周期表"，展示当代中国青年化学家的风貌，以此纪念非凡的 2019 年。在这 118 位化学青年才俊中，有暨南大学化学系的陈填烽教授，他代言第 84 号元素钋（Po），这是暨南化学人的骄傲。陈填烽教授从事硒药物化学研究，围绕肿瘤精准临床诊疗的关键科学技术问题，开展硒的纳米创新药物开发，深度揭示硒的形态、结构、生物应用的相关性，提出靶向性硒分子设计的新策略。他的团队构建的纳米硒"治疗性载体"实现了与负载药物的协同作用，即纳米硒像车一样在体内运输药物，提高了治疗效果。而且他的团队重视研究成果的转化，突破了纳米硒的规模化生产瓶颈，打通了从基础研究到临床肿瘤治疗应用的壁垒，引领硒纳米医学领域的快速发展，为硒的生物医药开发作出了突出的贡献。

此外，中国化学会和北京大学主办的《大学化学》发行了"2019 元素周期表年"纪念特刊［大学化学，2019，34（12）］，从不同角度展示化学工作者对元素和元素周期表的认识和感悟，更有资深化学家基于数十年如一日围绕某一元素探索而分享的教学与学术研究历程。这旨在提高广大师生对元素周期表的认识，并传承化学人勤奋、进取、求实、创新的科学精神。

有着"方寸天地，大千世界"美称的邮票也可以作为传播化学文化的载体，向公众展示化学的历史、成就和知识。发行纪念邮票是"国际化学年"和"国际化学元素周期表年"活动的亮点之一，发行于世界各地的邮票从不同角度展现了化学与人类生活的密切关系。大家欣赏邮票时，除感知化学家的科学精神和人文情怀外，还能帮助公众了解化学常识和熟悉简单的化学仪器。

在有形的制度约束和无形的科学精神引领下，化学人探索物质世界的奥秘和规律，并履行社会责任，为农业、医疗、环境和能源等领域中存在的问题提供解决方案。因此，化学文化的社会功能，对于化学人而言，就是工作和生活的方式，在创造财富的同时，增强职业自豪感，认识化学学科和化学教育的价值，培养敬业精神和社会责任感；对于公众而言，就是在享受化学带来舒适、安逸和便利生活的同时，了解化学和化学家，提高自身科学素养；激励青少年学习化学，以化学家为荣步入化学殿堂，投身于化学事业。

2.1.2　化学文化的特征

1. 实验科学

化学是一门以实验为基础的自然科学，实验是化学研究和教学的重要方法，化学文化离不开实验和实验室，以及实验研究人员。如前所述，化学文化在物质、制度和精神层面均呈现实验科学特征。科学实验是以观察为基础的，这种观察不同于一般的观察，当人们不满足于在自然条件下观察对象时，需要对观察的对象及其存在条件进行干预，即进行科学观察。因此，科学实验是根据一定目的，运用仪器设备在人为控制的条件下，观察和研究特定对象的实践过程。化学实验也是如此，首先提出问题包括作出假说，然后设计实验方案并实施实验，最后分析实验结果得出结论。

我们熟悉的杰出科学家居里夫人，在八年的时间里两次获得诺贝尔奖，她是进行科学实验的典范。为了证明放射性是一些元素的共同特性，而非铀元素独有的，以及自然界中存在其他放射性元素，居里夫人在艰苦的条件下进行了四年的实验。这一伟大而艰辛的实验要从贝克勒尔现象说起，法国物理学家贝克勒尔（Antoine Henri Becquerel）发现铀盐在无光照射情况下能够发射一种穿透力强的肉眼看不见的射线，该射线不同于荧光和磷光，与 X 射线也有本质区别，他为其取名铀辐射。他研究了各种因素对这种射线的影响，得出结论：这种射线源自铀原子自身的作用，只要铀元素存在，就有穿透射线的产生。这一现象引起了居里夫人和她的丈夫居里（Pierre Curie，法国物理学家）浓厚的兴趣。1897 年，居里夫人根据居里的建议，研究贝克勒尔现象，探究铀辐射是什么以及它的释放机理。由于这种铀射线是肉眼观测不到的，用照相底片感光的方法（贝克勒尔的研究方法）测试操作烦琐、速度慢，居里夫人决定改进测量技术。她仔细研读了贝克勒尔的报告，注意到"铀盐发射出来的不可见射线能够使带电的金箔验电器放电"这一细节，于是她使用居里研制的验电器观测这种不可见的射线，并测量射线的强度，这样不但得到了定性的结果，而且获得了精确的数据。通过实验，居里夫人证实铀射线的强度与物质中铀含量成一定比例，而与铀存在的状态以及外界条件无关，这是一种原子过程。然而，她并不满足于此，她希望了解该射线更多的奥秘和其中的规律。她猜想，一定还会有别的元素也具有同样的现象，只是还没被发现而已。依据元素周期表，她开始筛查已知的各种元素，通过测试各种矿石和化合物，结果正如居里夫人所料，沥青铀矿石、辉铜矿石（内含磷酸铀）和氧化钍都能发射出这种射线。贝克勒尔现象不仅仅是铀特有的，钍元素也能发出这种射线，且强度与铀接近。于是，她把物质的这种性质称为"放射性"，把有这种性质的元素叫作"放射性元素"，把它们放出的射线叫"放射线"。

接着，得益于精准的测量技术，居里夫人有了重大发现，一种来自捷克斯洛伐克的天然沥青铀矿石的放射性强度远远高于预计值，为了证实此结果，她在实验室合成了与矿石含铀量相同的纯化合物（铜铀云母）并用于对比实验。实验结果显示，铀矿石的放射性远高于合成品。这种不寻常的高强度放射性来自哪里？沥青铀矿石发射的神奇射线深深吸引了居里夫人，她推测在沥青铀矿石中可能含有比铀放射性更强的元素，于是她决定找到这种新的元素。在当时的条件下从矿石中提取微量元素绝非易事，需要做极其繁杂的化学分析工作，这时居里夫人显示了她执着、坚毅的气质。居里也意识到这一研究的重要性，于是中断了自己的研究计划，与夫人一起在沥青铀矿石中寻找未知元素。不久他们就有了重要发现，沥青铀矿石里不是含有一种而是两种未被发现的元素！他们用酸溶解矿石，然后通过沉淀反应进行分离，分别测试沉淀物和溶液，发现沉淀物的放射性比溶液强。接着继续溶解、分离和测定沉淀物，发现含有铋（Bi）的化合物有放射性，他们进一步确证放射性的来源，却发现放射性并不是来自铋，而是混在铋化合物中的一种未被发现的元素，该元素的化学性质与铋非常相似，但放射性比铀强 400 倍。他们利用两种化合物溶解度的差异，经过反复分离，从铋盐中分离得到了新元素。1898 年 7 月居里夫妇报告了这一发现，建议新元素命名为钋 Po（polonium，拉丁语 polonia），以此纪念居里夫人的祖国——波兰。

钋的发现没有让居里夫妇停止探索，因为在分离获取钋的过程中，他们发现分离出铋化合物沉淀的溶液中也有很强的放射性，他们认为可能存在另一种新元素，该元素的化学性质与钋不同。于是他们继续对溶液中的组分进行分离和测试，结果发现放射性源于钡盐，同样钡元素也不具有放射性，据此推断在钡盐中存在一种与钡性质类似的未知放射性元素。他们继续分离钡盐，随着分离次数的增加，所得物的放射性越来越强，远远超过铀。居里夫妇把这种元素命名为镭 Ra（radium，放射性的意思），并向世界公开了这一发现。但是，他们没有止步于此，为了获得镭的纯品以证实镭的存在，居里夫妇开始了更加艰辛的实验。矿石中镭的含量极低，因此分离得到镭纯品的难度极大。镭盐的溶解度一般比钡盐小，采用分级结晶法可从钡盐中分离出镭盐，但是微量的镭盐析出时伴随着大量的钡盐。居里夫妇通过反复结晶，不断提高晶体中镭的含量。1899 年，居里夫妇通过反复结晶所得的晶体，其放射性比铀强十万倍，但仍然不是纯的镭盐。为了得到纯镭盐，居里夫妇不得不从更大量的沥青铀矿渣中分离含镭的氯化钡。1902 年 12 月，经过近四年的分离提取，居里夫妇终于从 2 吨的铀矿渣中提取了 0.1 克氯化镭并测得镭的原子量为 225（后来得到精确值为 226），镭的放射性强度是铀的 200 万倍以上。至此，在这看似微不足道、枯燥乏味的分离、结晶、测试的循环操作中，居里夫妇证实了镭的存在，也正是这严谨的科学态度和百折不挠的精神成就了他们的事业。钋和镭的发现倾注了居里夫妇的心血和智慧，再次证明了成功属于勇敢、坚毅、笃行的人。

此后，居里夫人仍然继续研究放射性，完成了她的名著《论放射性》。1910 年，她成功制取了纯金属镭，并研究利用镭的放射线治疗癌症等疾病，在法国，镭疗被称为居里疗法。爱因斯坦在悼念居里夫人的演讲中这样说："她一生中最伟大的科学功绩——证明放射性元素的存在并把它们分离出来——所以能取得，不仅是靠着大胆的直觉，而且也靠着难以想象的极端困难情况下工作的热忱和顽强，这样的困难，在实验科学的历史中是罕见的。"为了纪念居里夫妇，96 号元素命名为 curium（Cm，锔）。

实验是化学人开启奇思妙想的钥匙，在化学发展中有许多独具匠心或突发奇想的实验，并由此引发了重大发现和思考。火对于人类生存发展至关重要，但是直至 18 世纪，火是如何燃烧的？就连化学家也解释不清楚，围绕火及其燃烧过程有诸多猜测，其中最著名的是燃素学说。燃素学说认为：可燃的要素是一种气态的物质，存在于一切可燃物质中，这种要素就是燃素（phlogiston）。燃素在燃烧过程中从可燃物中飞散出来与空气结合，从而发光和发热，这就是火。在当时，燃素学说是解释燃烧现象乃至整个化学的学说。不过，法国化学家拉瓦锡（Antoine Laurent de Lavoisier）没有盲信，他根据俄国化学家罗蒙诺索夫（Lomonosov, Mikhail Vasilievich）提出的化学变化中物质的质量守恒定律，以物质燃烧前后重量的变化作为切入点，对燃烧的本质进行了探究。

1775 年，拉瓦锡重复了罗蒙诺索夫在密闭容器里燃烧锡的实验。他将已知重量的锡放入一个曲颈瓶中，密封后称其总重量，然后经过充分加热使锡灰化（氧化锡），冷却至室温称其总重量，发现燃烧前后总重的量没有变化。然后，他在曲颈瓶上打了一个小孔再次实验，瓶外空气进入瓶内发出噼里啪啦的响声，燃烧后总重量增加了，并且燃烧后总重量的增加值等于锡变成锡灰后的增加值。拉瓦锡又做了其他金属的燃烧实验，得到相同的结果，这些结果与罗蒙诺索夫的一致。由此，拉瓦锡认为燃烧后金属的增重是金属与空气的一部分相结合的结果。

随后，拉瓦锡又借鉴英国化学家普利斯特利（Joseph Priestley）利用凸透镜聚焦阳光加热氧化汞的实验，设计并做了更加严谨巧妙的实验——著名的钟罩实验。实验装置如图 2 - 1 所示，一定量的汞加入曲颈长弯嘴瓶内，瓶嘴的一端通过水银（汞）槽与一个玻璃钟罩相通（钟罩内是空气）。连续加热曲颈瓶 12 天，瓶内的汞表面变为红色粉末，同时观察到钟罩内的空气减少约 1/5。拉瓦锡用燃烧着的木片伸进钟罩里，火焰熄灭。这个实验说明，钟罩里减少的 1/5 气体是支持燃烧的物质，在燃烧时已进入曲颈瓶内，将部分汞变成了红色粉末（氧化汞）。接着，进行下一个实验，称量红色粉末的重量，并将其放回曲颈瓶中，同时排出了钟罩里所有的气体，加热曲颈瓶，发现红色粉末放出气体（氧化汞分解），并通过长弯嘴进入钟罩。这样，拉瓦锡收集到了支持燃烧的气体，他发现红色粉末释放的该气体体积与之前钟罩里消失的气体体积相同。他把收集到的气体重新加入前一个剩下约 4/5 体积的空气中，结果得到的气体同空气的物理性质、化学性质一样。通过这些实验，拉瓦锡提出空气中约占 1/5 体积的气体是支持燃烧的气体。事实上在此之前，普利斯特利和瑞典化学家舍勒（Carl Wilhelm Scheele）已经发现并研究了空气中的这种气体及其特性。因这种气体使燃烧更加剧烈，它的缺失导致小鼠很快死去，所以他们将空气中的这种组分称为"火焰空气"或"活空气"，而且普利斯特利还发现绿色植物有产生这种活空气的作用。普利斯特利把小鼠放进密闭的玻璃罩里，小鼠很快窒息而亡，接着将点燃的蜡烛置于其中即刻熄灭，说明其中的空气失去助燃能力。但是将一盆绿色植物和一支点燃的蜡烛一起放入密闭的玻璃罩内，植物能够长时间生长，蜡烛也没有熄灭。同样地，小鼠与绿色植物同在一个密闭玻璃罩内，绿植和小鼠都活着。于是普利斯特利认为植物能够产生活空气，进而更新了由蜡烛燃烧和动物呼吸变得污浊的空气，这也是最早的支持光合作用的实验之一。后来荷兰科学家英格豪斯（Jan Ingenhousz）证实只有在阳光照射下，普利斯特利的实验才能成功。

图 2-1　拉瓦锡的钟罩实验装置

拉瓦锡验证了舍勒和普利斯特利的结果，但是他认为这种"活气体"不是"脱燃素空气"，而是能够助燃的气体。他把这种气体命名为 oxygen（氧气），并指出燃烧是物质和空气中氧气反应的结果，揭示了燃烧反应的本质，随后他提出了燃烧的氧化学说。同时，拉瓦锡的实验也使得质量守恒定律获得公认，20 世纪初，德国和英国的化学家用精密的仪器再次验证了此定律，得到了科学家的一致承认。值得注意的是，拉瓦锡基于实验建立了燃烧的氧化学说，但是他没有提出新的实验，也不是简单地重复前人的实验，而是设计了更加严谨和周密的实验方案，获得了定量的实验结果，并经过严密的逻辑推理阐明了燃烧的实质。拉瓦锡在研究中一直遵循"不靠猜想，而要根据事实"的原则，这种尊重科学事实的思想使他能提出新的理论。

　　提到食品包装上印着的"巴氏杀菌"，你一定不陌生，这个以法国微生物学家巴斯德（Louis Pasteur）的名字命名的杀菌法从 19 世纪一直沿用至今。此外，世界上第一支狂犬疫苗也是巴斯德研制的，为世界人民带来了福音。但是你知道巴斯德还是一位伟大的化学家吗？他凭借大胆的设想和仔细的观察，发现了晶体的不对称结构与旋光性之间的关系，并手工分离出酒石酸盐的两种旋光异构体，该实验有"化学史上最美实验"之美称。2003 年，美国化学会通过 *Chemical & Engineering News* 周刊邀请读者和专家投票评选化学史上最美的十大实验，巴斯德的酒石酸盐旋光异构体分离实验荣登榜首。

　　1848 年，当时的人们发现了生物合成的酒石酸晶体，如存在于葡萄酒中的酒石酸是右旋的（令平面偏振光向右偏转），而化学合成的酒石酸没有旋光性（不会令平面偏振光向左或右偏转），但是这两种酒石酸的元素组成和化学反应是相同的。酒石酸怎么能既相同又不相同呢？巴斯德认为两种来源的酒石酸晶体的结构有可能不同，他在显微镜下仔细观察葡萄酒中的酒石酸盐晶粒，发现该类晶体有一个较长的晶面，不是完全对称的，因此，其溶液会使得平面偏振光产生右旋现象。于是，巴斯德假设化学合成的酒石酸晶体应该是对称的，因此其溶液不会使得平面偏振光产生偏转。然而，他观察的结果却是化学合成的酒石酸盐晶体也是有一个较长的不对称的晶面。但是为什么没有旋光性呢？巴斯德再次大胆假设：这个较长的不对称晶面可以在晶体的左侧也可以在右侧，分别产生右旋（同生物合成的）和左旋现象，当两种晶体等量混合在一起时，旋光性相互抵消使得旋光性消失。于是，巴斯德重新观察这些晶体，有了激动人心的重大发现，确实有两种晶体，二者的关系就好像人的左右手（见图 2-2）。然后他在显微镜下用镊子一个一个分拣出酒石酸盐的两种晶粒，并将它们分别溶解于水中，测试旋光性。两种溶液分别为左旋和右旋，旋光能力相同。原来化学合成的酒石酸是两种晶体的混合物，后来称为外消旋体，而生物选择性地合成右旋体。这种旋光性的差异是在溶液中观察到的，因此巴斯德推断这不是晶体的特性而是分子的特性。

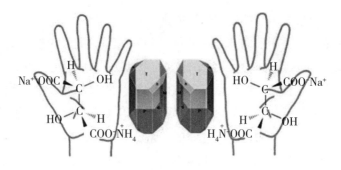

图 2-2　酒石酸铵钠分子的手性

　　通过研究酒石酸晶体的形貌，巴斯德发现了物质旋光性与其分子结构之间的关系，开创了立体化学研究途径的先河，对结构化学的发展具有重要影响。这个实验非常简单，就是在显微镜下观察并徒手分拣，成功的关键在于细致的观察、大胆的设想和缜密的推理。

　　如果在 19 世纪，巴斯德凭借简洁的"徒手"实验——在显微镜下用镊子一个一个挑拣酒石酸盐的晶体，获得了重大发现，那么在 21 世纪的今天，简单的实验还会创造出奇迹吗？答案是肯定的，这就是从石墨中剥离石墨烯的实验，有点像我们的传统故事——铁杵磨成针。用实验者盖姆（Andre Geim）的话说就是，这回是磨山取砂的故事。

　　石墨烯（graphene），由六方蜂巢晶格排列的碳原子组成，仅有一个原子层厚，它是已知的世上最薄、最坚硬的材料，它几乎是完全透明的，这么高尖端的材料是如何获得的？这源于一个脑洞大开的实验。说到石墨烯也许有些陌生，但是石墨，如铅笔芯，大家一定不陌生，石墨烯一层层叠加起来就是石墨。不过，在 2004 年以前人们难以剥离出单层结构的石墨——石墨烯。为了制备石墨薄膜乃至获得石墨烯，盖姆让他的学生姜达用微抛光机打磨一小块约几毫米厚的高密度的石墨，几个月后，姜达加工出一块小小的石墨片，这是抛光机能做到的极限了，但是在显微镜下观察石墨片的厚度依然约有 10 μm 厚，这厚度远达不到石墨薄膜的厚度要求。盖姆认为失败的主要原因有二：一是高密度石墨不易剥离为片状材料，之后便改用高取向热解石墨（highly oriented pyrolytic graphite，HOPG）；二是使用微抛光机不能达到厚度要求。盖姆的合作者诺沃肖洛夫（Konstantin Novoselov）是一位扫描隧道显微镜（STM）方面的专家，他了解现状后，从自己的实验室拿来了一条粘着石墨碎片的胶带给盖姆，据说这是他从垃圾桶中捡回来的。高取向热解石墨是一种常用的 STM 测试的基准样品。测试前，需要用胶带把石墨表层粘掉，露出一个干净新鲜的表面用于 STM 扫描。大家用这种方法制备 STM 的石墨样品，但是没人注意过随胶带扔掉的东西。盖姆在显微镜下仔细观察了胶带上残留的石墨，奇迹发生了，他发现有一些碎片远比微抛光机剥离的石墨片薄得多，胶带万岁！于是史上最为简单的撕胶带剥离石墨的科学实验开始了，他们将石墨薄片的两面粘在胶带上，撕开胶带，石墨片一分为二，重复这样操作，于是石墨片越来越薄，可以达到几个纳米的厚度，最后他们得到了仅由一层碳原子构成的薄片——石墨烯。手撕胶带，这太神奇了！正如实验成功后，盖姆高兴地对诺沃肖洛夫所说的："在这一'游戏'过程中，你我都意识到有一个关键性的设备，那就是很普通的透明胶带。如果我们告诉别人，说我们的实验如此简单，恐怕没几个人会相信，一定会认为我们是在说胡话。因为，在这个复杂的年代，有许多像超对撞机一样的设备可以使用，而我们居然能成功地用透明胶带就取得了这一成果，简直不可思议。然而事实是，我们确确实实做到了。"

盖姆并不满足于仅仅获得几何结构上简单优雅的二维碳材料，他要对石墨烯的电学、光学性质等进行研究，发现其所蕴含的科学规律。随后，他开始了精密的实验。首先找出混于石墨残碎片中的石墨烯，然后将其固定在硅晶圆表面（用于测试的基板）。这是一项非常精细的活儿，约 20 nm 厚的石墨薄膜，其宽度和人的头发直径差不多，用镊子把这么小的石墨片一个个从胶带上转移到硅晶圆表面，制作成四个间隔紧密的固定触点，这需要操作者手指灵巧并有高精准操作技能。第一个手工制作的比较厚的石墨薄膜显示明显的电场效应，这一结果令人惊喜。盖姆想如果采用全套微细加工设备进行加工，并测试最薄的石墨片会有什么结果呢？他意识到他们有了激动人心的发现，这才是盖姆最为兴奋的时刻。2010 年诺贝尔物理学奖授予盖姆和诺沃肖洛夫以表彰他们在二维石墨烯材料方面的开创性研究和卓越成就，这是一项"年仅 6 岁"的诺贝尔奖成果。碳，这个构成生命的基础元素，又一次惊动了世界，石墨烯的获得及其优异性能的获知是灵动而严谨的实验所赐的。

拉瓦锡说过："在任何情况下，都应该使我们的推理受到实验的检验，除了通过实验和观察的自然道路去寻求真理之外，别无他途。"伟大的发现基于好的科学假说，也需要好的科学实验去证实假说。因此，敏锐的观察力对于科学家来说是非常重要的。基于科学观察和实验，居里夫人发现了新元素并创立了放射性理论；拉瓦锡推翻了以燃素学说为代表的旧化学体系；巴斯德发现了分子的手性；盖姆开创了二维碳材料的新时代。纵观历史，对化学发展至关重要的科学实验不胜枚举，无论是简洁快速的，还是烦琐冗长的，都是设计严谨的实验，而这些实验的完成人不仅是理论上的天才，也是发现问题和解决问题的能人。当然，运气对于科学研究也是不可少的，然而机遇只垂青那些有准备、懂得如何追求它的人，正如盖姆所言：就算足够的幸运能够确立实验系统以获得新的令人振奋的石墨烯，一丝不苟与坚持不懈的实验精神才是将实验进一步推进的原动力。

许多重大发现和科学理论的创立源于实验室，科学研究不只是在特定的物质条件下的实验，还包括实验者的知识背景、理论和技术的运用以及同行之间的交流等其他社会因素，事实上社会因素的影响是复杂的，一些因素也许会改变科学家的价值取向和研究的初衷，爱因斯坦曾经这样评价居里夫人："在我认识的所有著名人物里面，居里夫人是唯一不为盛名所颠倒的人。"可以说，实验室是化学研究的基地也是社会的缩影，实验室和实验赋予了化学丰富的文化内涵。

2. 化学语言

科学家对自然的探索通过文字记录和传播，科学家希望彼此之间的交流不受自身语言（母语）的影响，能够用通用的文字符号直接表述，或者能借助专业术语通过翻译实现准确的表达。文字就是一种标识、一些密码，它所代表的确切含义是由读者破译和解释的，化学之所以能在世界范围内传播和应用，是因为化学人在受教育过程中学会了一套通用的符号（代码）和化学术语（chemical term），于是化学和语言有了必然的联系。

化学有自己独特的学科语言，即化学语言，用以描述化学现象、解释和阐述化学过程和原理等化学知识和表达化学思想，它包含文字，符号和图表等。其中化学特有的符号，如元素和离子符号、原子的电子排布式、化学式和分子式、化学反应方程式等，是一种代码，是通用的化学语言，地球上的化学人无论母语是什么都可以用这些高度浓缩的符号准确地表达化学信息和进行交流。例如：元素符号和化学式明示了是什么物质以及它的组成。如几种常见元素和化合物：H（氢）、C（碳）、O（氧）、Na（钠）、Cl（氯）、Ca（钙）；H_2O（水）、NaCl（氯化钠，食盐的主要成分）、$CaCl_2$（氯化钙）、$CaCO_3$（碳酸钙）、HCl（盐酸）。原子核外电子排布式呈现了原子的核外电子构型，也提供了元素在周期表中位置等信息，如 Na，$1s^2 2s^2 2p^6 3s^1$：钠原子核外有 11 个电子，分布于第一电子层的 2 个电子处于 s 轨道，第二电子层的 8 个电子 2 个处于 s 轨道 6 个处于 p 轨道，最后 1 个电子在第三电子层的 s 轨道上。并由此获知钠原子的核内质子数为 11、原子序数为 11，钠元素是第 11 号元素，位于元素周期表的第三周期第 1 列（ⅠA 族）。化学反应方程式是化学语言中由符号构成的句子，可以传递出化学变化的信息。如，氯化钠溶解于水：$NaCl \xrightarrow{H_2O} Na^+ + Cl^-$，在水中氯化钠以钠离子（$Na^+$）和氯离子（$Cl^-$）的形式存在，溶解前后氯化钠的原子种类和数目不变，并且电荷守恒，即水溶液中钠离子和氯离子正负电荷相等。氢气的燃烧：$H_2(g) + \frac{1}{2}O_2(g) \xrightarrow{燃烧} H_2O(l)$，$\Delta H = -286\ kJ$，从反应的热化学方程式中，我们可以获得如下信息：氢气和氧气反应生成水，反应物为气态（g），产物为液态（l）；能量变化为 1 摩尔的氢气完全燃烧放出 286 kJ 热量；计量关系：氢气、氧气、水的摩尔比是 1：0.5：1，并且反应前后氢、氧原子数目均没有改变，即质量守恒。值得注意的是，化学反应方程式表示变化，不完全等同于数学方程式的等价关系。从这几个实例不难看出，化学符号是非常简洁的专业通用语言，只含有化学所必需的要素使其表述化繁为简，并且能够将原子核外电子层结构等微观问题宏观化，建立起宏观世界与微观世界的联系，还可以避免自然语言（日常语言）中的表述不当，或者表达模糊，或者互译出错的问题。这就是化学符号语言的精妙之处和力量。

除了通用的符号和表达式外，其他化学术语，如元素及化合物名称、化学概念等的表述需要借助于语言文字，但是早期的化学受到炼金术的影响，化学物质的名称混乱，缺乏系统性和规律性，严重制约了化学的发展。拉瓦锡联合了几位著名化学家，组成了"巴黎科学物质命名委员会"，对化学物质的命名做出了统一的规定：每种物质必须有一个固定的、通用的名称，不得各自任意命名；单质的命名应尽可能表达它的特征；化合物的命名要反映其组成；对碱、酸、盐等各类物质的命名还做了具体的规定。他们编写并出版了《化学命名法》，1787 年 4 月 18 日，拉瓦锡宣读《关于建立新的化学命名法的必要性》（《化学命名法》中的一篇论文），新术语体系简明而准确，很快得到普及。这项开创性的工作奠定了现代化学术语和命名法的基础，给化学带来了前所未有的系统性和条理性，极大地推动了化学的发展。作为一个发现和创造新物质的学科，化学在造词造字方面成绩斐然，发现的新元素、新化合物、创造的新化合物都需要命名，这需要造字指代此新物质或赋予旧字词新含义，新方法和概念等也需要统一的表述。如今，IUPAC 确定了基于英语的国际化学术语系统，一些国家直接使用 IUPAC 化学术语系统，或者采用基于本国文字但与国际化学术语系统相似的化学术语系统。由于中文与英文相差甚远，在我国建立和使用中文化学术语系统更方便中国人学习和运用化学。

中国人开始全面系统地认识和学习现代化学一般认为是从徐寿和傅兰雅（John Fryer，英国翻译家）共同翻译《化学鉴原》开始的，他们将化学以比较完整的学科体系引入中国，并初步创立了中文化学语言系统，这是一项非常了不起的工作。将化学元素名称翻译为中文是创建中文化学语言的基础。元素的中文命名充分彰显了化学学科的创新理念与中国文字独特艺术性的统一。徐寿和傅兰雅在翻译元素名称时没有直接音译，而是把音译和意义结合，符合中文听说读写的语言习惯。首先，保留已有的元素名称，如，金、银、铜、铁、锡、汞、硫、磷（燐）等，前人翻译的元素名中较为恰当的继续沿用，如轻气、养气（后来改为氢、氧）。其次，也是最重要的，他们确定了元素译名的单字原则。徐寿表述如下："西国质名，字多音繁，翻译华文，不能尽叶。今惟以一字为原质（即元素）之名，取罗马文之音首，译一华字，首音不合，则用次音，并加偏旁，以别其类，而读仍本音。"这一中西合璧的命名法真是先进、高明，为元素的中文命名定下了基调。其中以"金""石"等表示元素性质和常态的偏旁，作为命名的方法非常具有创新性，展现了其卓越的智慧。照此原则，中文化学语言系统中最基本的术语——元素名称初步构成。这其中有新造的字如钙（calcium，Ca），但更多的是用生僻字以区别于常用字，防止误解，如金属元素锂（lithium，Li）、钠（sodium，Na；英文名表示钠从 soda 中得到，元素符号来自拉丁文 natrium）、钾（potassium，K；英文名表示钾从 potash 中得到，元素符号来自拉丁文 kalium）、镁（magnesium，Mg）、钒（vanadium，V）、铬（chromium，Cr）、锰（manganese，Mn）、钴（cobalt，Co）、镍（nickel，Ni）、锌（zinc，Zn）、锆（zirconium，Zr）等。元素名称虽然有不少新造字和生僻字，但在听说读写方面没有过高的难度，如生僻字读半字，解决了读音问题。徐寿采用的这种命名方法，后来被我国化学界接受。随着化学学科的发展，中国化学家对元素的命名更加规范和严谨，对先前不适宜的命名不断修正，同时也规范了为元素命名的造字规则。1932 年，国民政府教育部公布的《化学命名原则》确立了新元素的造字依据：发音以英文首音为主，金属元素名称用"金"为偏旁，非金属元素的单质在常温下为固、液、气态的分别以"石""三点水"和"气字头"为偏旁，一般左右结构的采用左形右声的形声字，气字头为上下结构，此原则一直沿用至今。在中文的元素周期表中，借助汉字可以获得很多的元素信息，能够更好、更方便地理解和记忆元素及其性质。照此命名原则，数量众多的金属元素让金字旁的生僻字有了大用途。此外，为纪念居里夫妇、门捷列夫和诺贝尔等著名化学家，用他们名字命名的 96 号元素 curium（Cm）、101 号元素 mendelevium（Md）和 102 号元素 nobelium（No），对应的中文名为锔（jū）、钔（mén）和锘（nuò）从而表达了我们对伟人的敬意。非金属元素硼（boron，B）、硫（sulphur，S）、砷（arsenic，As）、硒（selenium，Se）、碘（iodine，I）、硅（silicon，Si；港台用矽字，大陆保留了矽肺病等词语）等明示这些元素在常温常压下以固体的形式存在，而氦（helium，He）、氟（fluorine，F）、氖（neon，Ne）等以气体的形式存在。除此以外，一些元素的名称还反映了物质的某些特性，比如密度（轻）——氢；颜色（绿）——氯；生命（滋养）——氧，氧气是人生存离不开的生养之气，故称"养气"即"养气之质"，后用"氧"代替"养"，读音未变；稀释——氮，源于空气中大量的这种气体冲淡了氧气，故称"淡气"，后用"氮"代替"淡"；有臭味的液体（臭水）——溴，它的英文名 bromine 来自希腊文 brômos 恶臭的意思。另外，"碳"和"炭"的准确使用也很重要，"碳"字的出现源自命名第 6 号元素 C(carbon)，在"碳"字出现之前，已有"炭"字了，如煤炭、木炭等。依据"关于'碳'与'炭'在科技术语中用法的意见"［中国科技术语，2006，8(3)］，这两个字有了明确的用法。"碳"对应于第 6 号元素 C 及其相关的衍生词和派生词，如碳元素、碳键、碳酸和芳香碳等；"炭"对应于以碳为主并含有其他物质的混合物，常用于各种工业制品，如煤炭、焦炭、炭笔等。"碳化"和"炭化"是不同的，"碳化"是碳酸化的简称，如，向氢氧化钠溶液中通入二氧化碳制备碳酸钠的过程（$2NaOH + CO_2 =\!=\!= Na_2CO_3 + H_2O$）为碳化；而"炭化"一般指有机物受热分解、干馏、氧化等生成炭或残渣的过程。同理，"碳材料"和"炭材料"也是不同的，"碳材料"指碳元素含量在 99.9% 以上的物质，如含碳量 99.9% 以上的石墨纤维属于碳纤维，而"炭材料"指炭化后形成的材料，如炭布、炭绳等属于炭纤维。

现在我们来看看最新确认的 4 个新元素的命名，IUPAC 指定分别由日俄美科学家为其命名以表示对发现者的敬意。2016 年 11 月 30 日，IUPAC 正式公布 113 号、115 号、117 号、118 号元素的名称和符号：113 号元素名为

nihonium（Nh），源于日本的国名 Nihon；115 号元素名为 moscovium（Mc）源于俄罗斯莫斯科市的市名 Moscow；117 号元素名为 tennessine（Ts）源于美国田纳西州的州名 Tennessee；118 号元素名为 oganesson（Og）源于罗斯核物理学家奥加涅相（Yuri Oganessian），其命名意在向这位超锕系元素研究的先驱致敬。那么这四个新元素的中文名称又能够传递出什么信息呢？113 和 115 号元素位于第 13 和第 15 列（ⅢA 和 VA 族）以"-ium"结尾，为金属属性，中文名称为"金"字旁的钅（nǐ）和镆（mò）。117 号元素位于第 17 列（ⅦA 族）以"-ine"结尾，这是卤素特有的词尾，中文名称为"石"字旁的䄔（tián）。118 号元素位于第 18 列（0 族）以"-on"结尾，是目前人类合成的最重元素，也是人类合成的第一个人造稀有气体，中文名称为"气字头"的鿬（ào）。这四个名称不是简单的音译，还有汉字传递出的信息，体现了中文用字的系统性和化学术语体系的逻辑相关性。与英文元素周期表相比，中文周期表更加神奇和精彩，除了严谨还有智慧汉字传递的信息，易于学习和掌握元素的特性。

化学物质名称是化学语言的基本组成部分，因种类繁多命名更复杂，与元素命名一样，运用不同结构的汉字给化学物质命名使各类化合物名称保持系统性，碳氢化合物是有机化合物的母体，种类非常多，化学家将碳氢简化为"烃"，对于碳键不同饱和度（即氢的数目）的烃，以"烷""烯""炔"表达"完满""稀少""缺少"的意思，比如，乙烷（$H_3C—CH_3$）、乙烯（$H_2C=CH_2$）、乙炔（$HC≡CH$）。而"烃""烷""烯""炔"等字的"火"字旁，说明它们都是可燃的。醇、酸、酮等指含有—OH、—COOH、—C=O 基团的有机物，由于最初多由发酵得来，因而取"酉"作为偏旁。杂环化合物（构成环的原子除碳原子外还有其他原子）的命名使用"口"字旁，既体现环状结构又表示这类化合物普遍存在于药物分子的结构之中，很多的小分子药物都有一个杂环核心，如呋喃、噻吩、嘧啶（见图 2-3）。"甾"这个字古已有之，化学家用甾命名结构中有四个环三个侧链的化合物（见图 2-3）非常形象，并赋予了甾字新的含义。"茂"字是常用字，用作化合物的命名也能准确表示所指代的化合物，"草"字头代表芳香族，戊表示五，茂所指代的是五元环的芳香族化合物，如二茂铁（见图 2-3）。中文是象形文字，化合物的名称与其结构的对应有如神助。也有一些物质的名称是借鉴英文造字法而得，如，—OH 的英文 hydroxyl 由 hydro-（H）和 oxy-（O）构成，中文名为"羟

（qiǎng）基"，氢与氧各取一部分。这种造字法有会声、会意、会形的效果，类似的还有：巯（qiú）基（—SH），羰（tāng）基（—C＝O），羧（suō）基（—COOH），这些名称指含有特定基团的有机化合物，用字简洁易懂。另外，指事造字法在化学中也有妙用，如氢原子的三种同位素：^{1}H 或 H（protium，源自拉丁语的第一），其原子核中含 1 个质子，天然丰度99.988 5%；^{2}H 或 D（deuterium，源自拉丁语的第二），其原子核中含 1 个质子和 1 个中子，天然丰度 0.011 5%；^{3}H 或 T（tritium，源自拉丁语的第三），其原子核中含 1 个质子和 2 个中子，天然丰度痕量。这三种同位素的中文名为氕（piē）、氘（dāo）、氚（chuān），在气字头下面，撇（丿）指质子，而竖则（丨）指中子，这三个字明示了氢原子核的结构，这三个字的音、义、形都很吻合，堪称神造字。为化学物质造字和选字的我国化学家既聪明又有智慧，他们为后人能够比较顺利阅读甚至背诵元素周期表，看到有机化合物名称就能够想象出其结构和特性作出了杰出贡献。

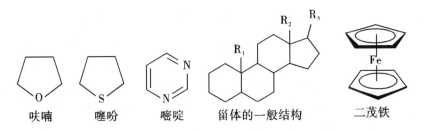

呋喃　　噻吩　　嘧啶　　甾体的一般结构　　二茂铁

图 2 - 3　几种有机化合物的结构式

对于化学术语的翻译，也体现了汉字精准的表现力，"电离""沉淀""络合"或"配位""缓冲溶液""滴定""催化和催化剂""塑料""石棉""化学平衡"等化学术语是由常用字构成的，表达的是特定含义的化学概念。比如，"石棉"是一种硅酸盐，之所以叫石棉，是因为它的组成类同于石头，但是它的纤维又长又柔，像棉花一样可以用来织布。此外，石棉像石头一样耐火，中国古代称为"火浣布"（用火来洗的布），用它做餐桌布，如果脏了，用火一烧，即可除去油脂和食物残渣，又洁白如新。中文的化学术语同样严谨和规范，并具有系统性和科学性。汉字既是抽象的符号，又是形象的艺术，汉字使得化学语言富于文采，同时，化学的发展也丰富了汉字和汉字的内涵。汉字文化与化学学科的结合使化学术语和化学命名法变得精深微妙。同其他学科一样，化学理论是用化学语言表述对物质及其变化规律的认识，化学家遵循科学语言规律、思维逻辑和语法规范，并尽可能使用抽象化的数学语言客观、准确地揭示自然的奥秘。

图表语言也是化学语言的重要组成部分，相较于文字，图表所表述的内容信息量大、直观，并且可以将难以想象的微观世界宏观化。现在的多媒体技术可以制作三维图像和视频，使静态内容动态化，视觉感染力更强，因此图表语言更加生动并容易被接受和传播。

我们熟悉的元素周期表是化学表格语言的杰作，元素周期律的发现使得自然界中所有的元素联系在一起成了一个整体，元素周期表完美地呈现了这个体系。118 种元素按照原子序数排列在一个七行十八列的表中，既简单又神奇，展现了物质世界简单、有序的一面。元素在表中的位置反映了元素的原子结构和元素的性质，元素之间相互联系的规律蕴含在元素周期表中。

原子的电子轨道示意图、分子模型，合成路线、操作或工艺流程图、实验装置和仪器图以及化学反应过程的视频和动画等也是化学信息传递的形式，比文字表述的内容更生动、直观，又不失精准。如，拉瓦锡钟罩实验装置图（见图 2-1）让实验方法一目了然。如图 2-3 和图 1-1 所示，分子结构图可以清晰地呈现各原子的相互关系，而对分子手性的表述附以分子的镜像图（见图 2-2）使这个概念更容易理解。现在已经有很多的化学过程和反应被高分辨的仪器和电脑实时记录下来，化学家知道了更多的关于分子间相互作用的细节。我国科学家在世界上首次拍摄到单个水分子的结构以及由 4 个水分子组成的水团簇（见图 2-4），通过高分辨率的图像成功解析出了水团簇的微观氢键构型，由此提出了一种全新的四聚体吸附结构。

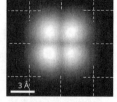

图 2-4　水团簇（水四聚体）在氯化钠表面上的成像图[①]

---

① GUO J, MENG X Z, CHEN J, et al. Real-space imaging of interfacial water with submolecular resolution [J]. Nature materials, 2014, 13（2）：184-189.

在实验数据处理和分析中，人们习惯于用图表来描述化学现象和呈现数据。如，用柱状图对数据进行类比分析；用曲线图反映数据随时间或其他物理量变化的趋势；用散点图考察数据之间的相关性和分布特性。数据列表翔实、精确，能够提供数据之间、数据与变量之间的关系，便于统计和深度分析。将所获得的数据制成图表能够直观精准地传递化学信息，有助于利用数据进行推理、揭示数据的内在规律以及对数据及其结果提出质疑等。

化学语言以通用的符号、专业的术语、严谨的概念和理论构成了化学知识体系，具有形式简约、内涵丰富、逻辑严密和国际通用的特点。化学语言是化学文化的重要组成部分，它承载着化学的学科思想，也反映了化学人的思维方式。

2.1.3　化学文化的社会意义

化学已经渗透到人类社会生活的方方面面，从衣食住行用到太空和海底探险都与化学密不可分，化学思想和化学精神也随之融入社会并影响着人们的人生观、价值观和世界观。

1.　催化剂和催化作用

学过初中化学就知道，氢气和氮气合成氨的反应需要在高温、高压和催化剂存在的条件下才能进行，少量的催化剂能够提高化学反应速率，其本身在反应过程中不被消耗。人类对催化作用最早的应用是酿酒工艺，酿酒过程中的催化剂是酶，酶是生物催化剂。催化作用的原理也可以帮助我们解决生活和工作中的问题。如，遇到困难时，寻找合适的"催化剂"，问题有可能迎刃而解。通常，好的奖励机制就是能够激励员工努力工作的一枚有效的催化剂。在一个团队中，我们也常常需要一个活跃分子作为催化剂来激活团队。此外，催化剂在化学反应中表现的成人之美也折射出人生之道，懂得成全别人、助人为乐的人能够赢得他人的信任和认同。

2.　化学平衡移动原理

合成氨的反应还涉及化学平衡问题，催化剂不能改变化学反应的平衡。工业合成氨反应的化学方程式为：$N_2 + 3H_2 \xrightarrow[]{\text{高温高压催化剂}} 2NH_3$，如果希望平衡向生成氨（$NH_3$）的方向移动，可以通过增加反应体系的压力、增大氮气的浓度和分离出氨来实现。法国化学家勒夏特列（Le Chatelier）指出，改变影响化学平衡的一个条件，如浓度、压力、温度等，平衡就向减弱这种改变的方向移动，这就是著名的勒夏特列原理（Le Chatelier's principle），又称化学平衡移动原理。化学平衡移动原理在许多方面能够指导人们掌控平衡体系。如，人体的血液 pH 在 7.35 ~ 7.45，尿液 pH 值为 6.0 左右，胃液 pH 值在 1 ~ 3（0.2% ~ 0.4%的盐酸），这是维持正常生理活动的重要条件。正常生理状态下，人体可以通过血液缓冲系统、肺呼吸功能和肾的排泄与吸收功能来进行自我调节使其处于稳态。如果自身无法有效地调控，如胃酸分泌过多，就需要医疗帮助。抗酸药的主要成分是碳酸钙、氧化镁、氢氧化铝等无机弱碱性化合物，它们能够中和过多的胃酸，使其恢复原本的状态。再如，在高等教育中，有效的教学需要教师和学生共同参与，学生是探索者，但不是独自探险，教师是学生走向知识领域的向导。因此，教师应该把握学生自学和教师引导之间的平衡以及学习兴趣和乐趣与知识深奥之间的平衡。只有调控好这些平衡，教学才不再是灌入高冷的术语，不再是枯燥的代名词。学生才能把学习的兴趣和乐趣变为志趣，积极主动地学习知识，并深入钻研达到更高的深度。不仅如此，化学平衡移动原理也影响着人们的思想观念和解决问题的方式。在平衡体系中，达到了化学平衡状态并不意味着反应停止，而是动态平衡，也就是说平衡状态是一种随时间延续的过程。平衡中有变化，变化中保持平衡，即从一种平衡状态通过变化达到另一种平衡状态。一方面，我们常常会安于现状，这种境遇表面上看是平稳的，但是不思进取总会落伍，真正的稳定是渐渐进步的；另一方面，平衡会向着减少改变的方向进行，我们应该判断出变化方向并找到突破点，打破原有平衡建立新平衡，在变化中朝着期望的方向前行。

3. 熵和热力学第二定律

从微观角度阐述热力学第二定律表述如下：一切自发过程总是沿着分子热运动的无序性增大的方向进行，"分子热运动的无序性"称为"熵"。也可表述为：孤立体系的熵永远不会减少，即熵增加原理。热力学第二定律告诉我们，事物自然发展的方向由有序向无序发展，这个观点显然与我们认知的生命过程不同，生命体的生长和发展是从简单向复杂、低级向高级的过程，高级生命体是结构异常复杂且高度有序的系统。为什么呢？因为生命体是开放体系，为了维持生命就需要与环境进行物质和能量交换，获取营养，也就是说，向有序方向变化（生长）会对环境产生影响。一个封闭的体系，如果没有外力干预会变得无序和混乱，所以要实现有序，需要付出代价。如，墨水滴到水里会渐渐散开，再也没法重新聚集，除非采用分离富集技术从水中提取墨水的组分。同理，草药冲剂的颗粒、食用植物油、玫瑰精油等都是从植物中通过物理或化学方法提取出来的，消耗了大量物质和能量，我们能够享用到这些精品也是很多人辛勤劳动付出的结果，我们要有感恩的心，珍惜拥有的美好。对于个人和企业或单位来说也一样，要保持有序和高效就要与外界交流，采取相应措施避免内卷。

4. 化学振荡反应和耗散结构理论

化学反应中还有一类特殊的反应，与我们所熟知的化学反应有所不同，类似于自然界中的潮汐、生物钟等周期性重复的现象。它存在反馈机制，反应物或中间体的浓度在一定范围内随时间变化呈现周期性变化，所以化学反应在两种状态之间循环往复，呈现具有一定节奏的"化学钟"现象。如，在丙二酸 – 溴酸钾 – 硫酸 – 硫酸锰 $[CH_2(COOH)_2 - KBrO_3 - H_2SO_4 - MnSO_4]$ 反应体系中，体系的电位呈现周期性变化（在时间尺度内的变化）（见图 2 – 5），或者用硫酸铈铵 $[(NH_4)_4Ce(SO_4)_4]$ 替代硫酸锰，反应体系的颜色随 Ce^{3+} 和 Ce^{4+} 离子之间转换而反复呈现无色和黄色的变化。有些情况下能够观测到反应波纹或图案的周期性变化（在空间尺度内的变化）（见图 2 – 5）。这类反应称为"振荡反应"，是一类远离平衡的体系。普里戈金（Hya Prigogine，1977 年荣获诺贝尔化学奖）的耗散结构理论很好地解释了这个现象，他指出这是体系的自组织过程。当一个开放的体系达到远离平衡态的非线性区域时，一旦体系的某一个参量达到一定阈值后，通过涨落就可以使体系发生突变，从无序走向有序，产生化学振荡这一类的自组织现象。化学振荡产生的四个必要条件是：开放体系、远离平衡态、非线性作用和涨落作用。耗散结构不仅存在于化学领域，也普遍存在于整个自然界乃至于人类社会的各个领域。因此，耗散结构的思想可以用于解决社会领域中的问题，个体、工厂、企业甚至城市等都是远离平衡态的耗散结构体系，我们可以运用耗散结构思想调控和管理使其形成并保持自组织的有序结构。在诺贝尔化学奖颁奖典礼上，介绍人指出：普里戈金在研究耗散结构的稳定性时所用的方法可用于解决各个领域中的问题，如城市的交通问题、生物的有序结构发展问题、癌细胞的成长问题等。

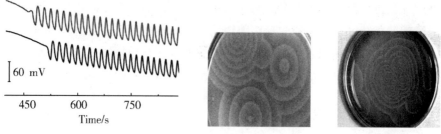

图 2 - 5　B - Z 振荡体系的信号（电位）随时间变化曲线和反应产生的图案①

5. 化学的生态价值观

化学是社会可持续发展的基础，为什么可以这样说呢？因为化学本身是具有生态价值的，化学探索不只是向自然索取，更多的是建立一个新的自然，正如罗蒙诺索夫所言"化学是第二自然的创造者"。正因为如此，化学最大限度地保护着我们赖以生存的大自然。化学创造物质（合成化合物和新材料）的基本思路是从天然物种中提取纯物质，鉴定其组成和结构，研究其特性，然后化学合成此物质，并根据其结构和性质的关系对其进行结构的修饰和改造，以获得性质更优异的化合物。这样可以保护天然产物，如青蒿素和紫杉醇是疟疾和癌症病人的救命药，它们都源于天然植物，从青蒿类植物和紫杉树皮中提取纯的青蒿素和紫杉醇产量不高，尤其是紫杉醇，提取率非常低，而且紫杉生长缓慢，大量砍伐必将导致紫杉的灭绝。既要保护自然和植物，又需要药物，救人和救植物都很重要，为此，化学给出了解决方案：合成青蒿素和紫杉醇并实现工业化批量生产。对于新能源的开发和化石能源的综合利用，如采用煤炭气化提高利用率，同样体现了化学的生态价值观。

化学原理和化学思想在指导人们的社会行为方式中的应用远不止这些，由于篇幅有限，这里不再一一列举，化学文化在化学工作者和研习者中的一脉相承、不断创新不仅影响着学科的发展，也影响着社会的发展。

---

① ANNETTE F T. Mechanism and phenomenology of an oscillating chemical reaction ［J］. Progress in reaction kinetics and mechanism, 2002, 27（4）: 247 - 325.

2.2 化学的文化价值

2.2.1 化学的科学美

化学研究自然界的物质及其变化，能够从宏观到微观展示自然之美，从分子层面揭示物质及其变化之美。让我们一起领略化学的科学美，感受化学的魅力。

1. 物质美

化学之美首先是物质美，即外在的形态美和内在的结构美。物质外在形态、色彩给人以视觉的美，而内在结构美还需要靠抽象思维感悟。清澈的水令人心旷神怡，小小的水滴和壮观的瀑布，空中飘落的六角形雪花和漂浮在江面上顺流而下的冰排，水的美丽形态与水分子间的氢键有关。松花蛋（皮蛋）蛋白上漂亮的松针图案是凝胶状蛋白中氨基酸盐结晶所致的。

在岩溶地貌（喀斯特地貌）区，溶洞里有形态各异的钟乳石、石笋等，它们千姿百态、奇妙无比，呈现一个梦幻世界，这是大自然的杰作，水对石灰岩（主要成分是碳酸钙 $CaCO_3$）的不断溶蚀造成此美景。碳酸钙在含有二氧化碳的水中形成溶解度较大的碳酸氢钙 $[Ca(HCO_3)_2]$，而含有碳酸氢钙的水受热或其压强突然下降，又会重新析出碳酸钙，其实质是 $CaCO_3 + CO_2 + H_2O \rightleftharpoons Ca(HCO_3)_2$。含有碳酸氢钙的水从洞顶渗漏下滴，日积月累，经过上万年或几十万年时间，便在洞顶生长出下垂的钟乳石，并在洞底对着钟乳石向上长出石笋。碳酸钙是白色的，如果其中混有其他金属元素的矿物，就会生成不同颜色的钟乳石和石笋。钟乳石和石笋等不仅是美丽的自然景观，也对远古地质考察有着重要的研究价值。此外，"水滴石穿"的现象也是源于碳酸钙和碳酸氢钙之间的转换，以碳酸钙为主要成分的石头遇到二氧化碳和水时生成可溶性的碳酸氢钙，时间长了，碳酸钙渐渐被溶解。另外，石膏模型和各种精美的石膏艺术品以及药用的石膏则是硫酸钙水合物，依据含水量不同，分为天然二水石膏（$CaSO_4 \cdot 2H_2O$）也称为生石膏，和烧石膏（$CaSO_4 \cdot 0.5H_2O$，熟石膏）以及脱水的煅石（$CaSO_4$）。

同样，实验室中五颜六色的溶液和染料、闪闪发光的晶体和亮晶晶的金属也是美丽的。居里夫人曾这样描述她和居里发现的镭："我们在晚间走进实验室，这已成为我们最有乐趣的事情，我们举目四望，那些珍藏着我们产品的小瓶和小管，无时无刻不在黑暗中闪烁着微弱的白光，这实在是一种可爱的情景。"同时，他们也享受着发现的喜悦和美好。实验室中最常见的美景是各种物质和化学反应呈现的颜色，还有显微镜下物质的形貌和表面的精细结构。图2-6是不同条件下生长的草酸钙晶体的形貌，呈现晶体的几何之美。

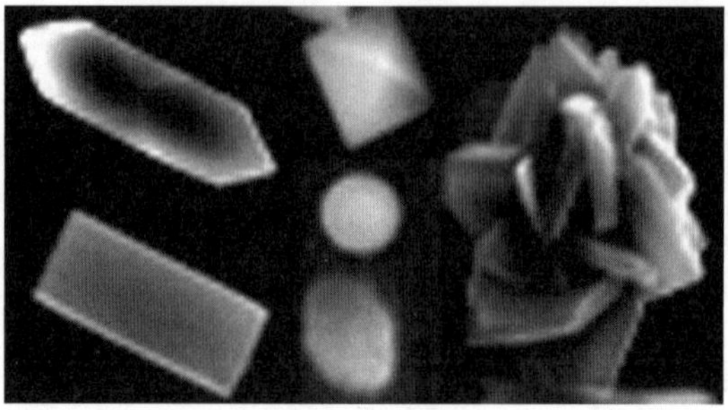

图2-6　不同形貌的草酸钙晶体

每一种物质的独特之美源于其组成和结构，同是碳原子组成的金刚石和石墨，由于碳原子的连接方式不同，因此结构不同，导致外观和性质完全不同。金刚石是典型的原子晶体，每个碳原子与相邻的四个碳原子形成四个C—C共价键，构成正四面体结构单元，是自然界最硬的矿石，又因为碳原子所有最外层电子都参与成键，晶体中没有自由电子，所以金刚石不导电，也很难发生化学反应，在空气中加热到1 100 K左右时，才能燃烧成CO_2。乌黑的石墨是世界上最软的矿石，石墨晶体具有层状结构，同层内每个碳原子与邻近的三个碳原子形成三个C—C共价键，构成六角平面网状结构，层与层之间通过分子间作用力相结合，导致层与层之间容易滑动和裂开，因此石墨柔软，具有润滑性。因为每个碳原子只形成了三个C—C共价键，均剩余一个未成键的电子，这些电子可以在碳原子平面层中活动，所以石墨具有层向的良好导电性和金属光泽，其化学性质比金刚石稍显活泼。石墨可被强氧化剂氧化，600 ℃~700 ℃时在空气中燃烧生成二氧化碳。金刚石的硬和石墨的软是结构与力的完美统一。此外，20世纪80年代中期，人们发现了碳元素新的同素异形体——碳六十（C_{60}），又称"富勒烯"或"足球烯"。依据"足球烯"这个名字可以想象

出 C_{60} 的结构形似足球，并且有碳碳双键。这个结构的确定受到了美国建筑师富勒（Buckminster Fuller）设计的五边形和六边形构成的穹顶建筑的启发，60个碳原子组成 12 个五边形和 20 个六边形，构成了一个 32 面的笼状结构。这样一个妥妥的分子足球呈现和谐均衡之美。C_{60} 命名为 buckminsterfullerene，简称 fullerene（富勒烯），以表达对富勒的敬意，这个新颖对称结构的碳材料开辟了化学研究的新领域。三维共价键网状结构的金刚石、二维层层叠加的石墨和零维完美对称的足球烯呈现了物质的多样性。

化学结构反映物质分子内部各元素原子的联结方式和顺序，因此本身具有几何美感，有的对称，有的非对称，有的手性——对称与非对称的奇妙变换。从五元环、六元环到石墨烯、足球烯、金刚石以及酒石酸、草酸钙等各种晶体，结构美是物质美的决定因素。

2. 变化美

化学是研究变化的学科，变化美是化学美的主旋律。化学反应过程中，各种奇妙的变化形成了化学的一种独特美，我们最熟悉的燃烧现象展示了火焰的美丽，火焰的光芒象征着激情和希望。焰色是某些金属元素或它们的化合物在火焰中灼烧时呈现的特殊颜色，在火焰作用下元素或者其化合物气化并原子化成为气态原子，火焰中的气态原子获得能量进一步被激发，即外层电子由基态跃迁至激发态（高能级）。处于激发态的原子不稳定，大约经过 10^{-8} 秒，电子又会从高能级跃迁至基态或其他低能级，同时释放出多余的能量，如果以光的形式释放出来，即发射特定波长的光（$E = h\nu = hc/\lambda$，式中 E：跃迁的能量，h：普朗克常数，c：光速，ν：谱线频率，λ：波长）。由于元素的原子结构各不相同，电子跃迁至低能级释放的能量不同，所对应的跃迁波长不同，我们肉眼可以看到可见光区不同颜色的光，因此观察到不同的焰色。几种常见金属元素电子的跃迁波长（可见光区）和对应的颜色如下：钾（K）766.5 nm、769.9 nm（红光区）和 404.4 nm、404.7 nm（紫光区），呈现紫红色；锶（Sr）689.3 nm（红光区）和 460.7 nm（蓝光区），呈现深红色（洋红色）；锂（Li）670.8 nm（红光区），呈现红色；钙（Ca）657.3 nm（红光区）和 422.7 nm（紫光区），呈现橙红色（砖红色）；钠（Na）589.0 nm、589.6 nm（黄光区），呈现黄色；钡（Ba）553.5 nm（绿光区），呈现黄绿色；铜（Cu）510.5 nm（绿光区），呈现绿色；铯（Cs）455.5 nm、459.3 nm（蓝光区），呈现蓝色，另有 791.1 nm（近红外区），肉眼难以观察到。每种元素都有一些特征谱线，根据焰色可以判断某种元素的存在，因此，利用焰色反应可以对金属或其化合物进行检测。但是凭肉眼观察焰色来鉴别元素受到很多限制，可以借助光谱仪实现对紫外、可见、红外区的全光谱观测以对元素及其化合物进行鉴定，由此开创了分析化学的一个重要分支——光谱分析。

如今使用高速摄像机可以记录化学反应的过程，呈现沉淀生成的过程、溶液颜色改变的瞬间等肉眼无法直接观察到的化学反应。这些美丽的瞬间可以完美地展示物质的动态美与变化美的和谐。先进的摄影和摄像技术可以把化学反应瞬间发生的细节和奇妙现象变成艺术作品供人们欣赏。

除了这类高端作品外，在学习中我们也能发现和欣赏化学变化的美。英国著名化学家波义耳（Robert Boyle）在实验中发现紫罗兰花瓣因溅上硫酸而变成红色，由此他研制出了酸碱指示剂。酸碱指示剂是一类结构较复杂的有机弱酸或有机弱碱，它们大多有鲜艳的颜色，并且其结构在一定范围内随着溶液酸碱度的变化而改变，呈现不同的颜色。如，甲基橙（pH 3.1 红 ~ 4.4 黄），中性红（pH 6.8 红 ~ 8.0 黄橙），酚酞（pH 8.0 无色 ~ 9.6 粉红）。在酸碱滴定中，我们可以利用指示剂的颜色判断溶液的酸碱度并确定滴定终点。通过理论计算可知反应过程的 pH 值，选择一种变色点与化学计量点 pH 值接近的指示剂，滴定过程中观察到颜色突变即为滴定终点。类似地，还有氧化还原指示剂——氧化态和还原态的颜色不同，金属指示剂——指示剂和指示剂与金属离子形成的络合物有不同的颜色。指示剂的运用让化学反应有了色彩，而滴定终点时颜色的突变可以让我们感受到快速响应的瞬间之美。

运用指示剂变色原理，将变色物质负载在纸或者其他材料上，可以制作出检测试纸，比如，检验水的氯化钴（氯化亚钴）试纸，蓝色的氯化钴（$CoCl_2$）遇水发生水合反应，生成粉色的六水氯化钴（$CoCl_2 \cdot 6H_2O$）。六水氯化钴加热后可变回无水氯化钴，因此试纸可以重复使用。同理，硅胶中加一定量的氯化钴，可指示硅胶的吸湿程度。我们熟悉的 pH 试纸可以显示溶液pH 值从 1 至 14 的变化，分别将含白醋和小苏打的水溶液滴到试纸上，试纸立刻变为橙色和藏蓝色，对比色卡可确定两种溶液的 pH 值分别为 5 和 10。而精密pH 试纸在一定范围内测定的 pH 值可以精确到小数点后一位，比如 pH 3.8 ~ 5.4的精密 pH 试纸。小小的试纸条上负载了多种酸碱指示剂，在不同 pH 值范围内指示剂呈现不同的颜色，如，溴甲酚绿（pH 3.8 黄 ~ 5.4 绿），甲基红（pH 4.4红 ~ 6.2 黄），溴百里香酚蓝（pH 6.0 黄 ~ 7.6 蓝）。看似简单的 pH 试纸，其中的指示剂组成非常复杂，依据组分按一定规律变色，要准确显示 pH 1 ~ 14 与之对应的颜色，必须保证各组分及其配比准确。指示剂和 pH 试纸的颜色变化呈现了现象美，而严谨的设计和快速的响应呈现了技术之美。

3. 规律美

化学的物质美和变化美在视觉上带给我们的是感性美，而复杂现象中的内在规律以及抽象出来的理论，则是认识层面上的理性美。化学作为一门自然科学，理性美是化学美的极致。

漂亮的雪花是大自然产出的会飞舞的晶体，各种美丽矿石，特别是宝石级的矿石也是天然的晶体。晶体的美丽形态源于其内部结构的有序，晶体最基本的特征是组成晶体的原子或离子或分子在空间中按一定的规律周期重复地排列，因此，晶体的形态是规则的几何多面体并呈现某种对称性。如图 2 - 7 所示，水分子通过氢键形成缔合体，冰是水分子有序排列形成的结晶（冰晶），属于六方晶系，雪花由冰晶形成，故为六角形。氯化钠晶体展示出近乎完美的立方体形状，同样是其内部微粒（氯离子和钠离子）周期性有序排列的结果。图 2 - 7 呈现了氯化钠晶体的一个晶胞（构成晶体的最基本重复单元），较大的氯离子作面心立方紧密堆积，较小的钠离子填充氯离子之间的八面体空隙。无数的这种晶胞重复排列向空间各个方向伸展，形成氯化钠晶体。探索晶体的微观结构，发现构晶微粒三维周期性的排列规律与在宏观上欣赏晶体的形态皆是妙不可言的。

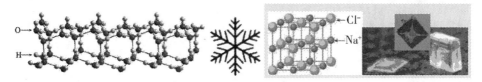

图 2 - 7　晶体形貌和结构

从左至右：冰的结构①与雪花，NaCl 晶胞结构②与 NaCl 晶体

① Chaplin M F. Structure and properties of water in its various states ［J］. Encyclopedia of water：science，technology and society，2019：1 - 19. DOI：10. 1002/9781119300762. wsts0002.

② NaCl 晶胞结构［EB/OL］.［2015 - 12 - 08］. https：//power. baidu. com/question/14443808. html? qbl = relate_question_4/ .

元素周期律是元素的性质随着原子序数的递增呈周期性变化的规律，它的发现像一把神奇的钥匙，打开了物质世界的秘密。原子序数是原子核内质子数或核电荷数，它等于原子核外的电子数。原子由原子核和核外电子层组成，原子核是由带正电的质子和不带电的中子紧密组成的内核。带负电的电子围绕着原子核疯狂地旋转形成"电子云"，并占据着原子内部绝大部分空间，像一层壁垒保护着原子核。发生化学反应时，原子核不发生变化，电子层发生变化，因此，原子的电子层结构决定了元素的化学性质，原子的电子排布规律是元素周期律的基础。

原子的核外电子绕着原子核运动，其运动状态用原子轨道（即 s、p、d、f 轨道）描述，其中 s 轨道有一个，p 轨道有三个，d 轨道有五个，f 轨道有七个。它与经典的轨道意义不同，是电子运动的统计性规律。如图 2 - 8 所示，球形、哑铃形和花瓣形的轨道是电子旋风般疾转的舞步跳出的优美弧度。电子在不同的电子层上运动，距离原子核越远，能量越高，如，2s 轨道能量高于 1s，4s、4p、4d、4f 轨道能量且能量依次升高。电子由低至高依次填入各能级的原子轨道中，每个轨道最多容纳两个电子。如，氧（O）原子序数为 8，核外 8 个电子，电子排布式为 $1s^2 2s^2 2p^4$；钙（Ca）原子序数为 20，核外 20 个电子，电子排布式为 $1s^2 2s^2 2p^6 3s^2 3p^6 4s^2$，注意，不是 $1s^2 2s^2 2p^6 3s^2 3p^6 3d^2$（见图 2 - 9电子填入轨道顺序）。微观世界里原子核外电子的运动轨迹呈现的是原子的动态美，而宏观世界里电子排布式呈现的是原子的静态美，亦动亦静，皆妙不可言。将原子的状态定格下来得到元素周期表，所有元素根据原子核外电子排布规律排列在 118 个小方格中。

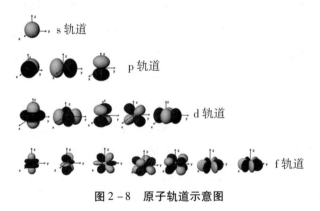

图 2 - 8　原子轨道示意图

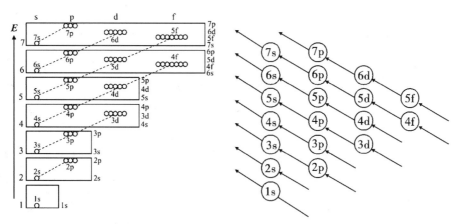

图 2-9　原子轨道的能级图（左）和电子填入轨道的顺序（右）

　　元素周期表有横向七个周期，周期数等于电子层数，每个周期对应一个能级组，即 1s、2s 2p、3s 3p、4s 3d 4p、5s 4d 5p、6s 4f 5d 6p、7s 5f 6d 7p（见图 2-9）。第一周期，原子只有一个电子层，也只有 s 轨道，可以容纳 1~2 个电子（氢原子有 1 个电子；氦原子有 2 个电子），故只有 2 种元素。随原子序数增加，核外电子层增加。第二、三周期，除了 s 轨道外，增加了 p 轨道，2s 2p 和 3s 3p 均可容纳 8 个电子（2+6），各有 8 种元素。此外，第三周期有三个电子层，虽然有 3d 轨道，但未填入电子，是空轨道（见图 2-9）。第四、五周期，电子开始填充 d 轨道（见图 2-9），可容纳 18 个电子（2+6+10），各有 18 种元素。同理，最后两个周期，又增加了 f 轨道，可容纳 32 个电子（2+6+10+14），故各有 32 种元素。118 号元素是唯一一种核外电子填满所有 s、p、d、f 轨道的元素。

　　元素周期表的纵向 18 列分为 16 个族，其中 1、2 列和 13~17 列也称为主族，即 IA-VIIA；0 族对应 18 列（也有称为VIIIA）；3~7 和 11、12 列也称为副族，即ⅢB-VIIB 对应 3~7 列，IB 和ⅡB 对应 11 和 12 列；VIII族由 8~10 列组成（也有称为VIIIB）。根据价电子构型（价电子指原子核外电子中能与其他原子相互作用形成化学键的电子），周期表分为 s、p、d、ds、f 五个区。IA、ⅡA元素为 s 区，最后一个电子填充 s 轨道，价电子（也是最外层电子）构型 $ns^{1~2}$（n 表示电子层数，下同），电子数为 1~2。ⅢA-VIIA 和 0 族元素为 p 区，最后一个电子填充 p 轨道（He 除外，原子轨道 $1s^2$），价电子（也是最外层电子）构型 $ns^2np^{1~6}$，电子数为 3~8。IA-VIIA 主族元素的族数等于原子的最外电子层电子数 1~7，0 族最外层电子数为 8。IA-ⅦA 和 0 族从左至右排列（遮盖住副族）非常对称。ⅢB-ⅦB 和Ⅷ族元素为 d 区，常常被称为过渡元素，最后一个电子填充 d 轨道，价电子构型 $(n-1)d^{1\sim9}ns^{1\sim2}$（46 号元素 Pd，$4d^{10}$），价电子数 3~7 对应于ⅢB-ⅦB 族数。而价电子数 8~10 对应于 8~10 列的元素，因其性质相近，比如铁、钴、镍，合并为Ⅷ族。IB 和ⅡB 族元素为 ds 区，通常也算作过渡元素，最后一个电子填充 d 轨道达到 d^{10} 状态，价电子构型 $(n-1)d^{10}ns^{1\sim2}$，最外层 s 轨道上电子数 1~2 对应于 IB 和ⅡB 族数。位于第六和第七周期ⅢB 族的 57 元素号镧和 89 元素号锕及之后的各 14 个元素，电子填入 f 轨道，价电子构型 $(n-2)f^{1\sim14}(n-1)d^{0\sim2}ns^2$，这些元素的性质相近，故 57~71 号、89~103 号元素被称为镧系和锕系元素，为 f 区。

从封三附图的元素周期表中可知，在 118 种元素中金属元素占绝大多数，沿 5 号元素硼、14 号元素硅、33 号元素砷、52 号元素碲、85 号元素砹和 118 号元素氫画一条线或沿方框边画折线，可将元素分为金属元素（左侧）和非金属元素（右侧）两类。我们不难发现，同一周期的元素从左向右排列，元素的金属性减弱，非金属性增强。同一主族的元素中从上至下金属性增强，非金属性减弱。非金属元素主要集中在周期表的右上方。另外，117 号元素按照其名称 tennessine 是属于卤素的，拥有非金属属性，中文名础，但是根据它在元素周期表的位置，也有可能是金属元素，至少比砹的类金属属性更强。事实上，元素的金属性和非金属性并没有严格的界限，而且对于极易衰变的元素，关注其金属或非金属属性意义也不大。

综上所述，元素在周期表中的位置与原子的电子层结构密切相关，因此，元素的属性和性质有迹可循，可以说，元素周期表是化学物质的"地图"。那么，为什么元素的性质会随着原子序数的增加呈现周期性变化呢？如上所述，元素不是随原子序数递增直线排列的，而是按照原子的电子层结构以能级组分行（周期）排列的，并且最外层电子构型总是由 ns^1 至 ns^2np^6 重复变化。因此，每一个周期内，原子的最后一个电子的填充均从 s^1 开始至 s^2p^6 结束，最外层的电子数由 1 增加至 8 达到饱和状态（第一周期除外，此周期只有 s 轨道，2 个电子达到饱和），呈现明显的周期性。除第一周期外，每一个周期都由 IA 族金属开始，过渡至非金属再到 0 族稀有气体（贵族气体）结束，每一次重复都是旧周期的结束新周期的开始，在循环中上升。因为各种元素的电子层结构和价电子数不同，所以它们性质各异。依据电子层结构和价电子构型变化规律排列起来的元素，其性质变化必然是有规律的。因此，元素周期表蕴含着元素的性质随着原子序数的增加呈周期性变化的规律。如，电负性（元素的原子在化合物中吸引电子能力的标度）。元素的电负性越大，表示其原子在化合物中吸引电子的能力越强。同一周期中从左向右，原子最外层的电子构型由 $ns^{1\sim2}$ 变为 $ns^2np^{1\sim6}$，电子数也随之增加，原子失去电子的倾向逐渐减小而吸引电子的倾向增强，所以电负性递增，元素的非金属性逐渐增强；在同一主族中自上而下，原子的电子层数增加，原子吸引电子的倾向减小，电负性递减，元素的非金属性减弱。因此，在元素周期表右上角的 F、N、O、Cl、S 等元素的电负性大，其中 F 的电负性最大，左下角的 Cs、Ba、Rb 等元素的电负性小。0 族元素被称稀有气体或贵族气体是因为该族元素的最外层电子构型为 ns^2np^6 饱和状态，其反应活性极低。然而不变和稳定是相对的，受到猛烈攻击时，它们也是会发生变化的。

副族，即 d 和 ds 区元素，位于周期表的中央腹地，由于电子填充至内层 d 轨道上，处于最外层电子构型由 $ns^{1\sim2}$ 向 $ns^2np^{1\sim6}$ 过渡的状态，副族元素除了可以失去最外层 s 轨道上的 1～2 个电子外，还可以失去内层 d 轨道上的电子，因此，化合价比较多。例如，ⅦB 族 25 号元素锰（Mn）的价电子构型 $3d^54s^2$，它可以失去 2 个 4s 轨道上的电子，还可以失去 3d 轨道上的 1～5 个电子，最多可以失去 7 个电子，所以 Mn 形成化合物时，有多个化合价，如 +2、+3、+4、+6、+7 价，其中 +2、+4 和 +7 价的化合物比较重要，如，氧化锰（MnO）、二氧化锰（MnO_2）、高锰酸钾（$KMnO_4$）。过渡金属不但可以形成多价态化合物，而且这些化合物大多具有美丽的颜色，所以过渡金属在生产生活中的应用十分广泛。

人们根据周期律不仅可以推断元素及其化合物的性质，还可以预言未发现的元素及其性质。1871 年门捷列夫在其创建的元素周期中留下了一些未知元素的空位，如，预留了相对原子质量为 44、68、72 的三个未知元素的位置并预言了它们的性质。随后这三个元素在自然界中被相继发现，它们是钪、镓和锗。其中门捷列夫预言的"类硅"元素，相对原子质量为 72，比重约为 5.5，深灰色有金属光泽，不易分解，几乎不与酸作用，存在不稳定的氢化物。1886 年，德国分析化学家温克勒尔（Clemens A. Winkler）在分析一种新发现的含有银和硫的矿石（argyrodite）样品时，发现了一种未知元素，命名为锗并研究了锗元素的性质，他发现锗与门捷列夫预言的"类硅"元素的性质非常接近，锗的相对原子质量为 72.32，比重约为 5.47，银灰色，不与水反应，溶于浓硝酸，并且制备出了易分解的四氢化锗。锗（类硅）的发现很好地证实了门捷列夫的预言和元素周期表的正确性。随着人们对元素性质和原子结构认知的扩展和深入，人们对元素周期律有了更多的认识，进而对周期表进行了调整和完善，并且在周期表指引下寻找新元素和人工合成自然界中难以发现的元素，渐渐地周期表中的空格越来越少。随着 117 号元素的成功合成，118 种元素填满了周期表的七个周期。同时，化学家致力于发现元素及其化合物的新特性和研发新材料，比如，副族元素的化合物种类繁多、性质多样，以此为对象可研发催化剂、合金、发光材料等，在金属和非金属交界处寻找半导体材料。元素及其化合物的性质和变化规律集于一体是元素周期表的魅力所在。

至此，我们初步学习了原子的核外电子层结构、电子排布规律和元素周期律，感受到元素周期表的神奇魅力。这是一张精妙的元素分布图，元素排列得井然有序，各就其位，各自独立又互有关联。元素周期表以其严谨的逻辑结构、简洁的形式和丰富的内涵揭示了物质世界的秘密——化学元素的周期律将孤立的元素统一起来组成了一个完整的体系，反映了原子世界有序的自然美。化学元素周期律是灵动的旋律，引导人们走近自然的秘境，认识物质的组成、变化及其规律。

4. 相似美

化学之美还在于相似所呈现的和谐统一，相同与不同中蕴含着化学的灵魂。

就原子结构而言，每一种元素都有各自的原子核电荷数（质子数）和核外的电子数，这是有别于其他元素的特征。同时，各种元素在电子层数、最外层电子和价电子构型方面也存在一些共性。电子的运动状态，即电子层结构和价电子构型，决定了原子间的结合方式，这也是元素性质相似的原因。让我们走进原子结构的微观世界，领略元素的相似之美。

同周期的元素具有相同的电子层，元素及其化合物有相似的性质。如，第二周期的 8 种元素，原子核外只有两个电子层，而且次外层只有两个 1s 电子，原子核对核外电子的吸引力较强，因此这 8 种元素的原子半径都很小，进而导致这些原子失去电子需要较大的能量，因而元素的第一电离能（气态原子失去一个电子成为正一价离子所吸收的能量）特别高；相反地，元素的电子亲核能（气态原子获得一个电子成为负一价离子时放出的能量）特别小。第三周期的 8 种元素，最外电子层有 3d 空轨道，可用于成键，因此它们常常形成如 $Mg(H_2O)_6^{2+}$、$Al(OH)_6^{3-}$、SiF_6^{2-}、PCl_5 等高配位数的配离子或配合物。从第四周期开始，最外层 s 轨道填满后，电子填充内层的 d 轨道和 f 轨道，增加了 d、ds、f 区元素，延缓了最外层电子由 ns^1 至 ns^2np^6 的转变。因为这些副族元素价电子构型的变化主要发生在 $(n-1)$ 和 $(n-2)$ 内层，所以元素的性质有许多相近之处，特别是镧系、锕系元素的性质极为相似。显然，同一周期的元素，它们原子结构之间的不同远超过相同，随着最外层电子构型由 ns^1 转变为 ns^2np^6，元素之间的相似性并不显著，而是渐行渐远，于渐变中达到质变，元素由金属性渐变为非金属性，在化学反应中由倾向于失去电子转变为得到电子，最终变为不易得失电子。

同一族的元素，它们之间的相似性是非常明显的，因为同族元素有相似的价电子构型和相同的价电子数。人们常常用碱金属（ⅠA，氢除外）、碱土金属（ⅡA）、币族（ⅠB）、卤素（ⅦA）等名称呈现同族元素的特征。由于同族元素的电子层数（周期）不同，某些性质随周期增加递变，相同中存在着不同。ⅠA 族碱金属元素（钫是放射性元素，不讨论），其价电子（也是最外层电子）构型为 ns^1，只有 1 个电子，极易失去这个电子而形成正一价离子。因此，碱金属元素的金属性很强，性质非常活泼，常温下遇水发生剧烈反应，生成氢气和氢氧化物，如 $2Na + 2H_2O \rightleftharpoons 2NaOH + H_2$。这些氢氧化物易溶于水（LiOH 溶解度稍小），且呈强碱性，故称为碱金属。从锂到铯，氢氧化物的碱性逐渐增强，金属的活泼性递增。比如，钠与钾遇到微量水时，钾反应的激烈程度远远超过钠，有完全不同的结局，切勿相信钠钾"几乎一样"，随意使用替代品是危险的。

ⅦA 族卤素元素，其价电子（也是最外层电子）构型为 ns^2np^5，有 7 个电子，具有强烈的夺取 1 个电子形成负一价离子的能力，因此，该族元素具有很强的非金属性。"卤素"是成盐元素的意思（砹和硱是放射性元素，不讨论），当卤素与碱金属元素相遇时，各取所需形成金属卤化物，如 NaF、NaCl、KBr、KI 等。卤素的单质皆为双原子分子且具有刺激性气味，并随原子序数增加其颜色加深，F_2 和 Cl_2 是气体，Br_2 为液体，挥发性强，I_2 为固体，容易升华。

金属元素的单质属于金属晶体，在金属晶格中，价电子在原子和离子中自由移动，是原子和离子共有的，这些共用的电子起到了将原子和离子结合在一起的作用，形成了金属键，就好像金属原子和离子沉浸在电子的海洋中。由于自由电子的存在和晶体紧密堆积的结构，金属具有很多共性，如较大的比重、有金属光泽、良好的导电和导热性和机械加工性等。过渡金属元素（IB－ⅦB，Ⅷ）有着相似的价电子构型，因此具有相似性质，所以它们很容易完美地结合在一起制成合金。

IB族铜银金也称为币族元素（人造元素铼除外），是人类几千年前就利用的金属。我们的祖先在距今六七千年前就发现并开始使用铜，如青铜器。同样，古人对银金也早有认识，将其视为贵金属应用也有四千多年历史。之所以称为币族是因为它们自古以来就被用作货币、保值物及珠宝饰品，特别是金，常常作为货币交易的标准，尽管当今世界各国多以纸币作为法定货币，但是金依然被视为"准货币"，黄金的储备在国家财政储备中占有重要地位。现在流通的硬币已不再是铜钱、银圆、金元宝等，而是由合金制成的。从化学角度考虑，作为货币的元素应该是化学性质稳定、对人无害、容易携带，而且比较稀有，但不至于超稀有的，所以元素单质为气体和液体的完全不适合，放射性元素和有毒元素也不可以，地球上丰度高、性质活泼的元素也不适合。币族元素的性质决定了它们作为货币的用途，它们原子半径小、价电子多，所以金属键很强，性质稳定。它们在自然界中能够以单质形式稳定存在，具有密度高、柔软、光亮、抗腐蚀的特性，既容易分割，又可合而为一，其中，金尤为突出。

IA族（氢除外）与IB族元素均为金属，其原子最外层电子的构型和电子数是一样的，均为ns^1，只有1个电子，但是化学活性相差甚大，其根本原因是二者的价电子构型不同。IA族碱金属的原子最外层电子即为价电子，只有1个价电子，而IB族币金属的原子价电子构型是$(n-1)d^{10}ns^1$，有11个价电子，并且最外层的ns轨道由于"钻穿效应"穿过了内层的$(n-1)d$轨道，因此最外层的1个电子受原子核的吸引力增强，所以币金属不易失去最外层电子，化学性质比较惰性。虽然$NaCl$、KI、Na_2O、$AgCl$、AgI、Cu_2O等化合物形式相似，但是碱金属化合物是典型的离子化合物，而币金属化合物的共价键倾向比较显著。而且币金属原子还可失去部分d电子而呈更高的化合价，碱金属则不可能。另外，币金属完整的d电子层结构（d轨道填满10个电子）及众多的价电子使其金属键非常强，金、银、铜的导电导热及延展性很好，而碱金属的金属键比较弱，化学性质非常活泼。

在元素周期表中，除了同族元素性质相似并随周期递变外，还有一种对角线关系，即元素周期表中一种元素的性质与位于它右下方（不同周期的相邻主族）另一种元素的性质相似。这种关系在轻元素之间尤为明显，即第二周期的锂（Li，ⅠA族碱金属）、铍（Be，ⅡA族碱土金属）、硼（B，ⅢA族）元素及其化合物的某些性质与各自族其他元素及其化合物有明显的不同，却与右下方（第三周期的）镁（Mg，ⅡA族碱土金属）、铝（Al，ⅢA族）、硅（Si，ⅣA族）元素及其化合物的性质相似。锂及其化合物有不同于碱金属元素的特殊性质，其中大部分性质却与镁相似。如，锂燃烧生成氧化物（同镁），而其他碱金属则生成过氧化物、超氧化物，锂和镁的氟化物、碳酸盐、磷酸盐均难溶于水，氯化锂和氯化镁能溶于乙醇。铍和铝均是两性金属，既可以溶于碱也可以溶于酸，氢氧化铍与氢氧化铝一样也是两性的，而其他碱土金属均非两性，且其氢氧化物均是中强碱或强碱。硼是ⅢA族中唯一的非金属元素，易形成共价化合物，硼的化学性质与硅相似，如，B—O键和Si—O键都有很高的稳定性，因此自然界中没有发现单质硼和单质硅存在。

同族元素或者相邻元素之间有相似的性质，也有反常或大相径庭的反应能力，相同与不同是化学的意义所在。微小差异可能导致迥异的结局，很多时候化学家都在研究元素间的微小差异和微妙变化，见微知著。

从微观结构认识物质的多样性，这其中的相同与不同也是很奇妙的。同位素的概念就是一个精彩例证，元素是具有相同核电荷数（核内质子数）的一类原子的总称，很显然这个定义没有区分原子核内的中子数。1910年，英国化学家索迪（Frederick Soddy，1921年诺贝尔化学奖获得者）提出了同位素假说：元素存在着相对原子质量和放射性不同而其他物理化学性质相同的变种，这些变种应处于周期表的同一位置上，称作同位素。之后科学家证实了同位素的存在，发现绝大多数元素都有同位素。同位素就是原子核内质子数相同而中子数不同的一类原子。由于一种元素可以有一种或几种同位素，因此一种分子将会有多种同位素分子。如，由于氢和氧同位素的存在，自然界中的水分子不只是H_2O（$^1H_2{}^{16}O$，元素符号左上角数字为相对质量数，即质子数＋中子数）一种，还有D_2O（$^2H_2{}^{16}O$），T_2O（$^3H_2{}^{16}O$），$H_2{}^{18}O$，$H_2{}^{17}O$，$T_2{}^{17}O$，HDO……许许多多的同位素分子，在氢氧同位素的自然丰度中，H_2O占绝对多数，$T_2{}^{17}O$几乎不存在。由于相对质量数和核性质的不同，同一种元素的同位素原子（或分子）之间可能在物理、化学、生物学性质方面有微小的差异，即同位素效应。

同分异构现象在化学中非常普遍，这又是一种相同与不同的情形。19世纪 20 年代末期，德国化学家维勒（Friedrich Wohler）和李比希（Justus von Liebig）分别合成了两种组成相同但性质完全不同的化合物：氰酸银（AgCNO），其性质稳定，无毒；雷酸银（AgCNO），其受热即爆炸，毒性与氰化物接近。对此，瑞典化学家贝采利乌斯（Jöns Jacob Berzelius）提出了一个新的化学概念，他把具有相同组成而不同性质的现象定义为"同分异性"。随着化学结构理论的确立，人们认识到组成相同性质不同的根本原因是结构不同，它们互为同分异构体。氰酸（HCNO），其结构为 H—O—N≡C（H—N＝C＝O 为异氰酸），HOCN 为雷酸，其结构为 H—O—N＝C＝C＝N—O—H，常以双分子结构存在，因此这两种酸及其盐的性质不同。在化学世界里有形形色色的异构体、异形体、同系物等，它们之间有着微妙的关系。

碳六十、碳纳米管、石墨烯、石墨和金刚石均由碳元素组成，但是碳原子的成键方式和排列方式不同导致其结构不同（见表 2 - 1），因而性质不同。它们是碳的同素异形体，一样的前生，不一样的今世。乙醇和二甲醚（甲醚），葡萄糖和果糖组成相同，但是原子连接方式不同的同分异构体（见图2 - 10），因乙醇和甲醚结构差异很大，乙醇含有羟基（—OH），而甲醚有醚键（C—O—C），所以二者性质和用途不同。乙醇是酒和含酒精饮料的有效成分，70%～75%乙醇溶液是医用消毒剂，甲醚作为一种化工原料在化学工业中有许多用途。葡萄糖和果糖都是单糖，结构差异在于葡萄糖是醛糖（—CHO），果糖是酮糖（—C＝O），果糖比葡萄糖甜，二者在体内代谢的路径和结果也不同。丁烯二酸是最简单的不饱和二元羧酸，反丁烯二酸（富马酸）与顺丁烯二酸（马来酸）互为几何异构体，又称顺反异构体（见图 2 - 10）。富马酸无毒，有一定的医药作用，也可用作食品添加剂，但马来酸有毒。类似的几何异构体还有我们常听说的顺式和反式脂肪酸以及顺铂和反铂（见图 2 - 10）。顺铂可抑制癌细胞 DNA 复制，是常用的抗肿瘤药物，而反铂没有治疗癌症的效果，对肾脏的毒性也比顺铂大。还有一类手性异构体也称旋光异构体，如前所述的酒石酸，其原子的键合方式相同，但是空间排列不同，导致分子空间结构具有不对称性，产生镜像异构体（手性对映体）。对映体的化学性质可能有很大不同，如果用作药物，对映体可能以不同方式参与生命过程，进而产生不同的作用效果，其中一个可能具有疗效，而另一个可能无效甚至有害。比如，反应停（沙利度胺），其R-异构体具有镇静和止吐的作用，S-异构体有很强的致畸胎作用。1992 年，美国食品药品监督管理局规定，合成具有不对称中心的药物，必须对各个对映体进行测定和评价。通过微观世界看宏观世界，这毫厘之差，可导致天壤之别，探究物质间纷繁复杂的关系是化学的魅力所在。

表 2 - 1　碳同素异形体的成键和结构特点

同素异形体	成键特点	结构特点
碳六十	六十个碳原子共价键结合含碳碳双键	球形碳笼
碳纳米管	石墨烯卷曲而成	一维管状
石墨烯	每个碳原子与邻近的三个碳原子形成 3 个 C—C 共价键	二维平面
石墨	石墨烯片层层叠加而成 层与层之间通过分子间作用力相结合	层片
金刚石	每个碳原子与相邻的四个碳原子形成 4 个 C—C 共价键	三维空间网状

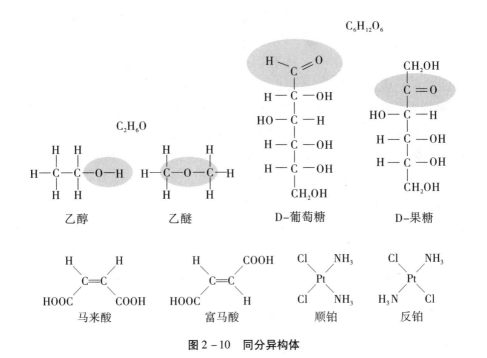

图 2 - 10　同分异构体

5. 理论美——真理性

科学研究的意义在于追求科学真理，因真理是美的。在化学的知识体系中，理论是人们认识自然的总结，它揭示自然的规律以及物质变化的本质，并以简洁抽象的语言阐明完整事件及其中的逻辑关系，令人信服，呈现科学求真之美。

元素周期律的发现使人们对化学元素的认识形成了一个完整的体系，并且让自然探索获得和将要获得的关于物质的组成、结构和反应的信息形成了内在联系，进而使化学成为一门系统的学科。物质不灭理论和质量、能量守恒定律展示的是物质运动变化中不变的状态和物理量所呈现的美，揭示了化学世界有序而和谐的本质和哲理之美。物质结构理论、化学键理论、化学平衡理论等均是经典的化学理论，学习这些理论我们可以体会到科学的逻辑和理性之美。比如，原子结构理论通过波函数，即在空间给定区域里（原子轨道）观察到电子的分布概率，描述核外电子的运动状态，阐述原子核外电子层结构，电子的运动不再深不可测。化学键理论通过离子键、共价键、金属键和杂化轨道理论等揭示了各类物质原子间结合的方式及其特性。自然现象错综复杂，然而背后隐藏的规律却井然有序，具有内在的统一性。

发现现有理论不能解释的"反常"现象也是科学突破的起点。化学家不会停下追寻真相的脚步，他们会提出新概念，创立新理论来揭示自然的奥秘，同分异构体的概念是这样，立体化学结构理论的创立亦是如此。19世纪中叶，有机化合物的碳四价和碳成键理论已经建立，但是平面结构理论不能解释手性分子和旋光性。荷兰化学家范特霍夫（Jacobus Henricus Van't Hoff，1901年首届诺贝尔化学奖获得者）和同窗好友法国化学家勒贝尔（Joseph Achille Le Bel）曾在法国化学家武尔兹（Charles Adolphe Wurtz）的指导下研究有机化合物的旋光异构现象。1874年，为了解释旋光性，他们分别提出了关于碳的正四面体构型学说（又称范特霍夫—勒贝尔模型）。并且，在思考乳酸[2-羟基丙酸 $CH_3CH(OH)COOH$]的旋光性时，范特霍夫以甲烷的正四面体结构为模型，画出了乳酸的两个互为镜像结构（见图2-11）。接着，照此归纳了其他旋光和无旋光的化合物，他发现了物质产生旋光异构的秘密！1875年，范特霍夫发表了《空间化学》一文，首次提出了"不对称碳原子"的概念，即碳原子在形成有机分子时，通过4个共价键与4个不同原子或基团结合形成三维空间结构。由于相连的原子或基团位置不同，它会形成两种结构，像左右手一样的分子，互为对映体。不对称碳原子的存在很好地解释了

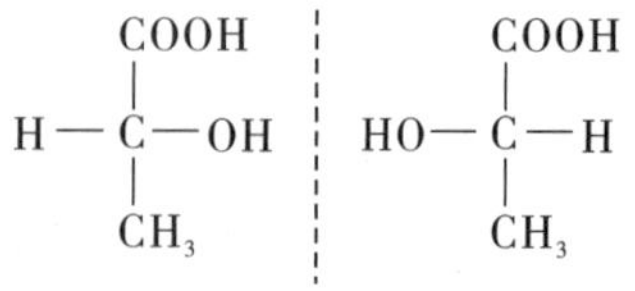

$$
\begin{array}{ccc}
& COOH & COOH \\
& | & | \\
H- & C-OH & HO- C-H \\
& | & | \\
& CH_3 & CH_3
\end{array}
$$

图2-11　乳酸对映体

酒石酸、乳酸等分子产生的右旋和左旋现象。范特霍夫提出的分子空间立体结构学说、不对称碳原子概念以及碳的正四面体构型（范特霍夫—勒贝尔模型）是立体化学的理论基础。

数学公式的运用让化学原理更精准并有预测性，呈现量化之美。爱因斯坦说过，"如果一个方程看上去不美的话，那理论一定有问题"。在分析检测中，我们常常用到朗伯比尔定律（Lambert-Beer Law）：$A = KbC$，式中 A 为吸光度（测试信号），K 为吸光系数，它与吸收物质的性质及入射光的波长有关，b 为吸收层厚度，C 为吸光物质（被测物）的浓度。该公式说明吸光度 A 与吸光物质的浓度 C 及吸收层厚度 b 成正比，因此在分析测试时，固定入射光的波长和吸收层厚度，则 K 和 b 恒定，那么在一定的浓度范围内 $A = kC$（k 为常数）。根据此关系式，在特定波长下测定溶液的吸光度可以确定溶液中被测物质的浓度。又如在焰色反应中提及的公式：$E = h\nu = hc/\lambda$，它将光（电磁辐射）与原子或分子运动的能量通过普朗克常数 h 联系在一起，完美呈现了电磁辐射的波动性和粒子性。通过仪器测定的频率 ν 或波长 λ 或眼睛观测的可见光，可知晓微观世界中原子或分子的运动状况，获取原子和分子结构的信息。由于各种物质的原子和分子结构的不同，能级之间跃迁的能量也不相同，因此，不同物质吸收和发射的电磁辐射不同。电磁辐射可以传递物质内部能量变化的信息，由此我们可以窥探到原子和分子的秘密。如，我们可以利用原子吸收光谱、原子发射光谱、原子荧光光谱、紫外可见吸收光谱、红外吸收光谱、荧光光谱等光谱分析技术检测物质和研究其组成和结构。公式看起来非常简单，但其中蕴藏着严谨的理论，因此复杂性隐藏在解读的过程中，简洁和深刻皆为美。

晶体 X 射线衍射效应的发现和 X 射线衍射分析方法的发明也是非常精彩的。德国科学家劳厄（Max von Laue，1914 年诺贝尔物理学奖获得者）设想 X 射线是极短的电磁波，如果晶体是空间点阵结构，即构成晶体的微粒（原子、离子、分子）在空间周期性规则排列，那么只要 X 射线的波长和晶体中微粒的间距具有相同的数量级，用 X 射线照射晶体时就应能观察到衍射现象。1912 年，实验结果证实了劳厄的设想，确实得到了 X 射线衍射图。劳厄发现了晶体中的 X 射线衍射现象不仅证实了 X 射线是电磁波，还初步揭示了晶体的微观结构，证实了晶体的空间点阵假说，使其成了科学理论。随后，研究者们用 X 射线衍射技术测定和解析了 NaCl 晶体结构，验证了圆球紧密堆积的假设，NaCl 结构中每个 Cl^- 离子的周围都有 6 个 Na^+ 离子，每个 Na^+ 离子的周围也有 6 个 Cl^- 离子，Na^+ 离子和 Cl^- 离子的中心间距为 0.281 7 nm，并且证明了 NaCl 是离子晶体。金刚石、石墨的测定结果显示金刚石为笼状结构，相邻碳原子间的中心距离均为 0.154 nm；石墨的层叠结构中，同一平面内相邻碳原子间的中心距离均为 0.142 nm，相邻两平面间的距离为 0.340 nm，这些实验结果很好地解释了金刚石的高硬度和石墨的柔软和润滑特性。基于 X 射线在晶体中的衍射效应，科学家发明了 X 射线衍射分析方法用于研究晶体结构，测出包括点阵类型、晶面间距等参数，还可以通过测定衍射角位置（峰位）和谱线的积分强度（峰强度）对晶体进行定性和定量分析。我们再一次认识了光（电磁辐射）是探知微观世界的利器，通过光与物质间的相互作用，我们可以获取物质晶体结构的信息。光作为探针和信息载体在化学研究中有非常重要的作用。

科学家试图用简洁的科学理论描述繁杂纷纭的自然万物，化学理论的美是蕴含在知识体系内的理性之美。通过学习，具备一定科学素养的人是能够领悟和体验的，学习和研究的过程就是发现和认识化学理性美的过程。

6. 语言美

我们凭肉眼或借助仪器可欣赏到物质的自然美、物质转换的动态美以及奇妙的变化过程。然而，物质的微观结构和变化规律之美需要借助化学语言来感悟。如，电子排布式、化学式和分子结构式呈现微观结构的内在美，反应方程式中蕴含化学平衡、质量守恒和电荷守恒的和谐美。在这里，我们谈谈化学语言理性美和感性美所展示的化学魅力。

如前所述，元素和化合物的命名严谨规范不仅能够反映物质的组成、结构信息，还充分展示了化学语言的魅力。此外，也有一些化合物的名称或者别名听起来就很美，同时也能直接反映物质来源和特性。如，我们熟悉的水银，即汞（Hg）。笑气，即一氧化二氮（N_2O），一种无色有甜味气体，具有轻微麻醉作用，并能致人发笑，故得名笑气。琥珀酸，即丁二酸，最早是从琥珀中提取到的。秋水仙碱（别名：秋水仙素），是一种由秋水仙中提取而来的生物碱，名字虽美，但是有毒，能抑制癌细胞的增长，临床上用来治疗癌症等疾病。亚甲基蓝（别名：美蓝、碱性湖蓝），是一种芳香杂环化合物，无水亚甲基蓝是金红色闪金光或闪古铜色光的粉状物，其水溶液为蓝色。普鲁士蓝（别名：柏林蓝、中国蓝、贡蓝、铁蓝等），即亚铁氰化铁 $\{Fe_4[Fe(CN)_6]_3\}$，一种铁的配位物，色泽鲜艳，用于油漆、油墨、蜡笔等着色剂。普鲁士蓝这名字有点怪诞，18 世纪，德国的涂料工人狄斯巴赫发明了这种涂料。狄斯巴赫试图用便宜的原料制造出性能良好的涂料，他将草木灰和牛血混合在一起进行焙烧，再用水浸取焙烧后的物质，过滤掉不溶物后得到清亮的溶液，然后加热蒸发溶剂，析出一种黄色晶体。他将黄色晶体放进氯化铁的溶液中，结果生成了鲜艳的蓝色沉淀。狄斯巴赫发现这种蓝色沉淀是一种性能优良的涂料，他的老板为了保密涂料的生产方法，便起了个令人捉摸不透的名称——普鲁士蓝。很久之后化学家搞清楚了普鲁士蓝是什么，是怎样生成的。原来，狄斯巴赫制备的黄色晶体是草木灰中的碳酸钾与牛血中的碳、氮、铁反应生成的亚铁氰化钾 $[K_4Fe(CN)_6]$，由于它是从牛血中制得的黄色晶体，也叫黄血盐。然后黄血盐与氯化铁反应得到亚铁氰化铁，即普鲁士蓝，其反应方程式为：

$$3K_4Fe(CN)_6 + 4FeCl_3 \longrightarrow Fe_4[Fe(CN)_6]_3 + 12KCl$$

化学语言的理性美源于化学本身的科学性，化学概念和原理用抽象准确的语言揭示自然的奥秘及其变化规律，如熵和热力学第二定律、化学平衡原理等。数学语言的运用使得化学语言更加简洁，如前述的朗伯比尔定律、电磁辐射的能量与频率（波长）的关系式。又比如，热化学中焓（热焓）的概念，焓的定义是 $H = U + PV$，式中 U 是体系的内能（包括组成物质的分子和原子的移动能、转动能、振动能以及组成原子的电子和核的能量等），P 是体系压强，V 是体积。焓的变化对化学反应很重要，因为吸收（或者放出）的热等于内能的变化（ΔU）加上变化时所做的外功（ΔPV）。用数学公式定义化学概念能够高度简练地表达复杂的化学事件并阐述其变化规律。现代化学的发展离不开数学，研究者越来越多地运用数学语言来阐述化学理论并定量解析化学体系的变化。有条理性的科学表达能够让我们感受到理性之美。

视觉是我们获取信息的最重要途径之一，但是分子、原子、离子及其变化用肉眼无法看到，于是化学家用分子结构式表达化合物结构和描述其变化。分子结构式以简洁的形式呈现物质及其变化的本质，是可视化的表现方式，让人们有眼见为实的感觉，其视觉冲击力不亚于看到实物。如，二氧化碳的分子结构（O＝C＝O）、甲烷的分子结构（H—C—H，上下各一个H）、乙炔的分子结构（H—C≡C—H）、苯的分子结构（⬡），这些分子结构式不仅反映了分子的组成和成键信息，同时也表现分子的对称性，呈现了整体均衡之美。苯为一个封闭链式结构的巧妙构思，对于化学理论的发展起到了先导作用。德国化学家凯库勒（Friedrich August Kekule）"梦见"如此科学又艺术的苯分子平面结构，一定与他的艺术修养有关联。凯库勒起初是学习建筑设计的，具备很强的形象思维能力和艺术修养，科学和艺术的融合激发了他的灵感，苯环结构诞生了。还有被化学家誉为"化学美之极致"的足球烯，听名字就能让你想象出它的模样。如图 2 - 12 所示，化学家的创造力和想象力尽显无遗。化学家不仅严谨，而且幽默风趣，狗烯和企鹅酮是萌趣动物园中的两个分子，人形分子和跳舞的孩童让看起来枯燥的化学合成充满乐趣。借助分子结构图，我们通过心灵的感知确实"看"到了分子！这就是化学语言神奇的力量。

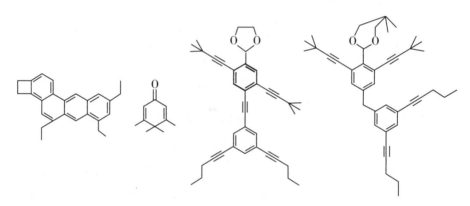

图 2 - 12　合成的艺术

从左至右：象形分子（狗烯、企鹅酮)①、人形分子②和跳舞的孩童③

　　美到了极致就是简约，元素符号、化学式、结构式等特定的符号能够形象准确地传递化学知识和思想，化学家习惯用符号和简单的形式阐述自然规律。比如，DNA 的双螺旋结构是脱氧核糖核酸分子的两条单链通过两对嘌呤碱基和嘧啶碱基之间的氢键作用配对，即碱基配对，连起来形成的双螺旋结构。这

①　苟高章，周波，陈雪冰，等. 象形分子在有机化学及有机合成化学教学中的应用 [J]. 化学教育，2017，38 (4)：12 - 17.

②　CHANTEU S H, RUTHS T, TOUR J M. Arts and sciences reunite in nanoput: communicating synthesis and the nanoscale to the layperson [J]. Journal of chemical education, 2003, 80 (4): 395 - 400.

③　CHANTEU S H, TOUR J M. Synthesis of anthropomorphic molecules: the nanoputians [J]. The journal of organic chemistry, 2003, 68 (23): 8750 - 8766.

四个碱基分别用四个字母表示，A：腺嘌呤（adenine），T：胞核嘧啶（thymine），G：鸟嘌呤（guanine），C：胸腺嘧啶（cytosine），并且 A 与 T 配对、C 与 G 配对，通过简单的示意图可以形象地呈现 DNA 优雅的双螺旋结构（见图 2 - 13）。

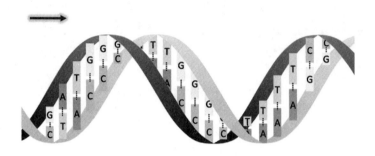

图 2 - 13　DNA 双螺旋结构示意图

图案呈现事物的形式之美，并让抽象的事物变得直观。因此，图形语言在化学语言中有着重要作用，它能够让我们用感官去帮助大脑思考，快速获取尽可能多的信息。学术文献中照片、视频和绘图等一直备受青睐，如前述的草酸钙晶体、水分子聚集体结构和振荡反应的波纹等记录或再现了实验现象和结果，不仅可以清晰地呈现物质的微观结构，使微观问题宏观化，而且可以将物质间相互作用和瞬间的化学反应等看不见摸不着的过程再现和可视化，这既能满足我们的好奇心，又能帮助我们理解其中的奥秘。

如今，一张美观、极具吸引力的图文摘要（graphical abstract）是发表学术论文的标配。一张最具代表性的图或组合图，能清晰地呈现研究工作的主要信息，它是文章的精华，与论文标题同样重要。如图 2 - 14 所示，A 图形象地描述了一种双钼单元通过桥配体连接的二聚体（$[Mo_2]$ – bridge – $[Mo_2]$）的电子耦合和电子转移作用。B 图以太极图描述 B-Z 振荡反应的周期性变化以及硒物种对振荡的扰动。

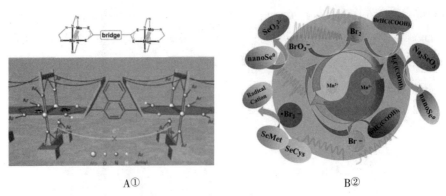

$$A①$$ $$B②$$

图 2 - 14   论文的图文摘要

　　令人感叹的是，很多学术论文的插图不再是表达科学内容的单一用途，也成为有欣赏价值的艺术品。例如，学术期刊的封面现已成为科学和艺术融合的典范，图 2 - 15 呈现的是化学期刊封面。封面 A 和 B 以精美图文摘要设计，有故事情节，呈现了研究的思路和结果。封面 A 呈现的是手性对映体的故事，作者在纳米硒表面分别锚定了左右手性的谷胱甘肽，进而研究手性纳米硒的生物效应。封面 B 描述的是催化反应及其机理，作者在青花瓷碟子上环绕一周展示了催化循环反应的机理，碟子中央的四合院表示这个催化反应的四元环状的过渡态。这则封面故事构思巧妙，精美的图案呈现了研究内容。封面 C 艺术效果强烈，立体的分子结构雅致脱俗，给人们带来逼真的视觉享受。化学期刊从封面开始用精致的图片尽显化学之美。

　　由此可见，恰到好处的艺术加工能够增加图形语言的感染力，促进化学成果传播的艺术化，启发读者的科学想象力，促进公众科学文化素养的提升。伴随摄影和摄像技术的提高、电脑绘图软件的普及，制作信息图、流程图、分子模型、细胞图等将成为研究者和学习者的必备技能。新一代的化学家必定会将科学与艺术完美地融合在一起，更好地展示化学的科学之美和艺术魅力。

---

① ZHANG H K, ZHU G Y, WANG G Y, et al. Electronic coupling in [Mo$_2$] -bridge- [Mo$_2$] systems with twisted bridges [J]. Inorganic chemistry, 2015, 54 (23): 11314 - 11322.

② XU C F, YE X Q, LUO Z D, et al. Effects of selenium species on the belousov-zhabotinsky reaction [J]. The journal of physical chemistry A, 2019, 123 (38): 8148 - 8153.

$A^{①}$ $B^{②}$ $C^{③}$

图 2 – 15 化学期刊精美的封面

化学让人们从微观角度认识物质世界，用实验手段去探知物质世界的真相，用化学语言阐述自然规律，无论是元素的发现、化合物的合成，还是自然规律的发现、化学理论的创立，都呈现科学之美。

2.2.2 化学的探索美

自然既美丽又神秘，很多时候，化学家研究自然，并非确切知道这样做有什么用处，但是他们知道这样做能感受自然的美并从中得到乐趣。正如舍勒所言："世间最大的快乐，莫过于发现世人从未见过的新物质。"化学家期待有奇妙的发现，成为第一个发现者是科学家们梦寐以求的愿望。对化学家而言，探索就是开启一段发现美、创造美、践行美和享受美的旅程。

1. 实验美

实践性是化学特有的美，它充分体现了化学及化学文化的特点。实验室是验证、探索、发现化学秘密的重要场所，是化学人实现梦想的地方，也是展示化学文化和化学美的大观园。化学实验室是严格按照专业技术规范来设计、建造、布局和装饰的，功能空间的划分和布局体现着科学的严谨美。仪器和实验用品的存放以科学、规范、安全、方便、美观为原则，大型仪器定位放置，玻

---

① Angewandte chemie-international edition，2020，59：4406.

② Angewandte chemie-international edition，2013，52：5651.

③ Nature-chemistry，2017，9(1).

璃器具归类置于仪器柜和放置架中，常用的药品和试剂分类置于试剂柜和试剂架中，实验用品的存放错落有序、疏密有致，整个实验室杂而不乱，呈现实验室的环境美。

化学实验室还有一道风景线，那就是各式各样的标识，这些标识通过简洁的文字和图案呈现和传递仪器、试剂和样品等的信息，非常醒目，但不花哨，各种标识的使用十分讲究。安全和危化品标识警示实验者安全操作，以避免事故和灾害的发生以及由此造成的损失，保障实验者的人身安全及健康；仪器设备状态标识提示仪器处于正常或待维修状态、使用中或停用状态；各类器具状态标识明示了器具的清洁、消毒、灭菌情况；试剂的计量和状态标识以及废液标识等使得药品和试剂的特性及状态清晰明确；样品的标识是样品的身份证明，同时也明示了"待检""检毕"和"留样"等检测状态，使得样品管理和分析的各个环节得到有效控制，确保样品的可追溯性、可靠性和准确性。各种标识的使用呈现了化学实验的规范美。

化学实验室是一个专业性极强的场所，瓶瓶罐罐透着智慧，散着灵气。如，造型优美的梨形容量瓶、球形干燥管、蛇形冷凝管等，还有设计巧妙的曲颈瓶和荷兰科学家启普（Petrus Jacobus Kipp）发明的葫芦状启普发生器，其结构简单、易于控制并且能够呈现化学反应的动感（见图2-16）。启普发生器设计极其巧妙，用于块状固体与液体在常温下反应制取气体。如，制备氢气，锌粒置于反生器中部，盐酸溶液注入球形漏斗中（见图2-16A）。使用时，打开导气管活塞，盐酸溶液由容器的底部上升至中部，与锌粒接触发生反应，产生的氢气从导气管放出（见图2-16B）。关闭导气管的活塞，容器内反应产生的氢气使容器内压强加大，盐酸溶液被压回球形漏斗，盐酸与锌粒脱离接触，反应自行停止。旋转蒸发仪因蒸馏瓶恒速旋转，使溶液形成薄膜，增大了蒸发面积，同时，通过真空泵使蒸馏过程在负压状态下进行，所以蒸发速度快、效率高。然后在高效冷却器作用下，热蒸气迅速液化回收，该装置设计精密，效率高而且安全（见图2-16）。化学装置的设计不仅符合科学原理，而且呈现技术和艺术美，有些化学装置就像博物馆中陈列的艺术品一样精美。

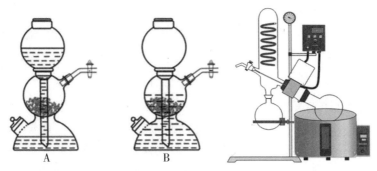

图 2 - 16　启普发生器（A、B）和旋转蒸发仪示意图

　　科学仪器是化学家认识世界和创造新物质的工具，工欲善其事，必先利其器，居里夫妇的成功，在于他们设计和研制了一种新的测量仪器，不仅能测出物质是否存在放射线，而且能测量出放射线的强弱，由此发现了钋和镭。因为有了显微镜，巴斯德能够观察到晶体形貌的差异，发现了分子结构的不对称性。在诺贝尔奖中有许多是仪器和分析技术的创新，如，质谱技术、极谱技术、色谱技术、X射线衍射技术、电子显微镜与扫描隧道显微技术等。各种先进的仪器为化学研究提供了精细可视化手段，带我们走进了物质内部。如，通过显微镜观测到的物质细微结构让我们领略微观世界的美妙，可谓细节决定精彩。仪器之美除了它揭示和展示的化学之美外，还有其自身的技术美，这是社会水平发展的标志。当今的科学仪器是机械、电子、计算机、物理、化学、生物等学科高度结合的科技综合体，每一种仪器通过自身的功能和解决的具体问题而呈现它的价值和独特魅力。毫无疑问，一个高科技的"大玩具"就是一件艺术品，加上它的配套设施，足以让实验室高大上。

　　不仅如此，仪器之美还在于它的实用性和创造出的价值，如，蒸馏器成就了香水工业的飞跃发展。制作香水的第一步是从植物中提取芳香精油（精油），而蒸馏是最常用的方法。蒸馏是一个美丽而又惊喜的过程，加热液体使其转化为气体，然后将收集的气体通过冷却转变为液体，在一上一下的转换中获得精华。在古希腊时代，人们就已经发现加热海水使其沸腾变成蒸汽，继而冷却蒸汽可得到饮用水。在我国也出土了东汉时期用于制酒的青铜蒸馏器。这说明古代的人们就发现了蒸馏的原理并发明了蒸馏的器具。在中世纪，阿拉伯人运用蒸馏技术提取精油，他们将动植物原料放在水中煮沸，释放出的芳香油与水蒸气一起蒸发逸出，蒸汽冷凝后，油脂（精油）与水分层，分离油和水，就可收集到精油。这个过程重复几次可以得到高纯度的精油。随着技术的进步，简易的蒸馏器渐渐被高效的蒸馏器取代，加热、冷凝和收集都有严格的控制，提取过程更加高效和精确，精油的纯度和产量均显著提高。因此，香水工业迅速发展，香水渐渐成了生活所需的享乐日用品。另外，蒸馏技术催生了蒸馏酒，如，中国的白酒、法国的白兰地、俄罗斯的伏特加、英格兰的威士忌等。蒸馏酒是用特定的蒸馏器将酒液、酒醪或酒醅进行加热蒸馏，收集所蒸出的酒气，冷却后得到的高浓度的无色酒液。因为酒精（乙醇，沸点78℃）比水（沸点100℃）更易挥发，蒸馏提高了酒精含量，所以蒸馏酒的酒精含量远高于酿造酒。

实验者是实验室的主角，他们操作、观察、记录和思考的情景是化学美景之一。他们专注的神情、规范的操作展示的是精湛的技艺美，结合美丽的实验现象就是一台化学艺术的表演。如，滴定实验，盛有滴定液的滴定管垂直地夹在滴定架上，盛有被滴定液的锥形瓶置于滴定管下方，操作者一只手拿锥形瓶并摇动，另一只手控制滴定速度，边滴边摇，下落的液滴尽量不接触锥形瓶内壁。匀速摇动锥形瓶，使溶液向同一方向做圆周运动，速度不能过慢也不能太快，否则会影响化学反应的进行。摇动时，瓶口不能接触滴定管，溶液不能溅出。滴定时，眼睛看着锥形瓶观察溶液的颜色变化，先快后慢滴加滴定液，开始时逐滴连续滴加，然后一滴一滴地滴加，进而半滴半滴地滴加（液滴悬而未落，用锥形瓶内壁将其沾落，再用洗瓶以少量蒸馏水吹洗瓶壁）。最后小小的半滴液珠有着神奇的力量，它的下落能够激起巨大的波澜——颜色的瞬间改变，即指示到达反应终点。把握滴定终点需要前期的坚持和耐心，还需要关键时刻集中精力，眼疾手快。滴定实验展示的是严格精准的操作美和纯熟的技艺美，同时，也呈现滴定过程中液滴下落、溶液旋转和颜色变化的现象美。

用心地观察和欣赏实验室和实验中的细节，我们会发现无数的美，那往往就是"伟大"存在的地方。对于学习者而言，他们常常被实验的操作美和现象美激发出认识美、实践美的欲望。对于研究者而言，发现美和创造美是他们的目标。化学家总是精心设计，巧妙构思，力图用最简单的设备以最直接的方法获得最本质、最精确的科学结论，这就是化学家对化学美的诠释。在化学史上有许许多多精美绝伦的实验，如 2003 年美国化学会通过 *Chemical & Engineering News* 周刊邀请读者和专家投票选出了十大最美丽的化学实验，它们是：

第一，巴斯德（Louis Pasteur）分离手性酒石酸盐（1848 年）；

第二，拉瓦锡（Antoine Lavoisier）著名的钟罩实验，提出了氧化和燃烧学说（1775 年）；

第三，费谢尔（Hermann Emil Fischer）测定葡萄糖的结构式，提出葡萄糖中有四个手性碳原子，提出费歇尔投影式（1890 年）；

第四，戴维（Humphry Davy）电离分解碱金属和碱土金属元素（1807—1808 年）；

第五，珀金（William Henry Perkin）发明了人工染料（1856 年）；

第六，基尔霍夫（Gustav Robert Kirchhoff）和本生（Robert Wilhelm Bunsen）证明金属盐类在火焰中加热，释放出的光谱具有该元素特征（1859 年）；

第七，普利斯特利（Joseph Priestley）加热氧化汞并发现氧气（1774 年）；

第八，巴特莱特（Neil Bartlett）利用六氟化铂合成六氟合铂酸氙，证明了 0 族元素也可以形成化合物，从此，惰性气体改名为稀有气体（1962 年）；

第九，格林尼亚（Francois Auguste Victor Grignard）合成格氏试剂（1899 年）；

第十，居里夫妇（Marie and Pierre Curie）发现了钋和镭元素（1898 年）。

从古代的炼金术到近代的波义耳鉴定物质实验和拉瓦锡定量化学实验方法，再到以结构测定和化学合成为主的现代化学实验，对化学发展作出巨大贡献的化学实验不计其数。当选的十大最美化学实验中仅有一个是 20 世纪 60 年代的实验，其余九个都是 18、19 世纪的实验，这十个实验运用的均是最基本的科学手段，这足以说明科学研究和科学家崇尚简约之美和深刻之美。实验的巧妙一定源于实验思路和方法，这十个实验呈现了最美丽的科学之魂——运用简约的手段发现新物质和科学规律。进入 21 世纪同样有神来之作，如，盖姆用透明胶成功剥离石墨烯，朴素的实验结合严密的逻辑推理完美地呈现了科学的求真之美。

如果说物质结构和性质的测定取决于先进技术和精密仪器，那么化学合成则更多地反映了化学家的科学思想和创新思维。化学家以合成方法为工具，在微观世界中进行构思和设计，创造出新物质。手性分子比较常见，一次合成即可以获得一对互为镜像的对映体，然而对于这种双倍的收获化学家并不欢喜，因为化学家往往更执着于获得单一的物质，避免应用时因对映体性质上巨大的差异而导致严重后果。有两种途径可以获得手性专一的产物：一是发展手性分子识别和分离技术；二是发展合成手性专一产物的反应，这是许多有机化学家的兴趣所在。对称是美的，自然界的美与对称息息相关，然而在手性化合物合成时，化学家就不希望对称了。事实上，化学家的这个愿望也符合手性物质的自然规律，通常手性对映体的其中一种在自然界中居统治地位，如，构成人体蛋白质的氨基酸都是左手手性的，即左旋型氨基酸，但是组成核酸（RNA 和DNA）的核糖和脱氧核糖却都是右手手性的，即右旋型核糖，这种现象被称为"纯手性"。巴斯德发现酒石酸的手性时，认为只有生物才能制造出手性对映体中的一种，化学合成是对称的，得到左、右旋各占一半的两种对映体，这种思想和认识一直延续至 20 世纪 60 年代中后期。日本化学家野依良治（Ryoji Noyori）、美国化学家诺尔斯（William S. Knowles）和美国化学家夏普莱斯（K. Barry Sharpless）开创了手性催化氢化（还原）反应和氧化反应的研究，他们使用手性催化剂实现了手性分子的不对称合成，分享了 2001 年诺贝尔化学奖。野依良治以"单纯明快，具有普遍性"为目标，研发高效的手性催化剂，他与高谷秀正（京都大学教授）合作，成功地合成了 BINAP 分子（1, 1'-联萘-2, 2'-双二苯膦）（见图 2-17）。BINAP 的结构像蝴蝶，具有完美的对称性，其手性源于"翅膀"的扭曲。随后，野依良治等以 BINAP 为配体合成了手性金属配合物催化剂。至此，不对称氢化反应取得了突破性进展，手性分子的合成纯度大大提高，化学合成效率可以和天然酶的催化反应媲美。如，钌配合物具有高度立体选择性，催化不对称加氢反应可生成高纯度的单一手性（左旋或右旋）目标物，而且反应速度快。如，BINAP-钌-二胺的复合物催化剂（见图 2-17）可以使各种类型的酮发生氢化反应，并且底物中的其他可还原基团不会被还原。一个效率极高的优雅反应源于美丽的催化剂，体现的是精准控制之美。

由美启真是许多化学家从事研究的动力，进而由美达真作出重大贡献。野依良治是 BINAP 分子的发明者，因为被 BINAP 美丽的结构吸引，他坚持了六年，最终合成出了 BINAP 分子。野依良治没有过多地考虑是不是一定能够合成出来，也没有想是否一定能够实现不对称催化。幸运的是，结果如同 BINAP 分子一样漂亮和振奋人心，野依良治成功了，BINAP 分子具有高度的立体选择性。著名合成化学家伍德沃德（Robert Burns Woodward）说："合成是一门艺术。"科学求真，艺术求美，是科学和艺术的融合成就了合成之美。

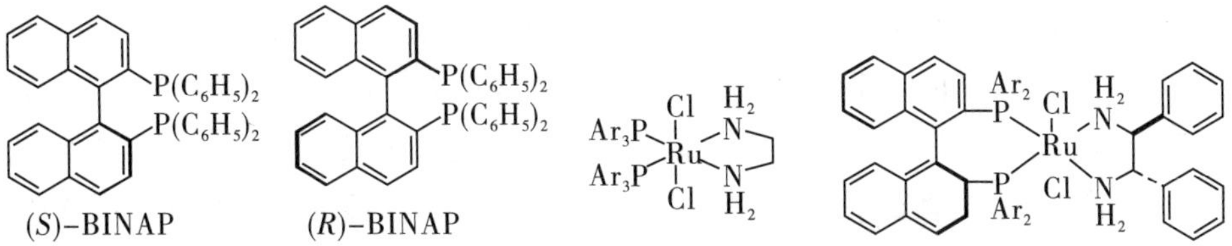

图 2 - 17　BINAP 和 BINAP – 钌– 二胺的复合物作催化剂的结构①

2. 发现美和创造美

人们总是对未知的事物充满无限好奇，化学探索中最激动人心的时刻是发现了秘密，最美妙的事是创造了新物质。

元素周期律的发现源于化学家敏锐的观察力，而元素周期表的构建展示了化学家非凡的创造力和审美力。正是一代代化学家追求科学的完美，不断完善，才构建了既有科学价值又有美学底蕴的元素周期表。以门捷列夫为代表的化学家发现了自然界中元素的节奏和韵律——元素及其化合物的性质随原子序数的递增而呈现周期性变化，电子排布决定了变化的周期性。周期律——灵动的旋律，有人把门捷列夫等化学家比作作曲家，那么元素周期表就是他们以元素为音符、电子排布为节拍，谱写的一首关于元素周期律的音乐作品。进一步地，化学家又通过这些元素（音符）以不同方式排列组合谱写了更多更精彩的乐章，叙述繁杂的物质世界，展示自然的节奏，揭示物质的奥秘。只是元素周期表和叙述物质及其反应的悠扬乐曲不是在音乐厅里演奏的，而是在实验室、教室和工厂里演奏的，演奏者是一代代的化学人和学习者。

化学史上有许许多多具有影响力的重大发现，这其中的欢喜远不止于科学发现，有的还带有些喜剧色彩。1669 年德国商人、炼金术士布兰德（Hennig Brand）想用尿液提取黄金，没想到发现了磷。布兰德认为人体的体液中一定含有迷人的物质，于是想到从黄色的尿液中提炼出黄金，他的实验场所充满了难闻的气味。他先将尿液蒸发至黑色，再将残留物与沙一起加热，生成了一些气体和油状物，最终，得到了一种洁白像蜡一样的固体沉积物。布兰德不知道这白色的固体是什么，但它散发出的神奇绿色火光令布兰德无比兴奋。这种物质闪闪发光，却不发热也不会引燃其他东西，是一种冷光，于是他将其命名为

---

① 野依良治. 不对称催化：科学与机遇 [J]. 化学通报，2002，65(6)：363 - 372.

kalte feuer（德文，冷火）。就这样，布兰德并没有提取到金，却发现了不为人知的新元素——磷。磷的拉丁文名称 phosphorum 就是"冷光"之意，它的英文名称是 phosphorus。布兰德并不知道自己发现了磷，确切地说是白磷（又称黄磷）。白磷易燃，暴露在空气中能够自燃。布兰德没有第一时间公布他的发现，后来因经济困难，他出售了这个秘密。1680 年，英国化学家波义耳深入研究了制磷的方法和磷的特性，并公开了制磷的方法。波义耳主张一切实验成果应该及时清楚地报道，以便让其他人重复、证实和受益。今天我们已经知道磷是人体必不可少的元素，参与体内许多的生化反应，我们食用的动物和植物也都含有丰富的磷，尿液中含有磷酸盐，因此布兰德从尿液里提取到磷并不奇怪。布兰德没有寻到金灿灿的黄金，但是发现了亮闪闪的白磷（磷单质包括白磷与红磷），成为化学史上有记录的第一个发现新元素的人，这个荣耀也是值得欢喜的。

与有机体相关的另一个激动人心的发现是 1824—1828 年间维勒在研究无机化合物氰和氰酸过程中，合成出了草酸（$H_2C_2O_4$，HOOCCOOH，生物体的一种代谢产物，很多植物富含草酸）和尿素 [CH_4N_2O，$CO(NH_2)_2$，哺乳动物、两栖动物和一些鱼的尿中含有尿素]，这是具有划时代意义的重大事件——开启了人工合成有机物的序幕。在此之前，有机物只能是从天然动植物有机体中提取，因为按照活力论（又名生机论或生命力论）的观点，有机化合物是不可能人工合成的。事实上，维勒研究氰、氰酸与氨反应的初衷是要合成氰酸铵（NH_4CNO），但是他发现得到的产物是草酸及一种肯定不是氰酸铵的白色结晶物。经过反复实验和研究，他证明了这种白色结晶物是尿素，其反应机理是无机化合物氰酸铵受热，使分子重排形成了尿素（见图 2 - 18），这是一个非常微妙的反应，氰酸铵与尿素互为同分异构体。1828 年，维勒发表了《论尿素的人工合成》的论文，人类冲破了有机物只能从生命体中获得的枷锁，开始了由无机物制造有机物的新时代。

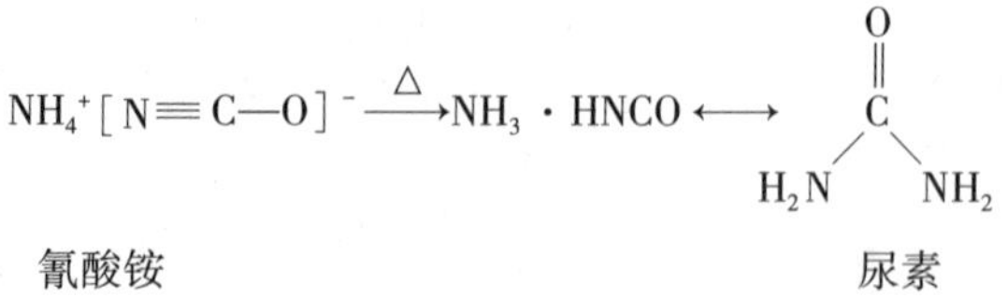

$$NH_4^+[N\equiv C-O]^- \xrightarrow{\Delta} NH_3 \cdot HNCO \longleftrightarrow \underset{H_2N \qquad NH_2}{\overset{\overset{\textstyle O}{\|}}{C}}$$

氰酸铵   尿素

图 2 - 18　氰酸铵转变为尿素的机理

由于对自然的兴趣和对生命的关注，化学家首先探索合成的是天然产物及药物。阿司匹林（aspirin，又名乙酰水杨酸，见图 2-19）是我们熟悉的药物。早在 15 世纪，人们就发现咀嚼树皮可以减轻疼痛，19 世纪，人们提取分离得到了具有解热镇痛作用的水杨酸，但是它对胃肠道刺激较大。德国化学家对水杨酸进行了改性，从水杨酸衍生物中筛选出药效好的乙酰水杨酸，1898 年，德国 Bayer 药厂生产出的阿司匹林作为解热镇痛药上市了。

胰岛素是一种小分子蛋白质类激素，主要用于控制血糖，是治疗糖尿病的特效药。1953 年，英国化学家桑格（Frederick Sanger）测出了牛胰岛素完整的氨基酸序列，明确了其由 17 种 51 个氨基酸组成的两条多肽链的结构（见图 2-19），这是人类第一次阐明一种重要蛋白质分子的一级结构。桑格也因此获得了 1958 年诺贝尔化学奖（1980 年，因建立快速测定 DNA 序列的技术——桑格法，桑格再度荣获诺贝尔化学奖）。1958 年，中国科学院上海生化研究所、上海有机化学研究所和北大生物系三个单位成立了一个协作组，我国科学家开始探索用化学方法合成胰岛素，并于 1965 年 9 月完成了结晶牛胰岛素的全合成。最兴奋的时刻是完成 A 链与 B 链的重合并在显微镜下看到完美的六面体结晶体的那一刻。动物试验的成功更是令人振奋，合成的牛胰岛素晶体在结构、理化性质和结晶形状上都与天然的牛胰岛素完全一致，并具有等同的生物活力，这是世界上第一个人工合成的蛋白质。

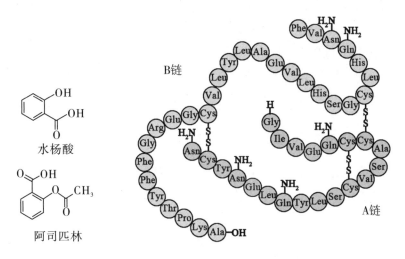

牛胰岛素的一级结构

图 2-19 水杨酸、阿司匹林和牛胰岛素的结构

现代有机合成之父伍德沃德，也是 20 世纪最负盛名的药物合成化学家，他在合成具有复杂结构的天然有机分子及阐明其结构方面作出了杰出贡献，获得 1965 年诺贝尔化学奖。其获奖理由是在有机合成艺术方面取得了杰出成就，可见，伍德沃德的合成策略极具艺术性。伍德沃德以精巧的设计、精湛的技术，完成了奎宁碱、胆固醇（胆甾醇）、皮质酮、利血平、秋水仙素、红霉素、叶绿素等多种复杂天然产物的全合成，提出了二茂铁的夹心结构，这些天然产物的合成品是化学和艺术的结晶。1948 年，科学家从动物的内脏中提取得到了维生素 B_{12}（$C_{63}H_{88}CoN_{14}O_{14}P$），1956 年，英国化学家霍奇金（Dorothy Mary Hodgkin）用 X 射线衍射方法确定了它的晶体结构。维生素 B_{12} 有 181 个原子，其结构极为复杂，合成难度相当大。维生素 B_{12} 参与红细胞的生成，这一过程对生命体至关重要，因缺乏维生素 B_{12} 导致的恶性贫血往往是致命的，从动物的内脏中提取的维生素 B_{12} 不仅价格极为昂贵，而且供不应求。伍德沃德设计了一个亚结构拼接式合成方案——汇集合成法（convergent synthesis），该方法是将维生素 B_{12} 分为几个结构单元，先合成各结构单元，再把它们对接起来，这种方法后来成为合成有机大分子普遍采用的方法。100 多位化学家经过近千个复杂的合成实验，历时 11 年，终于在 1973 年完成了维生素 B_{12} 的全合成。这项合成是天然药物合成的经典之作，也是化学领域的重大突破，因为其中的一步关键反应为分子轨道对称守恒原理的提出奠定了基础。伍德沃德打开了人工合成天然产物和创造新药的大门，有了大量的高纯度合成品，人们可以不用耗费巨大的人力、物力和财力从天然物质中提取具有治疗作用的药物成分，让药物惠及更多的患者。抗癌神药紫杉醇（taxol）是大自然对人类的慷慨恩赐，而为患者带来希望的是合成紫杉醇。此外，手性对药物至关重要，得益于不对称合成反应，手性药物的疗效大为提高，副作用降低。化学合成的药物帮助人们战胜疾病。

新药之美在于功效，青霉素（penicilin）在"二战"中的作用，借用一幅宣传画的标题概括：感恩青霉素，伤兵可以安然回家！青霉素的发现，使人类找到了一类具有强大杀菌作用的药物，对控制伤口感染非常有效，开创了用抗生素治疗疾病的新纪元。事实上，青霉素能从实验室进入临床，成为挽救生命的良药，这与化学分离和提纯密不可分。1928 年，生物化学家弗莱明（Alexander Fleming）发现青霉分泌的某种物质（即青霉素）能够抑制细菌的生长，遗憾的是，弗莱明未能找到提取高纯度青霉素的方法，无法得到纯化合物大大地影响了他对素霉素的后续研究。1939 年，生物化学家钱恩（Ernst Boris Chain）开始分离青霉素和研究其性质，他采用冷冻干燥法，提取到了青霉素晶体，解决了青霉素的提纯和稳定性问题。有了稳定的青霉素纯品，其药用研究得以继续。1941 年，在改进青霉菌培养和青霉素提纯方法的同时，病理学家弗洛里（Howard Walter Florey）用青霉素进行动物和人体实验，证实了青霉素的疗效，最终将其应用于临床。

随着有机化学的发展，有机合成不再局限于自然界中已有的化合物，开始合成非天然产物，向着"以碳原子为中心的化学"方向发展。化学家运用有机合成方法和技术，有目的地设计分子、改变分子结构、创造新分子，研发出人们所期待的、具有特定功能的新型材料。同时，人们发展化学工业，制造出塑料、合成纤维、合成橡胶等新产品，不断满足人类更高层次的需求。各类化工产品的问世让人类的衣食住行用发生了翻天覆地的变化，改变着人类的生活品质。

合成氨技术是 20 世纪对人类影响最大的发明之一，合成氨工业实现了大规模生产氨气，使人类摆脱了只能从矿石中获得含氮化合物的束缚。19 世纪，化学的触角伸向了农业，人们意识到了化学肥料对于农作物的重要性，为了生产氮肥（含氮化合物），科学家希望能实现大气固氮。化学家的探索在 20 世纪初有了重大突破。1909 年，哈伯（Fritz Haber）领导的研究小组用金属锇粉作为催化剂，在 500 ℃ ~600 ℃ 高温、$1.75 \times 10^7 ~2 \times 10^7$ Pa 高压下，成功地合成了氨。随后，合成氨开始了工业化进程，巴斯夫公司（Badische Anilin-und-Soda-Fabrik，BASF）的博施（Carl Bosch）主持合成氨项目的中试研究。他的团队首先研发高效廉价的催化剂，经过千万次试验，测试了千余种不同配方，筛选出了以铁为主要组分的多金属催化剂，其中铁－氧化铝－氧化钾的组合效果最佳。为了保证催化剂不被原料气体中的杂质钝化，他们接着完善了大量制取高纯度原料气体的工艺，当时从空气中大量制取高纯度氮气的技术已经成熟，博施团队主要是解决了高纯度氢气制取的问题。最后需攻关的课题就是制造能耐高温高压的大型合成反应装置。博施研发了以一层熟铁为内衬的低碳钢反应器，熟铁虽然耐高压的强度不够，但是不怕氢气腐蚀，可以有效防止氢气腐蚀低碳钢反应器，由此解决合成氨工业化的关键工艺。1913 年，合成氨实现了工业化，其合成方法被称为 Haber-Bosch 合成氨法。合成氨的原料来自空气（氮气）、煤和水（氢气），是非常经济的人工固氮法。氨是氮肥生产的原料，氮肥的足量供应提高了粮食等农产品的产量。因此，有人说，哈伯是用空气制造面包的人。氨也是重要的无机化工产品之一，是生产硝酸、各种含氮的无机盐及有机中间体、磺胺药物等的原料，哈伯在合成氨领域的开创性工作使其获得 1918 年诺贝尔化学奖，博施也因实现合成氨工业化并在高压化学合成技术上作出的重大贡献获得 1931 年诺贝尔化学奖。

我们每天都接触到形形色色的日用化学品，享受着化学带给我们的高品质生活。洗涤用品是日常生活必需品，从肥皂到洗衣粉及多功能的洗涤剂，产品不断更新迭代，洗涤效果越来越好。从前，人们用身边发现的去污物质，如，碱矿石，皂角粉（角皂树的果实粉碎成末）直接洗涤衣物等，或将其制成肥皂使用，如，将皂角粉与面粉和香料混合做成球状，羊油或猪油与草木灰混合加热制成膏状。后来又制作出猪胰子皂（黑胰子），它由切碎的胰脏与矿物碱或柴碱水混合反复绞制，直至细腻均匀，然后晾干成型。类似地，还有澡豆，是洗净猪胰、去除污血、撕除脂肪后，研磨成糊状，再加入豆粉、香料等均匀地混合后，经过自然干燥而成的。澡豆可以洗手、洗脸、洗头发、沐浴、洗衣服，算是全能洗涤品。其实在这些肥皂中，皂角苷和脂肪酸钠（钾）是去污的主要成分，它们的结构具有两性，即含有亲水基因和长的亲油碳链，此类物质称为表面活性剂。清洗时表面活性剂的亲水一端进入水中，亲油部分附着于油性污垢的表面和进入其中，借助揉搓和捶打将污物带入水中。明白了皂角苷和脂肪酸钠的洗涤原理后，化学家开始改良肥皂。现今的肥皂不仅清洁效果好、气味芳香、五颜六色、形象美丽可爱，而且种类繁多，有洗衣皂、香皂、药皂等。

20 世纪中叶，为了克服肥皂的高碱性和不耐硬水的缺点，人们研发出对皮肤刺激性更小的洗手液和洗面奶。研发者特别注意模仿从自然中获取、洗涤效果好且对人和环境友好的产品。猪胰子皂和澡豆，虽然外形不好看，但是有广泛的去污范围并且去污力强，还有滋润皮肤的功能。这是因为胰脏中含有的丰富生物活性物质能滋养皮肤，而其中的酶具有催化作用，酶对反应的促进作用能够有效去除一些生物污渍。据此，人们研发出加酶洗涤剂，如添加碱性蛋白酶可以使奶渍、血渍等多种蛋白质污垢降解成易溶于水的小分子肽。在加酶洗涤剂中常用的酶是蛋白酶、脂肪酶、淀粉酶、纤维素酶，每一种酶制剂对特定污垢有独特功效。多种酶复合使用时，各种酶的协同增效作用可以使效果更好。随着加酶技术的成熟，研发环境友好的洗涤剂成为洗涤剂发展的主要方向之一。洗涤剂中磷的含量影响洗涤效果，但是自然水环境中磷含量过高会导致水体富营养化，进而伤害水生动物。酶制剂是一种用量极少，但提升洗涤效果明显的助剂，并且酶制剂来源于生物，安全性较高，又具有良好的生物降解性，通过加入酶制剂可以减少洗涤剂中无机磷含量。

人们对化学之美的感受除了源于视觉的色彩和动感的变化外，还有最具化学特色的嗅觉体验。具有刺激性气味的分子在空气中飘荡，我们的嗅觉可以远远地接收到它们，并转换为愉悦、迷恋、宁静或愁肠、厌恶、烦躁等感受或产生联想和回忆。香气也好臭气也罢，总是围绕着我们，进入化学实验室就更免不了受各种气味的侵袭。谈到化学产生的嗅觉之美，自然离不开香水，这个人工制香的经典之作。

香料、香水的历史跟人类的历史一样古老，人们用带有香味的植物或者从中提取的香液（精油和香水的前身）来实现避臭和生香。伴随着蒸馏技术改良，人们从植物中蒸馏出精油，并发现了精油的医疗效用。12 世纪，阿拉伯人发现将香精以酒精溶解，便可以慢慢释放出香味，一些浓缩精华也因酒精而得以更好地保存。14 世纪下半叶，酒精和精油混合而成的新型香水诞生了，当时被称为 "toilet water"（来源于法语 eau de toilette，eau 水，toilette 梳妆），中文名花露水（淡香水之意）。16 世纪，香水行业开始在法国繁荣，在当时香水是高端奢侈品。19 世纪，由于现代化学工业的发展，香水业从原料、制造工艺到包装都发生了巨大变化，香水不再只是少数人可以享用的奢侈品，渐渐成了大众的日用品。

香水（英文名 "perfume" 来源于拉丁文 parfumare，意为穿透烟雾）是将香料溶解于乙醇中的制品，有时根据需要加入微量色素、抗氧化剂、杀菌剂、甘油、表面活性剂等添加剂，具有芬芳浓郁的气味，通过调香术（即调配香精的技术与艺术）可配制出不同类型的香水。起初，香料仅来源于天然产物，从植物中提取的精油——植物中具有芳香气味的挥发性物质，常见的有茉莉、玫瑰和各类柑橘属植物，也有从动物身上获得的芳香挥发物质，如麝香。人类用香荚兰豆作为香料已有数千年的历史，香荚兰豆的豆荚并没有明显的香味，经过热水浸泡和腌制等工艺处理，才释放出散发着迷人奶香气的有效成分。但是从香荚兰豆中提取香料的产量很低，根本不能满足需求，所以其价格昂贵，于是人们开始了人工合成的探索。化学家首先分离、提取和分析了香荚兰豆香料的成分，发现香兰素，又称香草醛（vanillin，4-羟基-3-甲氧基苯甲醛）是其主要成分。之后，人们研究其合成方法和技术路线，于1874年成功人工合成香兰素，它具有香草的气味及浓郁的奶香，且留香持久，在香水中还有增香和定香的作用。化学合成香兰素开启了合成香料之旅，合成香料和天然香料都用于制作香水，给予了调香师更多的选择和创意，凭想象就能创造出迷人而多变的香气。

想要"闻香"，先要"识香"，精油中各组分的气味和挥发性不同，一种精油会呈现不同层次的气味。同理，各种精油或香料彼此之间的气味和挥发性也是不一样，它们也会随时间变化而释放出不同的香气。基于此认识，娇兰（Aimé Guerlain）提出了金字塔式的香水三调结构的新构思，创造出了一瓶分三种香调的香水——Jicky。该香水分前调、中调和后调三个基本香气阶段，香气层层交织，渐渐逸出。这种错落有致的迷人香气，让人回味无穷。这种金字塔式的结构，可以是一种香气主导的单一花香调，也可以是多种香气组成的复合花香调。同时，合成香料的问世也促使了香水从传统型向现代型转变。科蒂（Francois Coty）是将天然香料和人工香料混合起来制香的第一人，他制作的香水——牛至（L'Origan）是第一瓶闻名于世的现代香水。成分是香水的灵魂，芳香族的分子是香水个性的体现，每一款香水都有自己的指纹。然而这个精彩的故事不是化学家能够独自完美创作和讲述的，调香的过程是化学与艺术的融合，需要艺术家的参与，调香师应运而生。他们理解化学，掌握分子的习性并有艺术修养。他们敏锐的嗅觉能识别各种香料，并凭借丰富的想象力、卓越的创造力和审美品位，经过反复实验调配出各种香料组合的香水。调香师创造了许多自然界中存在或不存在的花香、果香、木香和复合香气，有的馥郁芬芳，有的淡淡幽香，有的有凉爽的水感气息，有的有自然的泥土气息，他们总是希望将最完美的香气呈现给世人。与香水类似的，还有美丽的芳香蜡烛，如今蜡烛的照明功能已经衰弱，人们点燃蜡烛是为了烘托气氛、消除异味等，蜡烛内含有的精油或香料随着燃烧散发出淡淡的怡人清香，空气里弥漫着的芬芳营造出一种仪式感。

嗅觉是可以远距离感受的，因此它不仅仅是享受，也是一种非常奇特的提醒，如，液化气、天然气都是无色、无味的气体，如果没有点燃，人们很难感觉到它们的存在。但是我们日用的天然气和液化气都有刺激性气味，很难闻，这是因为添加了硫醇，它充当了"臭味报警器"。一旦燃气泄漏，臭味就能让人们警觉，马上采取措施，防止中毒、火灾和爆炸等灾害事故的发生。担当报警员角色的硫醇其结构特征含有巯基（—SH），如乙硫醇（CH_3CH_2SH）具有强烈、持久的蒜臭味，人们的嗅觉对硫醇的臭味非常敏感，硫醇虽臭但具有避险功能。化学带给我们的嗅觉体验或美妙或实用。

化学的历史并不久远，但是化学家却创造了许多奇迹，这是巧夺天工的造化之美和实用之美，把有限的元素通过化学反应变成无数性质各异的物质和材料，再通过化学工业转变成各种用途广泛的产品。

美丽的化学有优雅的语言、严谨的理论、美妙的反应和创新的结果。美丽的化学揭示自然的奥秘，创造实用的产品，造福人类社会。化学家使化学探索成为一种优美的技艺表演，让化学以其独特的美学气质呈现在世人面前，世界因化学而变得越来越好。

2.3　化学家的美德

科学家是科学发展的推动者，科学家所具有的科学美德能够促进科学技术向着造福于人类的方向发展。这种美德就是科学家在科学活动中表现的科学精神和文化习性。化学家在探索中创造了丰富的物质财富，也传承了科学美德。

2.3.1　化学家的优秀品质

（1）探索精神——坚持到底的信念和淡泊名利的人格魅力。好奇心是科学家探索未知世界的驱动力，正如居里夫人所言："探索通向真理的光明，开拓未知的新的途径。无论你的视力变得多么的敏锐，圣洁的好奇心将永远伴你成功。"好奇心帮助化学家燃起永不放弃、坚持到底的信念。居里夫人执着地进行放射性研究和放射性元素的提取并研究镭的医疗效果，不顾镭对自身的伤害。居里夫人提取到纯镭以后，没有申请专利，而是毫无保留地公布了镭的提纯方法。她认为"镭是一种元素，它应属于全世界"。她这样解释自己的做法："人类需要善于实践的人，他们能从工作中取得极大的收获，既不忘记大众的福利，又能保障自己的利益。但人类也需要梦想者，需要醉心于事业的大公无私的人。"伍德沃德一生致力于复杂天然有机药物的合成，每天超负荷地工作，直至生命走到最后也念念不忘合成工作，对于他来说，有机合成是他生命的一部分。古迪纳夫90多岁还在潜心研究锂离子电池。伟大的化学家都把化学当作终生的事业，为造福人类无私奉献。诺贝尔曾经说过："我是世界公民，应为人类而生。"化学家对真理的执着还体现在对美的追求。野依良治被BINAP的美丽结构吸引，潜心探索数年终于将其合成成功。伍德沃德利用艺术合成策略完成了无数极其复杂而精妙的天然产物合成，不仅开创了有机合成的新纪元，还向世人展示了化学合成的艺术魅力。

科学发现追求第一，科学研究崇尚首创。化学家对待科学发现优先权的态度也反映了他们谦逊、实事求是的美德。1782年，奥地利矿物学家牟勒（Franz Joseph Müller von Reichenstein）从一种美丽的"疑似金"的矿石（碲金矿）中提取到一种新的"银灰色金属"，但是并未命名。该发现发表在一个不著名的杂志上，被科学界忽视了。16年后，德国化学家克拉普罗特（Martin Heinrich Klaproth）分析一种金矿石样品时，获得了一种与牟勒发现的"金属"极为相似的单质。经鉴定，确证是新元素，克拉普罗特将它取名为 telluriun（Te，碲）。但是克拉普罗特并不认为碲是自己首先发现的，在报道时他强调元素碲是1782年牟勒发现的，他将荣誉让给了原始发现者牟勒。获得发现新元素的优先权是一种科学荣誉，但是克拉普罗特却不独吞功劳，令人敬佩。

牛顿说过："如果我看得比别人更远些，那是因为我站在巨人的肩膀上。"科学家正是这样，在前人探索的基础上继续前行。著名的化学家拉瓦锡在得知了普利斯特利加热氧化汞得到可以助燃的纯气体后，没有被燃素学说束缚，而是继续探索，他批判地继承了舍勒和普利斯特利等前人的研究成果，创立了燃烧的氧化学说。第一位制得纯铝的法国化学家德维尔（Sainte-Claire Deville）并没有声明自己是铝的发现者，因为他知道为了得到单质铝，有多位化学家进行了不懈的探索，付出了艰辛的努力，是前人的经验使自己走向成功。他认为自己只是改进了维勒的方法，因此在获得了足量铝之后，他铸造了一枚纪念章送给了维勒，纪念章上刻着维勒的名字和1827（1827年维勒制备出不纯的铝）。德维尔说："我很荣幸，能在维勒开辟的大道上多走了几步。""多走了几步"是谦逊，更是坚定的信念，成功之路就是多想几步、多走几步。

（2）严谨求实的治学态度。科学源于事实，成于思维。化学探索是追求真理的过程，探索者要有缜密的思维、精湛的技能和运用合理的技术，还要有严谨求实的治学态度，只有做到精益求精，才能从细微之处发现真相，进而揭示规律和提出理论。巴斯德能发现物质旋光性与其分子结构之间的关系，在于他细致地观察和对微小变化的关注以及深入地探索。锗的发现得益于化学家运用化学分析技术获得的精准结果和耐心细致的分析。1886 年，温克勒尔分析一种新发现的含银和硫的矿石，结果显示：该矿石含银 74.72%、硫 17.13%、汞 0.31%、氧化亚铁 0.66%、氧化锌 0.22%，总计 93.04% 不到 100%。于是，他推测该矿石中含有一种未知元素。随后他经过精细地分离、提纯和鉴定，最终获得了新元素——锗。又如，门捷列夫于 1867 年发现元素的性质随着相对原子质量的增加而发生周期性变化，他将已知的 63 种元素排列成一个周期表，但是碘和碲的顺序一直困扰着他，因为碘和碲的相对原子质量分别为 126.9 和 127.6，碘属于卤素被排在碲的后面，所以门捷列夫认为测量的相对原子质量可能有误。后经反复测定，证实相对原子质量数值都是正确的。面对这个"反常"，包括门捷列夫在内的科学家并没有因此而改变这个排序，他们尊重事实，以容错的方式保持现状，并继续探究更多隐而未现的因素。直到 20 世纪，清晰的原子结构被发现，也发现元素周期律的实质是元素的性质按照原子核内质子数变化呈现周期性变化。元素周期表是按照原子的核电荷数（质子数）排序的，碲的质子数为 52，碘为 53，故门捷列夫的周期表排列顺序没错。之后，困扰门捷列夫的"相对原子质量颠倒问题"也因中子和同位素的发现（1910 年）而得到解决。人类探索自然是有局限性的，对自然的认知过程就是发现、总结规律、再发现、打破旧规律、提出新规律、再发现的循环递进过程。只有尊重事实，才能步步深入，最终揭示自然规律的真谛。

科学家也会犯错，他们是如何对待自己的错误的呢？德国著名化学家李比希一生从事化学研究和化学教育，硕果累累，但是他也有过失误和遗憾。年轻时，他曾因为没有对样品做化学分析而妄下结论，从而错失了发现新元素的机会。1826 年，法国青年化学家巴拉尔（Antoine Balard）发表了论文《海藻中的新元素》，报道了向海藻灰浸出液中通入氯气后，得到了一种有刺激性气味的深褐色液体，对其进行分析研究后，证明这是一种新的元素，该元素的性质介于氯和碘之间，命名为溴。看到此报告，李比希非常震惊，他想起了放到柜子里的那瓶"氯化碘"。在此之前，他也做过类似的实验，得到同样的结果。他从海藻灰浸出液中提取了碘，但是对于母液底部沉积的有刺激性气味的褐色液体，只凭肉眼看了看，就断定是氯化碘，然后贴上氯化碘的标签，放进了柜子里。以他当时的化学造诣和实验条件，证明这是一种未知的新元素是完全有可能的，只可惜他仅凭借经验想当然地认为这种液体就是氯和碘形成的化合物，为此，一个重大的科学发现与他失之交臂。不过李比希并没有因此而气馁，他反思了自己的错误，对那瓶样品做了化学分析，确认那不是氯化碘，而是新发现的元素溴。他揭下氯化碘的标签保存起来，提醒自己要引以为戒，以后必须严谨认真地做学问。同时，他保存了那瓶样品并在存放的柜子上贴着亲笔写的"错误之柜"标签，以此警诫自己和教育学生不要重蹈覆辙。歌德说过："错误同真理的关系，就像睡梦同清醒的关系一样。一个人从错误中醒来，就会以新的力量走向真理。"李比希正是这样，后来他在无机化学、有机化学、生物化学和农业化学方面都取得了杰出成就，成为化学史上的巨人。

以上三个实例从正反两个方面说明：严谨的治学态度是科研质量的保证，只有高质量的科研，才能避免错误，取得成功。

2.3.2　化学家热爱祖国，造福于人类

科学发现和科学理论是人类对自然本源的认识，需要接受全世界科学家的检验，同时，科学家在探索中也需要相互交流与合作，因此，科学是无国界的。伍德沃德说过："之所以能取得一些成绩，是因为有幸和世界上众多能干又热心的化学家合作。"伍德沃德善于与人合作，同时对化学教育尽心竭力，他一生共培养研究生、进修生五百多人，与他合作的化学家和他培养的学生遍布世界各地。他曾带领全世界一百多名顶尖化学家完成了维生素 B_{12} 的全合成。

科学知识是人类的共同财产，但是科学家是有祖国的，科学家希望用自己的知识和智慧报效祖国，当他们取得了成就后，总是想着能为祖国作更多的贡献。以元素发现者的祖国命名元素是非常值得自豪的事，共有 7 种元素是由国家名命名的，它们分别是：31 号元素镓（gallium，Ga）源于法国的拉丁文 Gallia（高卢），32 号元素锗（germanium，Ge）得名于德国的拉丁文 Germania（日耳曼），44 号元素钌（ruthenium，Ru）以俄罗斯命名，84 号元素钋 Po（polonium，拉丁语 polonia）以波兰命名，87 号元素钫（francium，Fr）以法国命名，95 号元素镅（americium，Am）以美国命名，113 号元素鉨（nihonium，Nh）以日本命名。

化学家的爱国之情也使得他们把祖国的利益和尊严放在第一位。20 世纪初，面对内忧外患，我们的先辈主张学习西方的科学技术发展工业，许多有志青年去海外学习，学成之后怀着"实业救国"和"科学救国"的理想回国报效祖国。中国化学工业的开创者范旭东和他的科学家团队就是实业救国的典范。范旭东，中国民族化学工业之父，早年东渡日本学习工业专科和化学，毕

业后回国，又去欧洲考察了盐的生产，坚定了其发展中国化学工业的决心。
1915年，他在天津创办了中国第一家精盐厂——久大精盐厂，很快做出纯度
90%以上的精制盐，生产出第一批中国制造的精盐，结束了中国人长期食用粗
盐的历史。随后他开始兴建中国自己的制碱（碳酸钠 Na_2CO_3）工业，那时候
制碱技术被外国垄断，以碳酸钠为原料的行业受制于进口碱。为了实现中国人
自己制碱的梦想，范旭东于1918年在天津塘沽成立了永利制碱公司，并邀请
侯德榜作为总工程师，开始了中国人制碱工业。1926年，他们生产出碳酸钠
含量超过99%的产品。范旭东把中国人自己生产的优质碱称为"纯碱"，区别
于外国的"洋碱"。该产品于1926年8月在美国费城万国博览会上荣获金质
奖章。专家点评说："这是中国工业进步的象征。"

中国纯碱畅销国内外，这一伟大成就的取得与化学家侯德榜密不可分。
1921年，侯德榜在哥伦比亚大学获博士学位后，接受范旭东的邀聘，出任永
利制碱公司的技师长（即总工程师）。经过5年艰苦的探索，侯德榜揭开了索
尔维制碱法的奥秘，开创了中国的制碱工业。他和范旭东决定公开制碱技术，
让世界各国共享这一科技成果。侯德榜撰写了《纯碱制造》一书，于1933年
在美国以英文出版。该书第一次全面阐述索尔维制碱法技术、工艺及设备，解
开了索尔维制碱法的秘密，是世界各国化工界公认的制碱工业的权威专著，被
译成多种文字出版，打破了索尔维集团七十多年对制碱技术的垄断，对世界制
碱工业的发展起到了重要作用，是"中国化学家对世界文明所作的重大贡
献"。但是1937年，日本侵占了永利碱厂。永利制碱公司迁入四川，建立了永
利川厂。在这里侯德榜研究新的制碱工艺，再次冲破了德日结盟，在1941—
1943年间，发明了"侯氏制碱法"，开创了制碱技术新纪元。

盐、碱产业的成功，让范旭东看到了中国人自己搞化学工业的希望，他于
1929年提出在南京建设硫酸铔厂（取名"永利铔厂"，铔是铵的旧译），任命
侯德榜为厂长兼技师长，全面负责工厂筹建。三酸二碱是化学工业的基本原
料，仅能生产纯碱显然是不行的，侯德榜开始设计可以同时生产氨、硫酸、硝
酸和硫酸铵的硫酸铔厂。1937年2月，硫酸铔厂正式投产，生产出具备当时
世界先进水平的硫酸、硝酸、肥田粉等化工产品，填补了中国基础化工的空
白。范旭东和侯德榜这对实业家与科学家的最佳拍档开创了中国重化学工业的
新纪元。抗日战争爆发后，永利铔厂支援抗战，为金陵兵工厂生产硝铵炸药。
日本人深知永利铔厂的军用和民用价值，希望其能为日本侵华服务。但范旭东

等先贤坚持"宁举丧，不受奠仪"，严词拒绝了日本人威逼合作的要求，日军三次轰炸了永利铔厂。南京战事打响后，永利铔厂迁至四川。1945年抗战胜利，范旭东当即决定组织先遣队回南京接收永利铔厂，恢复生产，规划我国化工建设的宏伟蓝图。然而这一切还没实施，范旭东就因病在重庆逝世，留下"齐心合德，努力前进"的遗言。毛泽东送挽联："工业先导，功在中华"，蒋介石送挽联："力行致用"。范旭东毕生致力于我国化学工业的振兴和发展，永久黄团体（由久大精盐厂、永利制碱公司、永利铔厂和黄海化学工业研究社组成）是中国近代民族化学工业最大的企业集团。

范旭东以科研为先导，靠科研发展工业，在他的创业团队里，科学家是生力军，除了侯德榜外，还有许多出色的科学家。首先与范旭东合作创办永利制碱公司的是化学家陈调甫，他毕业于东吴大学化学系，获得硕士学位，于1918年赴美进修并负责永利碱厂的设计和在美国订购设备等工作。1928年，陈调甫创办了永明漆厂，研制生产了著名的"永明牌"酚醛清漆、"三宝牌"醇酸树脂漆，是中国纯碱工业和涂料工业的奠基人之一。

1922年，化学家孙学悟协助范旭东在久大精盐厂化验室的基础上创办了黄海化学工业研究社，这是国内第一个私人创办的科学研究机构，孙学悟任社长。孙学悟毕业于美国哈佛大学，获博士学位，1919年，应张伯苓邀请，怀着振兴中华之志回国为南开大学筹建理学系。1920—1922年，他任开滦煤矿总化学师。抗日战争期间，孙学悟主持西南资源的调查、分析与研究，开创了中国应用化学和细菌化学的研究。孙学悟是我国基础化学工业的奠基人之一，被许多化工科技人员尊为导师和"近代化工界的圣人"。

傅冰芝是范旭东早年在日本求学时的同窗好友，应范旭东之邀，主持南京永利铔厂，为我国的化工事业奉献了一切。抗战期间，他负责在大后方筹建永利川厂，生产化工产品以支持全国抗战和后方工业民用。抗战胜利后，永利碱厂和南京永利铔厂先后复工生产。傅冰芝主持永利铔厂的工作，在极其困难的情况下，对于职工增薪要求他尽量满足，他说："范公之心愿，不仅完全注重产品之制造，其终极之目的，盖在广大民众谋福利。"傅冰芝的另一项重要工作是从事职工和职工子弟的教育，他创建永久黄团体的子弟小学（明星小学），并任首届校长。范旭东、傅冰芝深知教育关系国家前途，是国计民生大事，永久黄团体要发展也必须提高员工的文化素质和培养有知识、有文化的下一代，使民族工业发扬光大。此外，还有精通管理和经营的李烛尘。李烛尘在国内学习理化后留学日本，在东京高等工业学校攻读电气化学，毕业后回国加盟范旭东的化工企业。李烛尘以他的经营理念和科学管理模式成就了企业的发展，中华人民共和国成立后，他曾担任食品工业部部长和轻工部部长，为我国民族化工事业的发展作出了卓越的贡献。

除了范旭东的科学家团队外，在我国化学、化工发展的不同时期都有心系祖国，为祖国强盛、民族振兴而奋斗的化学家和教育家。黄鸣龙教授，为了祖国的建设他三次出国学习三次回国，毕生致力于有机化学的研究，黄鸣龙还原反应（也称 Wolff-Kishner-黄鸣龙还原反应）是第一个以中国人名字命名的有机化学反应。他 1938 年开始从事甾体化学的研究，发现了甾体中的双烯酮反应并将其用于生产雌激素，合成了多种甾体药物，为我国甾体药物工业的建立作出了巨大贡献。物理化学家蔡镏生于 1932 年，获美国芝加哥大学博士学位，回国后在燕京大学化学系任教，1948 年在华盛顿大学做访问学者，1949 年回国任燕京大学化学系主任。1940 年，理论化学家唐敖庆（中国量子化学之父）毕业于西南联合大学化学系，后留校任教，1949 年，他获美国哥伦比亚大学博士学位，回国后投身于祖国的建设事业。1952 年，蔡镏生和唐敖庆离开北京前往长春，与关实之教授、陶慰孙教授等创建东北人民大学（吉林大学前身）化学系，他们带领来自祖国各地的教职员工艰苦创业、潜心科研、严谨治学、精心育人，为祖国的高等教育事业和化学学科的发展作出了杰出的贡献。周端赐教授，在他还在美国攻读博士学位时，抗日战争爆发了，他毅然回国加入东江纵队，义无反顾地走上血雨腥风的战场，抗击日本侵略者。和平时期，他在暨南大学从事化学研究，培养海内外学子。20 世纪 80 年代初，他推导出汞膜电极电位溶出分析的电位—时间方程和溶出时间方程，为该方法的理论研究奠定了基础。莫金垣教授，从抗美援朝战士到中山大学学者，为祖国奉献了一生。对于保家卫国，他不怕牺牲，英勇善战，荣立战功；对于做学问，他精益求精，教书育人，孜孜不倦。卢嘉锡教授，于 1945 年回国受聘于厦门大学化学系，任教授兼系主任，从此为发展祖国的教育和化学事业贡献了一生。他早年提出的"卢氏图"载入国际 X 射线晶体学手册。20 世纪 70 年代，他从结构化学角度出发，探究固氮酶活性中心的结构和化学模拟，提出了固氮酶活性中心网兜模型，为我国化学模拟生物固氮等研究跻身世界前列作出了重要贡献。卢嘉锡一生践行着化学家的"元素组成"——C_3H_3，即 clear head（清醒的头脑）、clever hands（灵巧的双手）、clean habits（洁净的习惯），这是化学家应当具备的素质，是化学人代代相传的座右铭。

　　求真、向善、追美是科学家永恒的追求，在探索中化学家彰显的科学精神和高贵品质是科学美德，这是执着追求的美，是化学家的知性美。化学家对科学与艺术的热爱与追求，成就了化学和化学之美，也带给化学家无尽的愉悦和成就感，并且为后人留下了宝贵的精神财富。

3　化学与能源

摩擦生火第一次使人支配了一种自然力，从而最终把人同动物界分开。

——弗里德里希·恩格斯

　　能源是人类社会发展的支柱，人类文明的发展史与能源的变迁史是密不可分的，能源科学技术的每一次重大突破都给生产力发展和人类文明进步带来重大而深远的影响。人类智力的发展导致能源形式不断地被发现和利用，而新的能源形式的发现又极大地推动了人类文明的进步。人类和其他动物一个非常重要的分水岭就是对火的控制和利用。人类通过控制和利用火而获得了一种可控的力量。正是由于人类社会对火这种能源的控制与利用，人类才脱离野蛮而进入文明社会。人类在地球上存在了几十万年，人类文明离不开能源形式、能源技术和能源方式的发现和变革，而化学则是各类能源技术的重要基础。从钻木取火、石油、核能到光伏发电，人类文明史是一部能源的变迁史。人类利用能源驱动各式各样的人造机器和工具，如，汽车、飞机、收割机、智能机器人、火箭、计算机和手机等。人类突破了自身身体条件的限制，使眼、耳、口、鼻、四肢和大脑等得到有效增强和延伸，变身成为"千里眼"和"顺风耳"。劈山开路、日行千里和翱翔太空等也不再是神话传说。可以想象一下，如果没有移动互联网的存在，我们的生活一定会变得一团糟，因为在今天互联网已经与我们的"衣食住行用"紧密相连，而这一切都离不开电池这种可将化学能和电能相互转化的能源转化器件。

　　2019年，诺贝尔化学奖颁发给了三位为锂电池的发明作出杰出贡献的科学家，其中之一是已97岁高龄的古迪纳夫。锂电池的潜力远远超出了发明者的想象，古迪纳夫曾经说过："在我开发电池的时候，我还不知道电气工程师会怎么处理电池。我真的没料到会有手机、摄像机和其他东西。"可以设想一下，如果没有发明能量密度如此之高的锂电池，我们现在使用的手机、笔记本电脑和其他各种可充电的电子产品，尤其是近些年风头正盛的电动汽车等设备将成为空中楼阁（见图 3 - 1）。

图 3 - 1　电动汽车（电池的应用）

"能源"究竟是什么呢？能源的定义有各种不同的版本。例如，《大英百科全书》将能源定义为："能源是一个包括所有燃料、流水、阳光和风的术语，人类用适当的转换手段便可让它为自己提供所需的能量。"我国的《能源百科全书》定义为："能源是可以直接或经转换提供人类所需的光、热、动力等任一形式能量的载能体资源。"由此可见，能源是一种呈多种形式的，且可以相互转换的能量的源泉。

能源利用过程实质上是一个能量转化过程，如，煤气燃烧加热蒸汽是化学能转化为热能的过程；高温蒸汽推动发电机发电的过程是内能转化为电能的过程……薪柴、煤炭、石油和电等常用能源所提供的能量都是随化学变化而产生的，多种新能源的利用也与化学变化有关。

3.1　人类能源利用的几个主要历史阶段

能源对人类社会的发展进步起着举足轻重的作用，是发展工业、农业、科学技术和提高人类物质文化生活水平的重要基础。能源的开发利用水平反映了人类的科学技术和生产力的发展水平。能源与信息、生命和材料并称为现代文明和社会发展的四大支柱。

3.1.1 薪柴阶段

人类最早利用的能源是薪柴。周口洞北京人遗址中厚达几米的石化灰烬和燃渣层，表明至少在五十万年前人类就学会了用火。人类从自然界的雷击、山火等获得火种，学会了用火来烧烤食物，用火来御寒取暖和驱暗照明，这极大地扩展了人类活动的时间和空间。在旧石器时代后期，人类已经能够人工取火，知道如何利用敲击和摩擦把机械能转化为热能，也掌握了通过燃烧燃料将化学能转化为热能的方法。至此，火成了人类战胜自然、改造自然的强大利器，从而最终把人同动物界分开。在这一阶段，薪柴和木炭是人类利用的主要能源（见图3-2、图3-3）。

 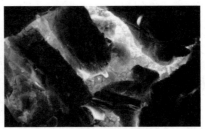

图3-2　薪柴　　　　　　　　　图3-3　木炭

3.1.2 煤炭阶段

人类对煤炭的利用标志着人类社会演变过程步入了快车道。自从18世纪初开始，西方国家开始逐渐利用煤炭来取代薪柴，煤炭开始成为主导能源。1712年，托马斯·纽科门发明了燃煤蒸汽机，这种蒸汽机先在英国，后在欧洲大陆得到迅速推广。自此，西方国家开始以蒸汽动力来代替古老的人工体力、风力和水力，能源发展进入一个全新的时代，标志着人类社会步入工业文明时代。1776年，英国的仪器修理工詹姆斯·瓦特制造出第一台有实用价值的蒸汽机。这使得蒸汽机在工业上得到广泛应用。瓦特也就此开辟了人类利用能源新时代，使人类进入"蒸汽时代"。

自18世纪后期起，蒸汽机的应用也由早期采矿业中的提水作业开始向各行各业扩散蔓延，首先是在冶炼、纺织、机器制造行业的应用，这极大地提高了劳动生产力水平；然后是在交通运输领域，第一个应用对象是轮船，用蒸汽机动力代替传统的风力。1776 年，瓦特首次成功进行了试验，30 年后，即 1807 年，美国的富尔顿成功制造出第一艘实用的蒸汽轮船"克莱蒙"号，就此揭开了蒸汽轮船时代的序幕。随后，英国等其他国家也都纷纷制造出自己的蒸汽轮船，蒸汽机就此开创了轮船主要动力的百年霸主历史。

英国的乔治·斯蒂芬森对前人的蒸汽机车不断改进，于 1829 年研制出了拖带一节载有 30 位乘客的车厢的"火箭"号蒸汽机车（见图 3 - 4），时速可达 46 千米/小时，开创了铁路时代。

图 3 - 4　蒸汽机车

3.1.3　石油阶段

人类社会发现并开始大规模利用石油以后，能源史上再次出现了革命性的飞跃，人类文明水平也上升至一个更高的台阶。1859 年，埃德温·德雷克在宾夕法尼亚州打出第一口油井，标志着现代石油工业首先在美国产生。自此之后，人类开始大规模利用石油作为动力资源，促使全球性工业革命由欧洲迅速向全球推广和蔓延。各种新技术、新发明、新创造和新机器的出现，如内燃机、汽车、轮船、飞机（见图 3 - 5）等，彻底改变了人类文明进程，改变了人类社会的生产模式、生活方式和交通运输形式。

随着石油的开发，比煤气易于运输携带的汽油和柴油引起了人们的注意，首先获得试用的是易于挥发的汽油。1883 年，德国的戴姆勒创制成功第一台立式汽油机，其内燃机转速高达 800 转/分钟，远超煤气内燃机的 200 转/分钟。汽油机的优点使其在汽车领域独领风骚一百多年，至今仍然是轿车的主流发动

图 3 - 5　喷气式客机

机。随后，1897 年，德国工程师狄塞尔又首创了压缩点火式内燃机，由于这种内燃机以后大多用柴油为燃料，故又称为柴油机。1898 年，柴油机首先用于固定式发电机组，1903 年用作商船动力，1904 年装于舰艇，1913 年第一台以柴油机为动力的内燃机车制成，1920 年左右开始用于汽车和农业机械。至

今，柴油机仍是交通运输（如大客车、轮船和大型载重车等）、农用机械和小型发电机等的主力动力源。

3.1.4　电力阶段

在人类社会发展历史过程中，电力的发明最具颠覆性，这是人类在能源使用过程和模式上的一场根本性革命。所有的能源都可以转化为电力，如，化学能可通过电池转化为电能；机械能可通过发电机转化为电能；太阳能可通过光伏电池转化为电能。电力可以通过输电线方便快捷地传送到城市和乡村。因为有电力，城市开始出现现代建筑物，特别是摩天大楼；因为有电力，人们居所变得冬暖夏凉；因为有电力，工厂得以实现自动化连续生产；因为有电力，现代电子、通信、计算机、互联网等技术才成为现实。

1800年，意大利科学家伏特以含食盐水的布、银和锌的圆形板，制造出世界上最早的电池——伏特电池。1831年，法拉第制造出了世界上最早的第一台发电机。1866年，德国人西门子制成世界上第一台工业用发电机。1879年，爱迪生发明的电灯让人类告别黑暗。以电力为动力基础的现代信息通信技术，尤其是互联网技术迅速发展，让空间变小、距离缩短。地球真正变成了"地球村"，全球化和贸易自由化成为时代主流。

3.2　能源的分类

能源按其来源可分为三个大类：①来自地球外部天体的能量；②地球本身蕴藏的能量；③地球和其他天体相互作用而产生的能量。

第一大类主要是太阳能。太阳能除直接辐射外，并为风能、水能、生物质能和矿物能等的产生提供基础。生物质能是植物通过光合作用把太阳能转变成贮存于植物体内的化学能。化石燃料，如煤、石油、天然气等，是埋藏于地底的古代动植物的残骸转化而成的，其实质是由古代生物固定下来的太阳能。此外，水能、风能、波浪能、海流能等也都是由太阳能转化来的。

第二大类是地球蕴藏的能量，通常是指与地球内部的热能有关的能源和与原子核反应有关的能源，如原子核能、地热能等。温泉和火山爆发喷出的岩浆就是地热的表现。地球可分为地壳、地幔和地核三层，它是一个大热库。

第三大类是地球和其他天体相互作用而产生的能量，如潮汐能。

按使用前能源是否进行过加工转换，能源又可分为一次能源和二次能源。所谓一次能源，顾名思义，就是从自然界取得而不改变其基本形态就直接使用的能源。一次能源又分为常规能源和新能源。常规能源是指已被人们广泛应用的能源，如天然气、煤、石油、薪柴等。而新能源则是采用新的先进的科学技术而被广泛应用的能源，如核聚变材料等。二次能源就是一次能源加工转换之后再使用的能源。二次能源又可分为：煤制品、石油制品、电能、沼气、蒸气等。

3.2.1 一次能源

自 18 世纪 60 年代英国发起工业革命以来的 200 多年，人类摆脱了主要使用薪柴和木炭等生物质能源的漫长历史，步入了以煤、石油、天然气等化石能源为主的时代。国际能源署（IEA）的报告显示，到 2018 年，全球一次能源构成中，传统生物质燃料还不到 10%，而煤、石油和天然气等化石燃料分别占 28%、30% 和 22%（见图 3-6）。化石能源依然在世界能源消费结构中占决定性地位。因煤、石油和天然气是上亿年前的植物或动物遗骸转化来的，故被称为"化石能源"。

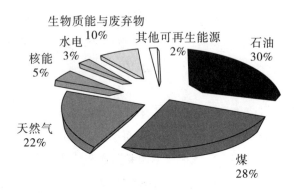

图 3-6　2018 年全球一次能源结构图

1. 煤

煤是一种碳质岩石，是一定地质年代的植物遗骸在缺氧环境中，经过复杂的生物化学作用和地质作用转化而成的。煤可按煤化程度不同分为泥煤、褐煤、烟煤和无烟煤四类。约 3 亿年前的古生代，植物残骸在水底和泥沙中堆积煤化形成泥煤；紧接着，随着地壳下降，在地热和压力的共同作用下形成褐煤；随着地壳的继续下降，地热温度和压力也随之上升，褐煤在此作用下转变成烟煤，最后变成无烟煤。煤的含碳量一般为 46% ~ 97%，呈褐色到黑色，密度为 1.1 ~ 1.8 g/cm^3。煤的燃烧热根据含碳量及挥发性物质含量的不同而不同，挥发物越少，热值越高。

煤是中国的主要能源，在中国的能源消费构成中煤所占比例 1960 年为 94%，1970 年为 81%，1990 年为 76%，2000 年为 68%，呈逐渐下降的趋势。但在 2018 年我国能源结构中煤占比仍高达 59%，而同期世界一次能源结构中煤的平均占比仅为 28%，发达国家的用煤比例更是远低于这一数值。由此可见，在中国，虽然煤在能源消费构成中的比例会随着其他能源的开发利用而逐渐下降，但在相当长的时间里煤作为主要能源的格局不会改变。

中国是最早开采和使用煤的国家。700 多年前，马可波罗就看到中国人烧煤，这是他第一次见识到一种可以燃烧的"黑石头"。世界上最早大规模使用煤的国家则是英国。因英国森林资源非常有限，而英国又是工业革命的发源地，随着蒸汽机的发明和推广，木材短缺的问题日益严重，故煤逐渐成为能源主角。从工业革命到 20 世纪中叶将近 200 年的时间里，煤一直是世界各国的主要能源。直到 1965 年，煤在世界能源生产和消费中仍占据首位，约占总能源消费的 42%。此后，石油的用量超过了煤，煤的生产和消费在能源中的比例迅速下降。但在许多发展中国家，尤其是中国和印度这样的人口大国，煤的生产和消费仍然占据首位。

煤的利用方式有很多，可以直接燃烧，也可以气化、干馏和液化之后再使用。中国是一个燃煤大国，年消费量超过 10 亿吨，其中 30% 用于火力发电和炼焦，50% 用于各种工业锅炉和窑炉，20% 用于生活。由此可见，绝大部分煤是直接烧掉的，这与天然气使用相比，具有热效率低、化学利用率低和严重污染环境的弊端。随着全社会生态环境意识增强，"绿水青山就是金山银山"的理念渐渐深入人心，煤直接燃烧的粗放利用方式将会逐渐被焦化、气化、干馏和液化等更为高效和洁净的利用方式替代。

（1）煤的气化。

煤的气化是指让煤在氧气不足的情况下，进行部分氧化，使煤中的有机物部分转化。气化的主要目的有两个：一是将固体燃料煤转化为气体燃料；二是气体便于通过管道输送至用户终端，如车间、实验室和厨房等。煤的气化过程涉及 10 个左右的基本化学反应，通过控制气化条件可以提供满足不同需要的、成分和比例不同的产物。若将煤与有限的空气和水反应，可以得到一种称为半煤气的气态混合物。由于含有氮气，其热值较低，只有天然气的六分之一左右。若让煤在高温下与水蒸气反应，则可制得水煤气。水煤气中都是可燃性气体，水煤气的热值是半煤气的两倍。

（2）煤的干馏。

煤的干馏是指在炼焦炉中隔绝空气加热，使煤发生热分解，生成出炉煤气（气体）、煤焦油（液体）和焦炭（固体）三类产物，通过控制干馏的温度可以得到不同的产品（见图 3-7）。出炉煤气中除可燃气体 CO、H_2、CH_4 外，还有乙烯、苯、氨等。煤焦油可提炼苯、酚、萘、蒽、菲等环状化合物，它们是医药、农药、炸药、染料行业的重要原料。此外，还可分离出吡啶、喹啉、机油、沥青等 400 多种化合物。焦炭是烧结成块状、多孔而较纯的碳素，其主要用途是炼铁，还可制成电石和电极等。所有产物均有使用价值，真正做到了"物尽其用"。

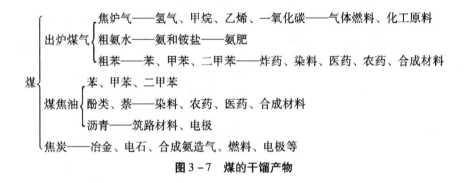

图 3-7 煤的干馏产物

（3）煤的液化。

煤与石油有着相似的"成长经历"，有着近似的"基因"，有可能通过一定化学反应，将煤转化为石油。煤的平均分子量大约是石油的 10 倍，但是其含氢量比石油低得多。煤是固体，油是液体，煤转化为油的过程称为煤的液化，煤炭液化油可称为人造石油。

煤的液化可分为直接液化和间接液化。煤的直接液化是指煤直接加氢液化。在高压氢气和催化剂的作用下，加热分散在溶剂中的煤粉，使其发生热解和加氢反应转为液体燃料。煤的间接液化是 1926 年德国化学家费歇尔和托洛帕开发出来的一种煤液化技术，又称费托合成或者 F-T 合成。间接液化首先将煤气化得到 CO 和 H_2，然后在催化剂的作用下，高温加氢合成烃类液体燃料。

（4）C1 化学。

从世界范围来看，源自石油的燃料是人类目前使用的主要能源，可以说，人类已经完全离不开它。石油作为化石燃料，其储量有限，而煤的储量比石油丰富得多，尤其是中国更是煤"多"，而石油和天然气"超少"，即"富煤贫油少气"。在石油资源枯竭的后石油时代，如何利用煤等其他碳源来合成液体燃料和化工产品，是在不远的将来人类必须面对的一个挑战。

C1 化学最初是指用煤的气化产物 CO 和 H_2 来合成所希望得到的任何产品，包括液体燃料和其他本来源自石油的一些化工原料。如今 C1 化学的含义得到扩展，只要是从含有一个 C 原子的反应物出发的合成统称为一碳化学。例如，从甲醇、甲烷，甚至从二氧化碳开始的合成都归为"C1 化学"的范畴。如图 3-8 所示，合成气（CO + H_2）在不同的催化剂、不同反应条件作用下可以合成甲烷、乙烯、汽油、甲醇和石蜡等燃料和化工原料。C1 化学的主要目的是节约化石燃料，用少的碳原料生成多的燃料和化工原料，以满足人类的需求。

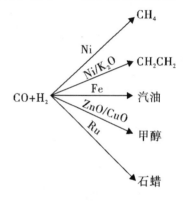

图 3-8　C1 化学的几种合成产物

2. 石油

石油又可称作原油，目前在世界能源消耗结构中雄居首位，同时是化工生产最主要的原料来源之一，被称为"工业的血液"。关于石油的成因，历史上和现在都有不同观点和争论。通常观点认为：石油是远古时代海洋或湖泊中动植物遗骸，在微生物帮助下在地下经过漫长时间的复杂变化而形成的棕黑色黏稠液态混合物。目前查明储量最大的产油带有两个，这两个产油带都曾是海槽，因此有"海相成油"学说。世界两大产油带：一个是长科迪勒地带，北起阿拉斯加和加拿大经美国西海岸到南美委内瑞拉、阿根廷；另一个是特提斯地带，从地中海经中东到印度尼西亚。中国已经开发的大小油田有 160 多个，如大庆、胜利、中原、华北、大港等。

（1）世界石油开采量和中国的石油消费现状。

20 世纪，能源领域出现的大事是石油的大规模开发利用。虽然早在 200

多年前,人类已经开始用蒸馏方法提炼石油,但是真正大规模使用石油的历史还不足百年。1900 年,世界石油开采量仅为 2 000 万吨,1950 年达到 5 亿吨。直到 1966 年,石油用量才超过煤用量而坐上世界能源的头把交椅,占能源总消费量的 54%。2000 年,世界石油开采量达 35.5 亿吨,2009 年达 38.8 亿吨,2018 年超过了 40 亿吨。

中国的国情是多煤少油,目前煤的储量为 1 145 亿吨(全球排第三),而石油储量仅为 37 亿吨,全球排第十三。

1993 年是中国石油消费的一个重要时间节点,在此之前,由于中国改革开放的时间不长,经济才刚刚起步,对于石油的需求量还很低,因此还是一个石油净出口国家。而 1993 年之后,尽管中国石油产量有所增加,但石油进口量却在逐年递增,对外依存度更是与日俱增。如图 3 – 9 所示,2015 年,中国石油消费为 5.74 亿吨,其中进口 3.55 亿吨,对外依存度 61.8%。2017 年,中国全年进口石油量 4.13 亿吨,而本土产油量为 1.95 亿吨,对外依存度达到了 67.9%。2020 年,中国的石油开采总量为 1.95 亿吨,加上进口的 5.42 亿吨,合计达到了 7.37 亿吨,对外依存度为 73.5%。由此看来,在相当长的时期,中国对外国的石油依存度高达 70% 左右的格局难以改变。

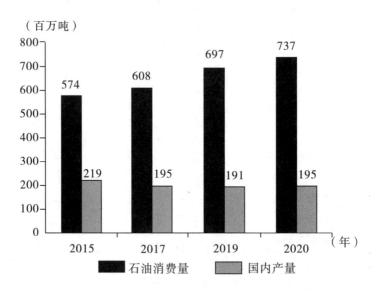

图 3 – 9 中国 2015—2020 年的石油消费量和国内产量对比

（2）石油的加工利用。

石油主要是以饱和烃为主的烃类化合物的混合物，从一个碳到四十几个碳的烃类化合物都有。石油组分极其庞杂，组成的元素主要有 C 和 H，它们的含量分别在 84% ~ 87% 和 11% ~ 14%，此外还有 O、N 和 S 等。与煤相比，石油的含氢量较高而含氧量较低。石油中的碳氢化合物以直链烃为主，而煤的以芳烃为主。石油中的 N 和 S 的含量因产地不同而各异。

未经处理的石油称为原油。原油必须经过处理才能使用，处理的方法有分馏、催化裂化、重整和精制等。这种通过化学方法将原油转化为其他国民经济所需产品的化学工业被称为"石油化工"。石油炼制和加工的目的一方面是将各种混合物进行分离，使每个组分能够各尽其用；另一方面是将碳原子数多的烃类断裂为碳原子数少的烃类，以提高原油的利用价值。

①精馏。石油是各种烃类的混合物，没有单一的分子质量和固定的沸点。因此，在加热石油时，小分子质量的烃会最先气化，然后是分子质量大一些的较高沸点的烃类气化。人们通过部分气化部分冷凝的方法就可以将石油分成不同沸点范围的蒸馏产物，如图 3 - 10 所示。人们通过精馏的方法分离出来的各种组分称为馏分，每一种馏分仍然是各种烃的混合物。塔顶冷凝出来的部分称为轻质油，最先出来的是沸点最低的粗挥发油（C_4 ~ C_{10}），接下来是煤油（C_9 ~ C_{16}）和粗柴油（C_{15} ~ C_{22}）。剩在塔底的是重油，即碳原子数超过 20 的重质组分，主要产品为润滑油、凡士林、石蜡和沥青。

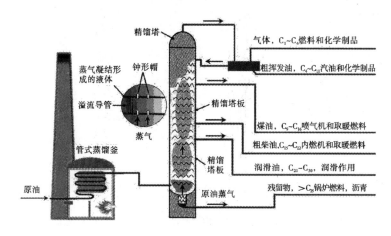

图 3 - 10　石油精馏的主要产品

②石油裂化。在 19 世纪的多数时间里，人们利用煤油照明，汽油和重油是副产品。直到 19 世纪 80 年代，汽油发动机问世，汽油才成为精馏的一个重要产品，在此之后，汽油的产量逐渐赶上并且超过煤油。柴油机的发明、内燃机的普及使工业对石油的需求量直线上升。至此，石油方成为现代工业的血液。

当今社会，随着汽车的普及，汽油用量远大于煤油。能否将煤油转化为汽油呢？答案是肯定的。

汽油的主要成分是 7~8 个 C 原子的烷烃，而煤油为含 10~15 个 C 原子的烷烃，通过裂化完全有可能将煤油转变为汽油。裂化又可分为热裂化和催化裂化。裂化工艺最初采用的是无催化剂的热裂化，后来发展了催化裂化。因为有催化剂的存在，可以有效地提高裂化的效率并能得到品质更好的汽油等燃油，从重油中也能获得更多乙烯、丙烯、丁烯等化工原料。目前，石油化工领域普遍采用的技术是催化裂化。

③催化重整。这是石油工业中另外一个重要的过程。在一定的温度压力下，汽油中的直链烃在催化剂表面上进行结构的"重新调整"，转化为带支链的烷烃异构体，这就能有效地提高汽油的辛烷值，同时还可得到一部分芳香烃，这是原油中含量很少却只能靠从煤焦油中提取且不能满足生产需要的化工原料，可以说是一举两得。催化重整法所用催化剂一般是贵金属，如，铂（Pt）、铱（Ir）和铼（Re）等，它们的价格比黄金贵得多。为了降低催化剂的成本和提高催化效率，化学家们巧妙地选用便宜的多孔性氧化铝或氧化硅为载体，在表面上浸渍 0.1% 的贵金属，就可达到优异的催化重整性能，汽油在催化剂表面只要接触 20~30 秒就能完成重整反应。

辛烷值：汽油中异辛烷（2，2，4-三甲基戊烷）的含量，可用以衡量汽油抗震性的高低。8 个碳原子两两连在一起有很多种连法，其中 8 个碳原子排列成一条直线的烃被称为"直链烃"，其他的连法就被称为"支链烃"或者"异构烃"。人们发现，以异辛烷为燃料时，气缸内很少发生爆震现象，而以正辛烷为燃料时，最易发生爆震现象。于是就把抗震性较好的异辛烷（2，2，4-三甲基戊烷）的辛烷值定为 100，爆震性极强的正庚烷的辛烷值定为 0。把汽油的抗震性和这两种烃的不同比例的混合物进行比较，就可以得到该汽油的相对辛烷值。目前，我国使用的车用汽油标号就是按照汽油的辛烷值大小划分的，如 92 号汽油表示该汽油的辛烷值不低于 92。

为了提高汽油的辛烷值，过去广泛使用的一种方法是在汽油中添加少量抗震剂——四乙基铅，又称汽油精，由于铅对环境有危害作用，这一做法现在已被各国政府明令禁止。目前为了提高汽油的辛烷值，一般采用绿色环保的汽油添加剂，如甲基叔丁基醚（MTBE）等，作为高辛烷值汽油的组分。

④加氢精制。蒸馏和裂化所得的汽油、煤油、柴油中都混有少量含 N 或含 S 的杂环有机物，在燃烧过程中会生成 NO_x 及 SO_2 等酸性氧化物污染空气，随着世界各国对环保问题的日益关注，人们对油品中 N、S 含量的限制也就更加严格。

为减少油品中的 N、S 含量，现行的办法是用催化剂在一定温度和压力下使 H_2 和这些杂环有机物起反应生成 NH_3 或 H_2S 而分离 N、S，留在油品中的只是碳氢化合物。自 20 世纪 70 年代末开始，石油化工科学研究院针对中国油品特点，开展了大量基础研究工作，开发出多种加氢催化剂，基本满足了国内炼油工业的需要，并有出口。这类催化剂以 Al_2O_3 为载体，活性组分有 Co-Mo、Ni-Mo、Ni-W 等体系。

3. 天然气

天然气是古生物遗骸沉积地下后，在微生物帮助下经过漫长时间的复杂变化而形成的气态产物，多在油田开采石油时伴随而出。天然气也属于化石燃料，是不可再生能源。

中国是最早利用天然气的国家，比西方早 1 300 年。在晋朝初年开始就对其有所利用，宋朝时已经大规模用于熬制井盐。中国的天然气陆上资源主要集中在四川盆地、陕甘宁地区、塔里木盆地和青海，海上资源主要集中在南海和东海。此外，在渤海、华北等地区还有部分天然气资源可利用。

天然气的主要成分是甲烷，也有少量乙烷和丙烷。天然气目前主要用于民用燃料、化工原料和发电燃料三个方面。天然气易于管道传输，热值高，很少或没有残渣，与煤和石油相比是较清洁的燃料。

近年来，随着对环境保护的日益重视，中国许多有条件的城市和地区纷纷"弃煤改气"，导致天然气消费量和国内产量的缺口越来越大。天然气进口依存度逐年上升，已由 2006 年 6 月的 0.29% 一路攀升至 2017 年 12 月的 39.9%。2018 年全年天然气消费量为 2 766 亿立方米，年增量超过 390 亿立方米，增幅达 16.6%，占一次能源总消费量比重近 8%。其中天然气进口量达到 1 254 亿立方米，增量接近 300 亿立方米，对外依存度为 45.3%，同比增长 6.2 个百分点。由此可见，随着中国经济的快速发展和对生态环境的日益重视，今后相当长的时间里，中国天然气对外依存度持续攀升是一件大概率事件。

3.2.2 二次能源

二次能源是指一次能源，如煤、石油和天然气等，经过加工转换后得到的能源，包括煤气、液化石油气、汽油、柴油和甲醇等。

1. 汽油和柴油

汽油是40 ℃~180 ℃馏分，碳原子数为5到10的烃类化合物的混合物，常常被用作汽车燃料。汽油的质量常用辛烷值来衡量，辛烷值越高，汽油的质量越好。

通常由原油通过精馏产出的汽油称为直馏汽油，辛烷值较低，仅有55，这种汽油的抗爆性能是很差的。提高汽油的辛烷值有两种方法：一种方法是加入抗爆性能好的添加剂；另一种方法是对直馏汽油进行重整，将直链烃转变为自燃点较高的支链烃或者芳香烃。

柴油是沸点范围和黏度介于煤油和润滑油之间的液态石油馏分，是复杂的烃类（碳原子数为10~22）混合物，由沸点在180 ℃~370 ℃范围的轻柴油和380 ℃~410 ℃范围的重柴油两个部分构成。柴油主要由原油蒸馏、催化裂化、热裂化、加氢裂化、石油焦化等过程生产的柴油馏分调配而成，也可由页岩油加工和煤液化制取。

柴油按凝点分级，轻柴油有10、5、0、－10、－20、－35、－50七个牌号，重柴油有10、20、30三个牌号。

柴油广泛用于大型车辆、船舰、农用机械和发电机等，主要用作柴油机的液体燃料。由于柴油具有低能耗、低污染的环保特性，因此一些小型汽车甚至高性能汽车也采用柴油。欧洲大陆上柴油车在家用车中占比达到60%，尤其是出租车中柴油车比例更是高达80%。

2. 煤气

以煤为原料通过气化加工制得的含有可燃组分的气体称为煤气。若将煤与有限的空气和水反应可以得到一种称为半煤气的气态混合物，其中氮气含量高达50%。如果让煤在高温下与水蒸气反应，可以制得水煤气，该混合气中主要含有CO和H_2，热值比半煤气高一倍。这两类煤气热值都比较低，统称为

"低热值煤气"。煤干馏法中焦化得到的气体称为"焦炉气",属于中热值煤气。

煤气中的 CO 和 H_2 是重要的化工原料。H_2 可用于合成氨,H_2 还可用作氢气燃料电池的燃料。CO 和 H_2 可以用于合成许多的有机化学物,故而也常被称为合成气($CO + H_2$),在不同的催化剂、不同反应条件作用下可以合成甲烷、乙烯、汽油、甲醇和石蜡等燃料和化工原料。

3. 甲醇

甲醇用途广泛,是基础的有机化工原料和优质燃料,主要应用于精细化工、塑料等领域,可用来制造甲醛、醋酸、氯甲烷、甲胺、硫二甲酯等多种有机产品,也是农药、医药的重要原料之一。甲醇可以直接作为燃料电池的燃料,也可以在深加工后作为一种新型清洁燃料。

甲醇生产的主要原料是一氧化碳和氢气,而一氧化碳和氢气的来源广泛,有煤、原油、天然气和生物质等多种途径。在甲醇工业化的历史中,不同阶段采用不同的原料和工艺。20 世纪 50 年代以前,一般采用煤和焦炭作为原料。50 年代以后,随着石油开采量的增加和应用技术水平的提高,以天然气为原料的甲醇生产流程被世界各国广泛采用。目前,欧美、中东地区国家主要以天然气为原料生产甲醇。20 世纪 60 年代之后,以重油为原料生产甲醇的装置也有所发展。21 世纪,可再生能源的理念催生出以生物质(如林木、农业废弃物和有机垃圾等)制取甲醇的新工艺。

在中国,由于受一次能源结构"富煤贫油少气"条件的限制,煤是甲醇生产最重要的原料,而在发达国家则是天然气制甲醇工艺占支配地位。目前中国煤制甲醇的产能占国内总产能的 65%,天然气制甲醇仅占 19%,而焦炉气制甲醇的产能占 16%。

近年来,煤替代石油生产烯烃是中国的一个重要发展趋势。2012 年,甲醇制烯烃领域消费甲醇约 424 万吨,占总消费的 12%。此外,2013 年初,甲醇制芳烃中试装置也顺利试车成功。煤通过转化为甲醇来替代石化原料将成为中国化学工业未来的一个重要的发展方向。

3.3　化学电源

3.3.1　化学电池

化学电池是一种将化学能直接转化为电能的装置，分为原电池和蓄电池。

1800 年，意大利物理学家伏特（Alessandro Volta）发明了第一个电池，称为"伏特电堆"。该电池把锌板和铜板作为负极和正极，电解质为盐水，两极被浸泡在盐水中的布料或纸板隔开。1801 年，伏特在巴黎把电池演示给拿破仑看，拿破仑封他为伯爵和伦巴第王国参议员。奥地利国王在 1815 年任命伏特为帕多瓦大学哲学院院长。1836 年，英国化学家丹聂尔制造出了第一块古典原电池。1865 年，法国化学家勒克朗斯发明了第一个干电池。

经过 200 多年的发展，如今的化学电池品种繁多，应用极为广泛，无时无刻不在为满足人类的美好生活而服务。大的电池装置可以大到一座建筑方能容纳得下，小的电池仅有毫米尺寸。尽管现代电池种类繁多且形状各异，但其原理大体相同。拆分电池可看出，一极一般由金属材质构成，如锂；另一极通常为碳棒。两极之间用胶封的塑料块隔开，与伏特 200 多年前用布隔开类似。

电池按照放电后能否通过充电，即用电能使其化学体系复原来区分，可分为一次电池和二次电池。一次电池即原电池，顾名思义，就是放电后不能再充电使其复原的电池，通常电池由正极、负极、电解液以及容器和隔膜等组成。一次电池有糊式锌锰电池、纸板锌锰电池、碱性锌锰电池、扣式锌银电池、扣式锂锰电池、扣式锌锰电池、锌空气电池、一次锂锰电池等。

普通锌锰电池的正极是石墨棒和 MnO_2，负极材料是锌片，电解质是 NH_4Cl 和 $ZnCl_2$ 的淀粉糊状物。碱性锌锰电池以氢氧化钠溶液为电解质，二氧化锰和锌粉分别作为正极和负极的活性物质。碱性锌锰电池可以说是普通锌锰电池的升级产品。其电极反应如下。

负极反应：$Zn + 2OH^- \Longrightarrow Zn(OH)_2 + 2e^-$，

$$Zn(OH)_2 + 2OH^- \Longrightarrow [Zn(OH)_4]^{2-}$$

正极反应：$MnO_2 + H_2O + e^- \Longrightarrow MnOOH + OH^-$，

$$MnOOH + H_2O + e^- \Longrightarrow Mn(OH)_2 + OH^-$$

总反应：$Zn + MnO_2 + 2H_2O + 2OH^- \rightleftharpoons Mn(OH)_2 + [Zn(OH)_4]^{2-}$

二次电池，又称为"充电电池"或"蓄电池"，是指在电池放电后可通过充电的方式使活性物质激活而继续使用的电池。二次电池利用电极化学反应的可逆性，当电池在放电过程中通过化学反应将化学能转化为电能之后，还可以用电能使电池的化学体系恢复，然后再利用化学反应转化为电能，所以叫二次电池。二次电池有镉镍电池、氢镍电池、锂离子电池、二次碱性锌锰电池、铅酸蓄电池等。

锂离子电池主要由正极、负极、电解液及隔膜组成。用作锂离子电池的正极材料的是过渡金属的离子复合氧化物，如，$LiCoO_2$、$LiNiO_2$、$LiMn_2O_4$等，负极材料则选择电位尽可能接近锂电位的可嵌入锂化合物，如各种碳材料包括天然石墨、合成石墨、碳纤维、中间相小球碳素等，金属氧化物包括SnO、SnO_2、锡的复合氧化物等。

我们以钴酸锂为正极的锂离子电池为例解析锂离子电池的工作原理：充电时锂离子从正极脱出，通过电解质到达负极，得到电子后与碳材料结合变为钴酸锂；放电时，锂离子从负极析出，通过电解质到达正极，重新回到层状钴酸锂骨架中，恢复到充电前的状态。

3.3.2 燃料电池

燃料电池（fuel cell）是一种将存在于燃料与氧化剂中的化学能通过电化学过程直接转化为电能的发电装置。把燃料和空气分别送进燃料电池，电就被奇妙地生产出来。燃料电池的基本组成是电极、电解质、燃料和氧化剂。从外表上看，它像是一个蓄电池，但实质上它不能"储电"而是一个"发电厂"。工作时，燃料和氧化剂不间断地分别输送到电池的两个电极上，确保电池连续稳定工作。原则上，只要反应物（燃料和氧化剂）不断输入，反应产物能不断排出，燃料电池就能够连续地发电。

一般电池的活性物质储存在电池内部，因此电池的容量有限。而燃料电池的正、负极本身不含活性物质，只是一个催化转化的元件。以最为常见的氢氧燃料电池为例，氢和氧分别是燃料和氧化剂，氢氧燃料电池的反应原理就是电解水的逆过程。氢氧燃料电池可在酸性和碱性条件下工作。

酸性条件下的电极和电池反应为：

负极：　　$H_2 \longrightarrow 2H^+ + 2e^-$

正极： $\frac{1}{2}O_2 + 2H^+ + 2e^- \longrightarrow H_2O$

电池反应：$H_2 + \frac{1}{2}O_2 = H_2O$

碱性条件下的电极和电池反应为：

负极： $H_2 + 2OH^- - 2e^- \longrightarrow 2H_2O$

正极： $\frac{1}{2}O_2 + H_2O + 2e^- \longrightarrow 2OH^-$

电池反应：$H_2 + \frac{1}{2}O_2 = H_2O$

图 3-11 是氢氧燃料电池在酸性条件下的工作原理。

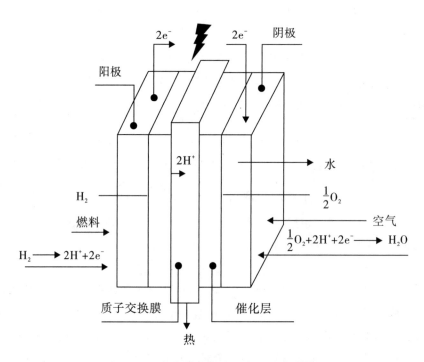

图 3-11　氢氧燃料电池工作原理（酸性）

3.3.3　太阳能光伏电池

太阳能发电主要有两种方式，一种是光→热→电的间接转化方式；另一种是光直接转化为电能的方式。

太阳能光伏电池的工作原理是：太阳光照射在半导体 p－n 结上，产生电子—空穴对，在 p－n 结电场的作用下，电子由 p 区流向 n 区，而空穴由 n 区流向 p 区，连通电路后就形成电流。

早期的太阳能光伏电池主要是硅光伏电池，其又分为单晶硅和多晶硅光伏电池两种。单晶硅光伏电池是开发较早、转换率最高和产量较大的一种光伏电池。多晶硅光伏电池是以多晶硅材料为基体的光伏电池。由于多晶硅材料多以浇铸代替单晶硅的拉制过程，因此多晶硅光伏电池生产时间更短，制造成本更低。

非晶态硅是一种无定形结构的半导体，用它制作的光伏电池只有 1 微米厚度，相当于单晶硅光伏电池厚度的 1/300。与单晶硅和多晶硅相比，它的工艺制造流程被大大简化。

3.3.4 未来的电池

1. 锂空气电池

2009 年，IBM 斥资 50 万美元打造"电池 500"项目：研发一款能驱动电动汽车行驶 500 英里之远，使其能一次性从旧金山开到洛杉矶，还会有电量剩余的电池。锂空气电池并非利用锂离子电池中常见的碳棒和其他金属，而是在容器内注满空气，使其与金属锂相互作用产生电能。该款新电池的重量要比普通电池轻一半。

2. 液流电池

液流电池有别于传统的燃料电池（活性物质与电极分离）和电化学电池（电化学可逆性），它同时具有可分离的电活性物质储液罐和可逆的充放电循环性。液流电池将电化学蓄电池以及燃料电池相结合，与当今为电动汽车提供动力的锂离子电池技术相比，其性能高出 4 倍。液流电池除了在价格和行驶里程上具有显著优势外，还比目前汽车上使用的电池更加安全，更容易融入汽车设计中去。

3. 新型湿气电池

中山大学的容敏智教授及其团队采用三维复型法制备了一种超轻聚苯胺泡沫，该泡沫具有由聚苯胺纳米颗粒组成的三维自支撑薄膜构建得到的多层次多孔结构。该超轻泡沫可以吸附空气中的水分，致其离子电导率比电子电导率高一个数量级，当其与金属镁箔直接接触时可形成电偶电压。这种超轻泡沫由于有特殊催化性能，在电偶电压的作用下可分解其内部吸附的水，电子沿外电路循环，而离子在内电路循环，持续放出电流和氢气，从而将传统的电化学腐蚀转变成新型化学电源。

4. 尿动力电池

由比尔·盖茨基金会支持的英国布里斯托机器人实验室，发现了一种可发电的"新型"原料，那就是尿。那么它如何工作？简单来说，就是制作一套微生物电池系统，通过微生物分解尿液产生电力。研究表示分解尿液产生的电力要比分解其他类型的废物强三倍左右。

5. 露水充电电池

麻省理工学院的科学家们发现了一种可以从露水中获得电力的方式，这项技术需要在设备上集成一层经过特殊处理的金属板，通过露水在上面的跳动来获取电力，每平方厘米的金属板可以产生 1 微瓦的电力，充满一台手机需要12 小时。显然，这种技术为野营、户外作业或偏远山区的居民提供了一种可行的充电解决方案。

6. 声动力充电电池

英国的研究人员发明了一款可以通过环境声音获取电力的手机，其原理为压电效应，通过收取环境噪音并将其转化为电流来为手机充电，这似乎是一种非常便携的移动设备充电形式。

3.4 新能源

从资源角度考虑，中国常规能源相对不足，人均能源占有量仅为世界平均水平的一半。中国能源供需矛盾突出，且以石油和煤炭为主，天然气的产量近年来有很大增长，可这些主要能源也造成了环境污染，而且不可再生。寻找新能源的任务迫在眉睫。

3.4.1 太阳能

地球上最根本的能源是太阳能。煤、石油中的化学能是由太阳能转化而成的、风能、生物质能、海洋能等其实也都来自太阳能。太阳每年辐射到地球表面的能量为 50×10^{19} kJ，相当于目前全世界能量消费的 1.3 万倍，真可谓"取之不尽，用之不竭"，因此利用太阳能的前景非常诱人。阳光普照大地，单位面积上所受到的辐射热并不大，如何把分散的热量聚集在一起成为有用的能量是问题的关键。太阳能的利用方式是光热转化、光电转化或光化学转化。

1．太阳能光热转化

太阳能的热利用是通过集热器进行光热转化的，最常见的太阳能集热器就是太阳能热水器，这一技术在世界各国都已经获得了广泛的应用。太阳能热水器的板芯由涂了吸热材料的铜片制成，封装在玻璃钢外壳中。铜片只是导热体，进行光热转化的是吸热涂层，这是一种特殊的有机高分子化合物。

因涂层、材料、封装技术和热水器的结构设计等不同，热水器对水的加热温度也不同。根据终端使用温度的高低，热水器可分为低温、中温和高温三种。低温是指终端使用温度在 100 ℃以下，可供生活热水、取暖等；中温在 100 ℃～300 ℃之间，可供烹调、工业用热等；高温达 300 ℃以上，可供发电站使用。

2．太阳能光电转化

太阳能也可转变成电能再应用，也就是前面提到的光→热→电的间接转化方式，或者光直接转化为电能的方式。前一种方式是通过太阳能辐射产生的热能发电，一般是采用太阳能集热器集热并将吸收的热能转化为工作蒸汽，用于发电。这一技术的缺点是太阳能利用效率低且成本高昂。后一种方式是太阳能电池，而太阳能电池具有安全可靠、无噪声、无污染、不需燃料、无需架设输电网、规模可大可小等优点，但需要占用较大的面积，因此比较适合阳光充足的边远地区的农牧民或边防部队使用。

太阳能电池应用范围很广，大的可用于微波中继站、卫星地面站、农村电话系统，小的可用于太阳能手表、太阳能计算器、太阳能充电器等，这些产品已有广大市场。

熔盐储能法：其储能原理是通过太阳光产生的光伏电加热低温熔盐，并将加热后的高温熔盐泵至熔盐罐中储存，完成熔盐储热循环。使用时，人们将熔盐罐中的高温熔盐导入换热系统中与供暖/供生活热水的循环水回水进行换热，加热后的循环水可为用户供暖或者供生活热水，放热后的低温熔盐放回熔盐罐，完成放热循环。

3. 太阳能光化学转化

太阳能光化学转化就是将太阳能转化为化学能储存起来，自然界的例子就是绿色植物的光合作用，它可将太阳光的光能转化为植物的化学能储存起来。

太阳能光解 H_2O 制 H_2 储能：太阳能光解水制氢不仅可以获得清洁的氢能，还可以将间歇性的太阳能存储起来，具有广阔的应用前景。目前太阳能光解水制氢主要有三种方式：光催化制氢、光电化学制氢和光伏驱动制氢。

3.4.2 氢能

氢是万物之主，大约 100 亿年前，大量的氢核遍布太空。直到现在，太阳总体积的 80% 仍是氢，木星中氢也占 82%。而地球上地壳内每 100 个原子中就有 17 个是氢原子，其数目仅次于氧而位居第二。氢主要以化合态存在于水中，地球上水资源丰富，H_2 燃烧的产物是水，二者可以无限循环。氢能某种意义上可以称得上是人类取之不尽、用之不竭的绿色能源之一，是人类社会未来能源的希望。长期以来，氢能受到中国、美国、欧洲和日本等国家和地区的高度关注，各国和地区将氢能和燃料电池作为清洁能源转型和培育经济新增长点的重要方向之一。

2000 年 1 月，美国通用汽车推出了使用新能源的汽车——氢能概念车，在悉尼奥运会的马拉松比赛中，通用汽车公司的"氢动 1 号"作为开道车，出尽了风头。氢作为燃料的独一无二的优点是：它的燃烧产物是水，不会污染环境，燃料循环与生物圈相吻合。按重量计算，氢的能量是同量汽油的 3 倍，酒精的 3.9 倍，焦炭的 4.5 倍。燃烧的产物是水，是世界上最干净的能源。如果把喷气机上的燃料换成同等效能的氢，就会大大节省重量，这也使得氢成为一种潜在的优质航空燃料。氢的燃烧值很高，即燃烧时产生的热量很高，在空气中燃烧，温度可达 1 000 ℃；在氧气中燃烧，可达 2 800 ℃高温。氢气使用方便，现有的内燃机，稍加改进就可直接用氢作为燃料，也可通过燃料电池将氢能转变为电能。

1. 氢的储存

由于在常温常压下，H_2 的密度小，能量与体积比小，因此储存问题是一个具有挑战性的世界难题。目前氢气的储存方式主要有储气罐、高压钢瓶、液化和储氢合金材料等。

少量的氢气，比如说实验室用氢，一般采用高压钢瓶储存。而现阶段，大量储存氢一般有两种方法：一种方法是高压下将氢气液化为液氢；另一种方法是用某些金属或合金来储存氢。

氢的液化：由于氢气的沸点低，常压下为 -253 ℃，氢气要变成液体必须低于这一温度，而这一降温的操作会消耗氢气燃料三分之一的能量，令该种方法成本高。另外，储存液氢要有极好的绝热设备——托瓦瓶。液氢易逸散渗漏，一旦泄漏容易酿成严重火灾和爆炸事故。

储氢合金技术：氢有一个奇特的性质，它会与某些过渡金属（如钯等）或合金形成金属氢化物，如 1 体积胶状铑（Rh）能吸收 2 900 体积氢气。当温度升高或体系氢压强降低时，它们就放出氢。利用储氢材料储氢具有储存量高、可逆、安全等优点。

2. 氢的制备

氢在地球上主要以化合态的形式出现，有许多方法可以把氢从它的化合物中释放出来。在实验室中需要少量的氢气时，往往是用酸来制备的。需要大量的氢气时，常常会采用其他低成本的制氢技术，如，把煤、石油、天然气和水等作为原料。氢气这种清洁能源大规模应用的巨大限制之一就在于制氢的成本过高。

实验室制氢：可以用活泼金属 Na、Ca 等与 H_2O 反应制 H_2；也可以用活泼金属与酸反应制备氢气，锌和铁是最常用来同稀盐酸或硫酸溶液反应的金属。

工业制氢：目前工业上大规模制氢主要是利用化石原料，如煤、石油和天然气来制氢，但从生态环境保护和可持续发展的角度来看，消耗宝贵且储量有限的化石燃料制 H_2 毫无意义。因而，开发新的制氢技术是一项长期而具有挑战性的重要课题。

（1）煤制氢。煤制氢也称为煤炭气化制氢，该工艺由煤蒸气转化制煤气、煤气净化、煤气变换和变压吸附提纯 H_2 四部分组成。煤炭或者焦炭在高温下与水蒸气发生反应，生成主要含有 H_2、CO 和 CO_2 的煤气；煤气经降温净化后，再与水蒸气混合进行变换反应，CO 与水蒸气转化为主要含 H_2 和 CO_2 的变换气；最后，变换气通过变压吸附提纯得到高纯度的 H_2。化学反应式如下：

C（煤炭）+ $H_2O \longrightarrow$ CO + H_2

$$CO + H_2O \longrightarrow CO_2 + H_2$$

（2）天然气制氢。在高温和一定的压力及催化剂作用下，天然气中烷烃（主要是甲烷）和水蒸气发生化学反应，转化为 CO 和 H_2；转化气再经过水煤气变换成 H_2 和 CO_2；最后，经吸附分离提纯获得高纯度的 H_2。化学反应式为：

$$CH_4 + H_2O \longrightarrow CO + 3H_2$$

$$CO + H_2O \longrightarrow CO_2 + H_2$$

总反应式：$CH_4 + 2H_2O \longrightarrow CO_2 + 4H_2$

（3）水分解制氢。地球上的水资源丰富，是制氢的无尽源泉。研究新的合理的水分解制氢方法是一项一劳永逸解决能源问题的长久之计，理想的氢能源利用图如图 3-12 所示。要从水中得到作为能源使用的氢气，需要用另外的能源来交换，如电能、光能和热能等。常见的水分解制氢技术有热化学法、电解法、电催化法和光催化法等几种方式。

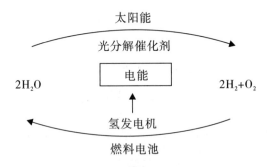

图 3-12　理想的氢能源利用图

①电解 H_2O 制氢。水（H_2O）被直流电电解生成氢气和氧气的过程被称为电解水。利用电能电解水制氢是一种常见的方法，能够将间歇的太阳能、风力发电的电能转化为可储存的氢能。电流通过水（H_2O）时，在阴极通过还原水形成氢气（H_2），在阳极则通过氧化水形成氧气（O_2）。氢气生成量大约是氧气的两倍。一般电解水用 15% KOH 水溶液作为电解质，电极反应如下：

阳极：$4OH^- - 4e^- \Longrightarrow O_2 + 2H_2O$

阴极：$4H^+ + 4e^- \Longrightarrow 2H_2$

电解反应方程式：$2H_2O \Longrightarrow 2H_2 + O_2$

②光催化分解水制氢。光解水制氢技术最早可以追溯到 1972 年，日本科

学家藤岛和本田在研究 TiO_2 半导体时，发现了光辐射下 TiO_2 单晶电极光催化分解水从而产生氢气的现象，从而开启了光催化研究的大幕。光催化分解水的原理为：当辐射在半导体上的光能量大于或相当于半导体的禁带宽度时，半导体内的电子受激发从价带跃迁到导带，而空穴则留在价带，产生电子—空穴对。光生电子具有还原性，当半导体的导带电位比氢电极电位负时，可以将水还原成氢气。

（4）生物质制氢。生物质是可再生能源，且可再生周期短，同时其中含有的碳元素来源于自然界的二氧化碳。因而，与化石燃料制氢产生的二氧化碳不同，生物质制氢伴生的二氧化碳是一个碳中性排放过程（CO_2-neutral emission），这是绿色生态的制氢工艺。

最近，西安交通大学李洋教授团队以非粮生物质，如麦秆、玉米秆、芦苇、甘蔗渣和竹屑等为原料，通过串联 160 ℃ 将生物质中主要的成分纤维素和半纤维素转化为甲酸的"氧化反应"和 90 ℃ 将生物质中水解氧化反应析氢的"还原反应"两个过程，成功地采用"一锅两步法"制氢，产率高达 95%。

3.4.3 可燃冰

可燃冰的学名是天然气水合物（gas hydrates），这是天然气和水在特定的条件下所形成的一种透明的冰状结晶体，又称"气冰"和"固体瓦斯"，是一种清洁高效、使用方便的新能源。在地球上大约有 27% 的陆地是可以形成可燃冰的潜在地区。现在已经发现的可燃冰主要存在于北极地区的永久冻土区和全世界范围内的海底和海沟中。有专家预测，可燃冰至少能为人类提供 1 000 年的能源，它将有望替代煤、石油和天然气，成为"21 世纪的新能源"。

天然气水合物与天然气成分相似，且更为纯净，简单地说，它是天然气被包进水分子中，在海底的低温和高压下形成的一种像冰一样的固态晶体。从化学结构来看，天然气水合物是这样构成的：多个水分子通过氢键构成像笼子一样的多面体框架主体，笼中包含客体的天然气分子，也可以是 CO_2、N_2 和 H_2S 等小分子气体，它们被统称为"气水化合物"。不同的温度和压力条件下，形成不同的多面体框架。气水化合物的化学成分不稳定，可用 $M \cdot nH_2O$ 通式来表示。

可燃冰的能量密度高，$1\ m^3$ 可以释放出 $164\ m^3$ 的天然气，燃烧值高。可燃冰还具有清洁无污染（几乎不产生任何燃烧废弃物）、使用方便等优点，仅需降低压力就足以使天然气水合物晶体分解并释放出大量甲烷气体。

可燃冰利用需谨慎：可燃冰虽然具有非常大的应用前景，但开发利用仍然困难重重。目前主要面临勘探定位技术、开采技术、提制可燃气技术的缺乏，以及运输和低成本开发等问题。究其原因，可燃冰是高压和低温下的产物，如果在开采、运输和使用过程中，不能保证足够的高压和低温，可燃冰会迅速融化并转变为水和甲烷。如果不能及时对甲烷进行很好的收集和利用，大量的甲烷将直接进入大气。而甲烷的温室效应作用是二氧化碳的 20 多倍，可燃冰矿藏的微小破坏，都有可能导致甲烷气体的大量泄漏，从而引发地球环境的灾难。另外，可燃冰的开采利用还有可能对海洋生物，尤其是鱼类资源的生长造成威胁，以及对海上航行安全造成威胁等。

3.4.4　氨

相信一提到新能源和清洁能源，人们立刻就会想到氢能、太阳能和风能等，很少会有人将清洁能源与氨联系在一起，氨给人的印象除了农业化肥之外，可能就是令人恶心的气味和对人体有毒了。

可用加压液化的方法使氢气液化，而氢的临界温度是 $-239.96\ ℃$，高于此临界温度，无论加多高的压力，氢气也不会变成液体。与此不同的是，氨的临界温度是 $132.4\ ℃$，临界压力为 $11.2\ MPa$，加一点压力就可以在 $-10\ ℃$ 时使氨液化，能量损失不多，还很安全，便于储存和运输。除此之外，液态氨的体积能量密度几乎是液态氢的 2 倍，相同体积的容器可以储存更多能量。制造业巨头西门子的能源储存研究人员蒂姆·休斯（Tim Hughes）说："氨易于存储、运输、使用，可以容易地变成氮气和氢气。从很多方面来说，氨都是理想的能量来源。"

真正的问题，在于如何廉价、高效、绿色地制备氨。

2018 年瑟维斯（Robert F. Service）在 *Science* 上发表评论文章，认为可以将可再生能源技术和"氨经济"（ammonia economy）结合起来，这是解决未来能源问题的一个发展方向。世界能源"无碳"化代表了燃料未来的发展方向。这一技术中合成氨所需要的能量由目前蓬勃发展的可再生能源——风能和太阳能等提供，而氮和氢的来源是空气和水，氢由电解水产生。采用这一技术可以将通常位置偏远的风能与太阳能发电厂通过氨这一"清洁无碳燃料"与城市连接起来。

氨气的制备原料是氮气和氢气，而地球大气中含有将近80%的氮气，氢气来源也极为丰富，合成氨应该是易如反掌的。但事实并非如此，由于氮气中稳定的 N≡N 三键很难打开，合成氨的第一个工业化工艺——哈伯法的开发历程可谓是历经千辛万苦。一百多年前，在尝试了数千种催化剂和上万次实验后，此方法才最终得以实现。该方法是人类历史上工业化的第一个加压催化过程，是催化工艺发展史上的一个里程碑。

合成氨引发了人类肥料生产方式的变革，迄今为止，绝大多数氨被用作肥料来促进粮食增产，以养活当今世界爆炸式增长的人口。哈伯法合成氨引发了现代农业的革命，使人类的农业生产力达到了前所未有的水平，但这个反应本身并不绿色。由于哈伯法的反应条件苛刻，需要高温和高压，工业合成氨目前消耗了全球大约2%的能源，产生了全球大约1%的 CO_2 排放。尽管氨工业已经实现和新型煤化工、制氢技术等工业技术联产，然而并未改变其高耗能的现状。有没有更好的方法制备氨呢？化学家们一直在寻找这样的方法。

最近，合成氨的研究出现了一些可喜的成果。科学家利用反向燃料电池（reverse fuel cell）技术可以在温和的反应条件下，将电解水产氢与氮氢反应制氨两个过程合并。整个反应需要的原料仅仅是空气和水，水在阳极发生氧化反应生成氧气和氢离子（H^+），氢离子在电场作用下迁移到阴极；氮气在阴极得电子，并和氢离子结合形成氨。利用反向燃料电池可以成功地将电能转化为氨的化学能储存起来，而电能可以由风能和太阳能等可再生能源发电提供。

2017 年，澳大利亚的麦克法兰团队使用具有高 N_2 溶解度的离子液体作为电解质，常规条件下在纳米结构铁催化剂上的 N_2 电还原制氨反应实现了高达60%的转换效率。此外，CSIRO 能源公司的科学家在"膜反应器"合成氨方面也获得了可喜的进展。他们在一定温度和压力下电解水制氢，并在钯基催化剂作用下于膜反应器内与空气中的氮气反应制氨。

除了以上两种方法外，世界各国的科学家还开发出许许多多的合成氨新技术，但与哈伯法相比，目前无论是在合成效率，还是在合成成本上仍然存在不小的差距。但是相信在科学家们的不断努力下，就像哈伯在一百多年前突破合成氨的巨大屏障一样，在未来某一天他们能够成功发明出新的可持续绿色合成氨技术。那时候，燃料将不再与石油、天然气等化石燃料和温室气体及空气污染等相联系，取而代之的是太阳、空气和大海。

澳大利亚可再生氢能源公司（HRA）董事长库珀（Brett Cooper）描述了

他对可再生氨的美好愿景：30 年后澳大利亚海岸超级油轮星罗棋布，然而它们不会装载石油。船上的设备将利用源于风能和太阳能的电力淡化海水，并将淡水分解以生产氢气。反向燃料电池将氮气和氢气结合制氨，并装载到油轮的燃料箱——"所有能源和物质均来自太阳、空气和大海"。

4 化学与材料

世间最大的快乐，莫过于发现世人从未见过的新物质。

——卡尔·威廉·舍勒

材料是人类赖以生存和发展的物质基础，是人类进步的重要里程碑。人类文明的发展和人类社会的每一次改革都与材料息息相关，从石器时代到当今的信息化时代，材料遍布于世界的各个角落。从史前、古代、近代到现代文明，人类逐渐地突破身体条件的限制，告别原始的蛮荒阶段，逐步走向高度物质文明和生产力水平大幅提高的社会，其中化学发挥了不可替代的作用。大约在七万年前，我们人类的祖先智人成功地掌握了火，这是人类进化史中非常大的一个突破，因为地球上的其他物种并不具备这一能力。火的利用可以说是人类化学的开端，有了火，人类就能够从岩石和泥土中"创造出"新的材料。可以说，人类早期的材料化学史就是利用和控制火的历史。化学与其他科学结合，使得人类在漫长的文明发展进程中，持续不断地成功开发出数不胜数的一代代新材料，从青铜、陶瓷、铁、钢、钛合金、合成纤维到单晶硅和光导纤维等。据统计，截至1984年，全世界化学物质的种类总数已经达到900万种，其中约有43%为材料。材料和人类文明密切相关，一个时代标志性的材料决定了其生产力水平和物质文明水平。一种新材料的问世，往往代表着一批新技术产业的崛起。新材料是高新技术的重要组成部分，与信息、生命和能源并称为现代文明和社会发展的四大支柱。不敢想象如果没有了硅材料和三大合成材料（塑料、合成橡胶和合成纤维），离开了智能手机和移动互联网，习惯了高度信息化、网络化和智能化的现代人该如何生存？

4.1　材料与人类文明

材料是人类文明的重要标志，判定人类是否进入文明社会的三大标志之一——金属工具是否出现。历史学家往往用制作工具的原材料作为历史划分的标志。丹麦考古学家就提出用三时代系统来划分年代，即石器时代、青铜时代与铁器时代。每一种代表性新材料的出现，都是人类文明史上的一次重大飞跃，都会把人类支配和改造自然的能力提高到一个新的水平，从而推动社会生产力水平和物质文明水平不断提高。例如：青铜和铁器时代出现了青铜器、铁器、纸张和玻璃等材料，这些材料的出现促使了人类从蛮荒蒙昧跨入文明门槛。如今我们所处的信息时代，其核心技术是计算机，正是计算机微型化、高速化、网络化和智能化的发展，才能使人们的生活变得如此快捷方便。例如：跨国公司总部可以通过手机等移动通信设备方便快捷地与世界各地的分部进行实时视频会议，而无需与会人员遭受舟车劳顿之苦。而计算机的发展也离不开材料的发展，特别是芯片材料——决定了计算机的运算速度和尺寸。1946 年，美国制造出人类历史上第一台电子计算机——埃尼阿克（ENIAC）。它由18 000多个电子管组成，总重量高达 30 多吨，占地数百平方米，是一台又大又笨的巨无霸。而之后计算机相继使用晶体管、集成电路、半导体作为存储器，使得计算机变得越来越小，运算速度也越来越快。2017 年，人工智能阿尔法狗以 3∶0 横扫世界围棋第一人柯洁，不得不说材料的发展极大地推动了人类文明的进步。

4.1.1　石器时代

石器时代大约始于距今 200 万至 300 万年、止于距今 4 000 至 6 000 年，分旧石器时代和新石器时代。这是一个极其漫长的时代，我们的祖先开始走出蒙昧，从最初旧石器时代制造粗糙的工具到大约一万年前开始使用磨制石器（新石器时代），从原始采集狩猎到农耕和畜牧，表明人类社会已由依赖自然的采集渔猎经济跃进到改造自然的生产经济。由于这一阶段主要采用石质工具，社会生产力水平和物质文明水平都不高。

在石器时代之后和青铜时代之前有一段过渡的时期——红铜时代，又称

"铜石并用时代"，其间以红铜的使用为标志。因为红铜质地偏软，并不适合制造劳动生产工具，所以红铜时代的人类仍以使用石器为主。在这一时期，我们的祖先已经掌握了火的控制和利用技术，学会了用熔炼的方法从矿石中提炼金属，由于铜的熔点比金银都低，铜是我们的祖先通过冶炼获得的第一种金属。

4.1.2 青铜时代

青铜时代是人类开始利用金属的第一个时代，从某种意义上来说，这也是人类真正进入文明社会的开始。在使用青铜之前，古人也使用纯铜等其他金属。但在掌握了青铜熔炼技术之后，人们开始对这种金属情有独钟，因为，与纯铜相比，青铜硬度高、更具耐久性和耐腐蚀性。世界各个地区进入青铜时代的时间先后不一，希腊和埃及大约始于公元前3000年，而中国大约始于公元前1800年。古人发现在铜里加入其他金属，尤其是加入一些锡，可以冶炼出性能更加优良的铜合金。新鲜冶炼出的铜锡合金为棕色，但为什么用这种合金铸造出的器皿会被我们现代人称为青铜器，而不是"棕铜器"呢？原因是它们铸造年代久远，待后人将其发掘出土时，它们已经生锈而变成绿色，故名"青铜"。无论是从加工还是使用情况来看，青铜的性能都远超石器时代的主导材料——易碎的石头，因而青铜迅速在社会生活的各个方面取代了之前的石头、木头等天然材料。在这一时代，掌握了青铜冶炼技术的文明开始超越其他的原始文明。世界范围内古巴比伦、古埃及、古印度和中国四大文明古国相继诞生。而现公认的世界最早的文明当属美索不达米亚文明，该文明发源于底格里斯河和幼发拉底河之间的两河流域的苏美尔地区，又称"两河文明"。约5 000年前，苏美尔人就已经掌握了青铜冶炼技术。古希腊时期和古罗马时期的铜主要来自地中海的一个小岛——塞浦路斯。铜的英文名"copper"就是因塞浦路斯"Cyprus"而得名。

中国的青铜文化起源于黄河流域，始于公元前21世纪，止于公元前5世纪，也就是文献记载的夏、商、西周至春秋时期。传世和近年出土的大量青铜器表明，早在夏商时期，我国古人就已经掌握了青铜的冶炼和青铜器的铸造技术。我们的祖先很早就掌握了用孔雀石［主要成分是 $Cu_2(OH)_2CO_3$］和木炭一起加热进行火法炼铜的工艺，有关的化学方程式如下：

$$Cu_2(OH)_2CO_3 \xrightarrow{\triangle} 2CuO + H_2O + CO_2 \uparrow$$

$$C + 2CuO \xrightarrow{\triangle} 2Cu + CO_2 \uparrow$$

编纂于春秋至战国时期的《周礼·考工记》记述了齐国官营手工业各个工种的设计规范和制作工艺。《周礼·考工记》虽然仅仅 7 000 余字,但其中详细说明了铜锡比例不同对青铜性能的影响,表明我国古代已经能够通过准确控制铜、锡的配比来冶炼性能不同的青铜合金,用以制造不同用途的器具。《周礼·考工记》中记载:"金有六齐。六分其金而锡居一,谓之钟鼎之齐。五分其金而锡居一,谓之斧斤之齐。四分其金而锡居一,谓之戈戟之齐。三分其金而锡居一,谓之大刃之齐。五分其金而锡居二,谓之削杀矢之齐。金、锡半,谓之鉴燧之齐。"我国著名的青铜器"后母戊鼎"是世间罕见的文物,由 3 000 多年前商朝商王祖庚或祖甲为祭祀其母戊所制。此鼎形制雄伟,重达 832.84 kg,高 133 cm、口长 110 cm、口宽 79 cm,是迄今为止出土的最大最重的青铜器。而河南偃师的二里头文化出土的青铜器,根据碳 – 14 测定,年代处于公元前 1900—前 1500 年,大约相当于文献记载的夏商时期。现代元素分析结果表明:后母戊鼎中铜占 84.77%,锡占 11.64%,铅占 2.79%,这与《周礼·考工记》中记载的"五分其金而锡居一"基本吻合,充分说明了《周礼·考工记》中记载的青铜中铜锡比例与用途之间的真实性和科学性,表明春秋战国时期我国的青铜冶炼技术已经达到了非常高的水平。

4.1.3 铁器时代

铁器时代是人类发展史中一个极为重要的时代,是三时代系统的最后一个时代。铁器时代大约始于公元前 1400 年,止于 19 世纪。

地球上的铁元素极为丰富,在地壳中铁元素的丰度位列第 4,而铜元素的丰度则排到第 26,但是铁器时代为何姗姗来迟呢?主要原因有三:一是铁元素化学性质活泼,容易被氧化,因此地球表面上的铁大多数以氧化铁和铁盐的形态存在;二是铁的熔点(1 538 ℃)比铜(1 085 ℃)高 400 多摄氏度,古人在没有掌握高炉技术之前,仅靠加热铁矿石和木炭很难达到这一温度;三是地球上的单质铁极为罕见,基本都是天外来客——铁陨石(陨铁)。虽然我们的祖先早在铁器时代之前就已经开始使用铁,但其使用并不普及,因为那个时代从天而降的陨石是神秘而又珍贵的东西,甚至比黄金还要珍贵。故而铁器的使用还仅限于特别的用途,如贵族的饰物、巫术的法器和神殿的法器等。

据文献报道,世界上最早的铁制品是一件距今 5 000 年以上的埃及铁珠饰品，该饰品 1911 年出土于埃及开罗南部一处墓穴，现藏于伦敦大学学院博物馆。经分析后发现铁珠成分以铁镍合金为主，还含有少量钴和磷等，证明其来源于陨石。大家都知道，陨石的主要成分就是铁和镍。在我国，1977 年北京市平谷县出土了一件商代的铁刃铜钺，经分析发现其刃部的铁并非人工冶炼，而是陨铁锻造而成的。

铁器时代取代青铜时代，容易让人产生某种误解——认为铁一定具有比铜更优异的性质。事实上，上好的青铜器的硬度比铁更高，耐腐蚀性也更优。但青铜的冶炼有一个致命的缺陷——就是铜矿和锡矿往往不在同一地点共生，这意味着青铜的冶炼需要矿石贸易。公元前 1300 年，地中海和中东地区连年战乱，人口四处迁徙，打乱了各地区之间的金属贸易，青铜冶炼失去了赖以生存的基础。

由于铁比铜活泼且熔点更高，因此炼铁的难度远大于炼铜。古人在冶炼青铜的基础上，逐渐开发并掌握了炼铁技术，主要是需要借助风力。铁器的使用渐渐得到普及，铁器时代就到来了。

世界上最早掌握炼铁技术的要算中亚的赫梯人，他们学习、革新并提高了源自美索不达米亚的冶炼技术和马车技术，建立起强大的赫梯王国。早在 4 000年前，赫梯人就掌握了从矿石中提炼铁和制作铁器的技术。但赫梯帝国的历任君主都对炼铁技术严格管控，就像现在核大国防止核武器技术扩散一样。制铁工匠受到严格管制，铁器生产的规模也受到严格限制。转折点出现在赫梯帝国灭亡之时，帝国的轰然倒塌解放了炼铁工匠，从此炼铁技术四处传播开来，西方世界的青铜时代开始摇摇欲坠，人类逐渐进入铁器时代。

最早的炼铁炉比较简单，就是一个耐火砖围起来的窑炉。铁矿石和木炭就放在其中加热，但炉温不够高，尽管还没有达到铁的熔点，但这一温度已经足够木炭还原铁矿石了。采用这一技术炼出的铁是生铁块，西方称为猪铁（pig iron），含碳量较高，大于 3.5%。由于这种铁杂质含量高、硬而脆，且易锈蚀，因而难以直接使用。此后世界各地都对炼铁工艺进行了革新。公元前 6 世纪，印度泰米尔人采用特殊的鼓风方法，以磁铁矿为原料炼制出了比生铁硬且特别适合制造武器的超高碳钢（含碳量为 1.5% ~2%），历史上称为"乌兹钢（wootz）"，因出产于印度，故也被称作"印度铁"。印度在公元 300 年左右锻造出"德里铁柱"，高 7.2 米，重达 6 吨，现耸立于距离印度首都新德里 15 千米处的库都布高塔。令科学家疑惑不解的是，铁柱已有 1 600 年历史，但至今铁柱通体仍找不到一块锈迹。更令人奇怪的是,如果印度人当时已经具有如此高超的炼铁技术,为什么除此之外再没有留下其他不生锈的传世铁器?

在欧洲,能够生产出的最好的铁当属制造维京之剑的材料——"维京钢",且这一记录一直保持到工业革命之前。维京人在与亚洲贸易时,很可能借鉴了印度乌兹钢的冶炼工艺,高炉设计上充分利用当地季风资源,形成维京钢特有的制造工艺。

在中国汉代,炼铁工匠发明了最早的炼铁高炉——黏土砌成的又高又厚的密闭空间,可以获得较高的炉温。生产实践中,制铁工匠们还发现了炉温对铁性能的影响,炉温过高炼出的铁更脆,缺乏韧性。当时的人并不知道这背后的科学原理,现在我们知道是因为炉温过高导致过多的碳溶解到铁水之中,造成生铁的含碳量过高。为了解决生铁硬脆和韧性差的问题,工匠通过革新高炉设计,控制矿石和碳的比例、通风等条件,从而可以有效地控制炉温,生产出更纯的铁——熟铁,其含碳量低于 0.05%。熟铁质地软、延展性好,虽然不适合制作古代兵器,但是可以被打造成各种形状,如铁片、铁丝和铁板,还有一个重要的用途就是可以同生铁一起炼钢。汉代还发明了炒钢法,以生铁为原料,既可炒炼出纯净的熟铁,又可经锻打渗碳成钢,有控制地把生铁炒到需要的含碳量,生产出适用的高碳钢或中碳钢。中国目前仅西汉和东汉时期的炼铁和制造铁器的遗址就已经发现了 30 余处,地点遍及今河南、陕西、山西、河北、山东、江苏和内蒙古等省和自治区。其中 1975 年发现的河南省古荥镇的汉代炼铁遗址,场地面积达 120 000 m^2,有两座并列的高炉炉基,高炉容积约 50 m^3。这充分表明中国古代的炼铁工坊已经达到相当大的规模和拥有相当高的技术水平。

人类从青铜时代进入铁器时代,材料只是由金属铜到金属铁的"一小步",却是人类文明史的一次划时代的巨大飞跃。究其原因,铜的冶炼虽然比炼铁容易很多,但地球上铜的储量远远低于铁,铜矿和锡矿的资源极为匮乏,有限的资源掌握在少数帝国统治者手中,青铜器的应用在民间并不普及,贫穷落后的民族也只能"望铜兴叹"。与此不同的是,地球表面铁的丰度排列第4,铁矿几乎随处可见,在解决了冶炼难题之后,铁变得价廉易得,颇为亲民。铁器的应用迅速扩散到人类社会的各个领域并发挥越来越重要的作用。

铁器时代的 3 000 多年间,世界各地都逐渐掌握了炼铁的技术,但在相当长时间里,炼铁炼钢技术仅仅由少数炼铁工匠掌握。此时的炼铁炼钢技术与其说是科学，还不如说是"艺术"，这一方面源于工匠对自己技术的严格保密，技艺传承主要靠师傅言传身教；另一方面是缺乏大范围学术讨论和技术交流的平台以及交流的驱动力，这造成炼铁技术进展缓慢。

化学的科学化成功地解决了这一难题。

在化学成为一门科学之前，人类在几千年的生产生活实践中，特别是金属冶炼和药物制造中，积累了极为丰富的化学知识。不过在当时这些化学知识是零乱化和碎片化的，尤其是理论的缺乏。英国科学家波义耳是将化学确立为科学的第一人。1654年，波义耳迁居牛津，在这里完成了那本使他名声大噪的《怀疑派化学家》一书。这本书以对话的体裁，写四位哲学家在一起争论问题，他们分别为怀疑派化学家、逍遥派化学家、医药化学家和哲学家。书中波义耳称化学"绝不是医学或药学的婢女，也不应甘当工艺和冶金的奴仆，化学本身作为自然科学中的一个独立部分，是探索宇宙奥秘的一个方面"。

化学的科学化极大地促进了钢铁冶炼技术的发展。1722年，法国人德罗米在分析了各种钢铁的成分之后，科学地总结出决定生铁、熟铁和钢性质的主要因素是铁中含碳量的高低。含碳量超过2%的是生铁，含碳量低于0.05%的是熟铁，介于两者之间的是钢。

从此以后，钢铁的生产不再仅仅是一门"传统艺术"，还是一门真正的科学。

4.1.4 蒸汽时代和电气时代

在人类200多万年的进化过程中，人类文明的发展真正步入快车道是在蒸汽机和发电机出现后。在第一次和第二次工业革命后，人类分别进入"蒸汽时代"和"电气时代"。始于18世纪60年代的第一次工业革命和始于19世纪70年代的第二次工业革命是人类技术发展史上的两次巨大革命。蒸汽时代开创了机器代替手工工具的时代，现代工厂代替了传统手工工场，农业文明向工业文明转变。电气时代开创了电力、高效的内燃机（汽油机和柴油机）、新交通工具（汽车、内燃机车、远洋轮船和飞机等）和新通信手段（电报、电话等）应用的时代。

这一时期，科学技术的发展突飞猛进，各种新技术、新发明层出不穷，并被迅速应用于工业生产和人民生活中，大大促进了经济的发展和人民生活水平的提高。这背后离不开材料的支持，因一种技术的出现，往往伴随着新材料的问世。如，1879年爱迪生发明了电灯，让人类从此告别了黑暗，让城市的夜晚变得灯火璀璨。当时爱迪生在总结前人制造电灯失败的经验之后，先后试验了1 600多种不同耐热的材料，最后选定炭丝灯丝。在选择炭丝灯丝后，又进行了6 000多种植物纤维的炭化实验，最后才发明了竹炭灯丝灯泡。

铝的冶炼技术就是出现在这一时期。铝在地壳中的含量仅次于氧和硅，位居第3，是含量最多的金属（丰度为8.07%），铁只能排名第4（丰度为5.05%），而铜的丰度仅为0.007%。人类几千年前就已掌握了铜和铁的冶炼技术，是什么原因使得含量最多的金属铝迟迟未能被人类利用呢？

这是因为铝的化学性质很活泼，自然界中单质铝只在极罕见条件下可以存在，铝一般是以化合物的形式存在于各种岩石或矿石里，如长石、云母、高岭石和铝土矿等。由于化学性质过于活泼，铝提炼是极其困难的，采用类似铜和铁的冶炼技术，利用碳和一氧化碳等物质的还原性是不能将铝从矿石中置换出来的。

1825年，丹麦科学家奥斯特第一次提炼出金属铝，但纯度不高。他采用的方法是将钾溶解在水银里形成钾汞齐，再让钾汞齐与无水氯化铝反应得到铝。1827年，德国化学家维勒用金属钾与无水氯化铝反应而制得了铝，但存在钾的价格高昂限制了该技术应用的问题。1854年，法国化学家德维尔对此作了改进，采用价格低一些的金属钠与无水氯化铝反应也制得了铝。尽管金属钠的价格比钾低了很多，但这时的铝生产成本还远远没有达到能使人们普遍应用铝的程度。铝在19世纪是一种非常珍贵的金属，1855年，巴黎国际博览会上，展方展出了一小块铝，并将其称作"来自黏土的白银"，摆放在最珍贵的珠宝旁边。1885年，美国建成了纪念首任总统乔治·华盛顿的华盛顿纪念碑，其顶帽也是用金属铝制造的，重约2.8 kg。

历史上就流传过一个拿破仑三世与铝的故事。这位法国皇帝在举办宴会时，为了彰显出皇帝的尊贵，给客人用的都是纯金的餐具，而他自己却专用铝制餐具。

然而，在电发明之后，事情出现了转机。

1800年，意大利科学家伏打发明了世界上第一个直流电发生器——伏打电堆。伏打电堆这一"新"材料的发明，对人类文明具有极其深远的影响，它改变人类的能源利用方式，加速了电磁理论的构建，催生了各式各样的电动机，替代了燃煤的蒸汽机，极大地提高了社会生产力，推动了人类文明的进步。

1831 年，法拉第发现电磁感应现象。

1860 年，被誉为"现代电力之父"的奥拓·冯·格里克制造了第一台静电发电机。

1867 年，德国发明家韦纳·冯·西门子制造出第一台具有应用价值的发电机。

1870 年，比利时科学家格拉姆发明了电动机。

1875 年，法国巴黎建成了第一座发电厂。

电也给人类带来了全新的金属提炼方式——电解法。

1884 年，美国奥伯林学院化学系的一名青年学生霍尔受到一位教授启发，决定致力于探索廉价的炼铝方法。他在家里建立了实验室，尝试用电解熔融铝盐的方法制取铝。由于氧化铝的熔点很高（2 050 ℃），如何能够有效降低其熔点是解决问题的关键所在。一次他偶然发现冰晶石（Na_3AlF_6）的加入使氧化铝的熔点降低到 900 ℃，这是一个适宜的电解温度。这令霍尔欣喜若狂，他立即改进了实验条件进行实验。1886 年 2 月的一天，小球状的铝聚集在阴极上，霍尔的电解铝实验成功了，这一年他年仅 23 岁。无独有偶，同年晚些时候，远在大西洋彼岸法国的同龄化学家埃鲁也发明了相同的炼铝法。他们的这一发明奠定了今天大规模生产铝的基础。

采用电解法从铝土矿中提取铝，需要经过溶解矿石、过滤残渣、酸化、过滤、灼烧和电解等多个步骤。主要反应方程式如下：

$Al_2O_3 + 2NaOH \xlongequal{\quad} 2NaAlO_2$（偏铝酸钠）$+ H_2O$　（矿石溶解）

$NaAlO_2 + CO_2 + 2H_2O \xlongequal{\quad} Al(OH)_3\downarrow + NaHCO_3$（在滤液中通入过量 CO_2 酸化）

$2Al(OH)_3 \xlongequal{高温} Al_2O_3 + 3H_2O$　[过滤 $Al(OH)_3$ 并灼烧]

$2Al_2O_3 \xlongequal[Na_3AlF_6]{通电} 4Al + 3O_2\uparrow$（电解 Al_2O_3 与冰晶石熔融盐）

廉价铝提炼技术使得铝的应用迅速扩大。在第一次世界大战期间，出现了铝和铜、锰、镁等金属的合金。1930 年，飞机制造中开始应用铝合金。到如今，铝已经成为重要的轻金属材料，是仅次于钢铁的第二大金属材料，具有质量轻、易加工、耐腐蚀、导热、导电及可回收等优良性能，其应用遍及人们生产和生活的各个领域，如门窗材料、吸音和吸能材料、飞机材料等，已经成为现代高技术产业发展的关键支撑材料。统计资料显示，1995 年美国人均铝消费量高达 19.2 kg，中国为 1.5 kg，印度为 0.6 kg，而到 2012 年美国人均铝消费量为 26.6 kg，日本为 30.8 kg，德国为 31.8 kg，中国为 20.1 kg。

4.2　飞机材料的百年变迁史

材料是社会进步的物质基础和先导。飞机是人类历史上最伟大的发明之一，有人将它与电视和电脑并列为 20 世纪对人类影响最大的三大发明。我们就以飞机材料的变迁史为例，来看看新材料的发现和利用是如何提升人类支配和改造自然的能力的。飞机的制造发展史虽然只有一百多年，但在这么短的时间里面，飞机材料的更新换代呈现高频率状态。纵观人类百年飞机发展史，材料和飞机一直是在相互推动下不断得以发展和改进的。

4.2.1　木布结构时代

日行千里、翱翔天空一直是人类的梦想，这个梦想终于在一百多年前得以实现。

1903 年 12 月 17 日上午 10 时 30 分，弟弟奥维尔·莱特成功地驾驶飞机冲出跑道，飞上了蓝天，第一次飞行时间只持续了 12 秒。弟弟试飞两次之后，哥哥威尔伯·莱特登机开始试飞，这次他飞行了 59 秒，距离 260 米——这就是被载入史册的人类第一次驾机飞行的纪录。

莱特兄弟的第一次载人飞行实现了人类渴望已久的飞翔之梦，但飞行时间非常短，飞行速度也仅有 16 千米/小时。与此相比，2018 年 10 月 12 日，肯尼亚飞人基普乔格以 1 小时 59 分 40 秒完成了马拉松比赛，折合时速约 21 千米/小时。无论是速度还是持续时间，莱特兄弟的飞机均完败于人类马拉松飞人。

是什么原因导致莱特兄弟的飞机既飞不快也飞不久呢？

飞机发动机（引擎）动力不足固然是主因，但飞机制造材料也是关键性的制约因素。莱特兄弟的飞机制作采用了三种材料，木材（占比 47%）、钢（占比 35%）和布（占比 18%）。飞机主体为木布结构，大梁和机身骨架材料是木条和三夹板，木杆与层板之间用胶水或螺栓拼接，机翼材料是用涂抹过清漆的亚麻布料，以缝纫方式与翼肋构架相连接。用现代人的眼光来看，这些制造材料就是"傻大笨粗"，科技含量低，能够飞起来已属不易，想要飞得更高更快，真的是"难于上青天"啊！

4.2.2 金属结构时代

为了解决飞机的强度问题，设计师们开始考虑采用金属来替代木材制作飞机骨架和翼肋。一开始钢铁也是选择之一，最后由于密度过大而被放弃，因为减轻飞机的自重是设计师追求的目标。1906 年，德国人发明了硬铝——杜拉铝，自此，硬铝合金替代了原先制作飞机骨架和翼肋的木材。这一时期的飞机属于半金属结构，原因是硬铝合金的成本较高，因而飞机的非承力部件依然采用成本低廉的木布结构。鉴于钢的成本较硬铝合金低，因而有的飞机制造者也会选择用钢材制造飞机。

1916 年的德国信天翁 D. III 双翼战斗机——第一次世界大战的主力战机，最高时速为 187 千米/小时。这款飞机使用金属替代木材构成飞机主要结构及外壳，也就是后来业内所说的"应力蒙皮"——飞机的蒙皮用薄铝板来替代传统的亚麻布料。

1925 年以后，飞机制造中木材的比例逐渐变得越来越少，这个时期已经能够制造出全金属结构的飞机了。与半金属结构飞机相比，全金属结构飞机无论是在整体结构强度、气动外形和飞机性能方面都得到有效的提升。1929 年，美国制造了 Hall XFH 飞机，这是世界上首架铆接金属机身飞机，它在外壳上包覆了防水铝皮。20 世纪 40 年代，全金属材料飞机时速已经能够达到 600 千米/小时，这一成绩让木质结构和半金属结构的飞机望尘莫及。

4.2.3 钛合金时代

20 世纪 50 年代，钛合金问世，1954 年，美国成功研制第一个实用的钛合金——Ti – 6Al – 4V 合金。由于钛合金具有强度高、密度小、耐热性好、机械性能好、韧性强等优点，很快就被用于飞机制造。这一时期人类的飞行进入了超音速时代（声音的速度大约为 1 126 千米/小时），飞机蒙皮的温度会随着飞行速度的增加而快速上升，铝合金显然不能胜任这一要求。1945 年，美国开始启动 X – 1 项目，1952 年，制造了世界上最早采用钛合金的一款飞机——X – 3"短剑"试验机。该飞机采用 2 部 XJ34 – WE – 17 发动机，设计速度为 2 倍音速，但由于发动机的推力不足，飞机试飞期间勉强只能在 1 倍音速飞行。

尽管如此，这款试验机仍是应用钛合金和飞机轮胎技术的先行者。

20世纪60年代，美国洛克希德·马丁公司（Lockheed Martin）的臭鼬工厂研制生产了一款喷气式远程高空高速战略侦察机——SR-71侦察机，绰号"黑鸟"（Blackbird）。该飞机采用了大量当时的先进技术和材料，钛合金结构、涡喷/冲压变循环发动机、雷达吸波材料、内倾的双垂尾等。该飞机可在3万米高空3倍音速巡航。

4.2.4 复合材料时代

随着材料科学的进步，20世纪70年代开始，出现了新一代航空材料——复合材料。

什么是复合材料呢？

复合材料是指由两种或两种以上具有不同性质的组分经过特定的复合工艺后形成的含有两相或多相结构的材料。复合材料中尽管各组分性能有差异，作用也不同，但它们之间可以取长补短和相互协同，因而复合后材料的综合性能远远优于各个组成材料。

第一代复合材料是玻璃纤维增强塑料，俗称玻璃钢。在此之后，陆续开发出碳纤维、石墨纤维、硼纤维、芳纶纤维、碳化硅纤维等高强度和高模量纤维。这些纤维能与合成树脂、碳、石墨、陶瓷、橡胶等非金属基体或铝、镁、钛等金属基体复合，构成各式各样特色不一的复合材料。航空复合材料主要有碳纤维复合材料、陶瓷基复合材料和树脂基复合材料三大类。复合材料具有比强度高、刚度大、质量轻，以及抗疲劳、减振、耐高温等一系列优点。例如，高模量碳纤维复合材料的比强度为钢的5倍、铝合金的4倍、钛合金的3.5倍，其比模量为钢、铝、钛的4倍甚至更高。因此，复合材料从众多航空材料中脱颖而出。

复合材料最初主要用于军用飞机，这是为了满足战斗机的高巡航速度、高度机动性、长巡航时间、大载弹量和隐身等需求。1969年开始研制的美国第四代超音速喷气式战斗机——麦道F-15"鹰"，就在机尾使用了硼纤维复合材料，后由于硼纤维过于昂贵，在后续的AV-8B、F/A-18和B-2等机型中改用了碳纤维复合材料。1990年美国研制出第四代歼击机F-22，其树脂基复合材料用量达25%。1991年法国和德国合作研制的PAH-2 Tiger式武装直升机中复合材料用量占机身结构质量的45%。美国最新研制的轻型侦察攻击直升机 RAH－66，其复合材料用量更是高达机身结构质量的 51% 左右。

复合材料在民用飞机上大量应用的时间相对较晚，原因是民用飞机的目的是载客运营，安全性和经济性是第一考量因素，新材料的应用相对较为谨慎。

欧洲空中客车工业公司 1969 年开始研制 A300，1974 年开始交付使用，2007 年停产。在 A300 系列客机运营的三十多年中，复合材料的应用比例逐年增长，从最初的 3% 增长到 20%。1985 年，空中客车工业公司率先用碳纤维复合材料制造了 A310 客机的尾翼。2006 年，空中客车工业公司开始研制新一代双发远程宽体客机——A350。该机型的特点是整架飞机的制造材料中约有60% 采用先进材料，特别是复合材料，其中复合材料占 39%，铝—锂合金占23%，钢铁占 14%，铝占 11%，钛占 9%，其余的为其他物料。一系列先进材料的应用使得飞机重量减少了 8 000 kg。2013 年，空中客车工业公司研制的由 A350 改名而来的新客机 A350XWB 完成首飞，该机型中复合材料占比更是高达 52%。

美国波音公司生产的民用飞机中复合材料的比例也是逐年增长。从最初在 B－757 中的用量 1 429 kg 增加到 B－777 的 9 900 kg。2009 年 12 月 15 日，"梦幻客机"（Dreamliner）——波音 787 在西雅图成功首飞（见图 4－1）。这是航空史上首架超远程中型客机，也是全球首款大量使用航空复合材料制造的喷气式客机。波音 787 最大的特点就是大量采用先进复合材料，机体结构一半以上都使用更轻和更坚固的复合材料来替代铝合金，因而被称为"梦幻客机"。波音 787 使用的材料按重量计复合材料占比 61%，铝合金占比 20%，钛合金占比 11%，钢占比 8%，而在此之前的商业飞机中，复合材料的应用比例一般只有 20%。波音 787 是商业飞机制造史上一次革命性的跨越。

波音 787 等新一代复合材料飞机实现的性能提升，并不仅仅是依靠低密度材料减重得来的。实际上复合材料在工艺、结构力学设计上，都有着传统金属材料所无法比拟的优势。

飞机百年的发展历程，完成

图 4－1 波音 "梦幻客机"

了制造材料由木布材料到复合材料的转变，飞行速度由"蜗牛漫步"跨越到超音速时代。材料进步一小步，人类文明进步一大步。

4.3　神奇的炭材料家族

碳是地球上非常特殊的一个元素，是元素界无可争议的"C 位担当"。碳在地球上含量不算太多，仅占地壳中元素总重量的4‰，但是其足迹在地球上却无处不在。碳元素是生命的核心元素，是自然界与人类关系最密切的元素之一，人体中碳元素的含量约占总质量的18%。碳也是人类接触和认识最早的元素之一，闪电导致森林大火后烧焦的木材和动物的骨炭可能就是人类与碳的"初接触"。

碳元素在元素周期表中排第六。碳的原子核最外层电子数为 4，电子可以有多种不同的方式形成杂化轨道，如 sp 杂化、sp^2 杂化、sp^3 杂化和 $sp^2 - sp^3$ 混合杂化等，这赋予碳原子多变的化学键成键能力（如：单键、双键和三键等），进而构成种类繁多的碳单质及化合物。从这一点看，善变的碳元素可以称得上是化学界的"百变星君"。目前仅仅碳单质的同素异形体就已经发现了数十种，如石墨、金刚石、石墨烯、无定形碳、碳纳米芽、碳纳米泡沫、蓝丝黛尔石、碳纳米管、富勒烯等。碳单质也是迄今为止人类发现的唯一一种可以从零维到三维都能够稳定存在的物质，如零维的富勒烯（足球烯 C_{60}）、一维的碳纳米管、二维的石墨烯、三维的金刚石和石墨等。

碳也是带给人类最多惊喜的元素之一。以碳元素为主要构成元素，人类建立了有机化学学科，并以此为基础开发出了塑料、合成橡胶和合成纤维三大材料。碳的新同素异形体不断问世，特别是三十多年来富勒烯、碳纳米管、石墨烯、碳量子点和石墨炔等相继被发现，为人类材料的未来发展创造出无限可能。

炭材料家族成员几乎拥有世界上所有物质所具有的性质，从最硬（金刚石）到最软（石墨），从绝热体（石墨层间）到良导热体（金刚石和石墨烯），从全吸光（石墨）到全透光（金刚石），从绝缘体（金刚石）到半导体（石墨）和良导体（碳纳米管和石墨烯）。

碳，是不是很神奇？

下面我们来看看炭材料的发展简史。

4.3.1　早期的炭材料

人类最早使用的炭材料是木炭，一种木材或木质原料经不完全燃烧，或者在隔绝空气条件下热解所得的深褐色或黑色多孔固体燃料。远在青铜器和铁器时期，我们的祖先就已经掌握了利用木炭提炼铜和铁的技术，其化学原理是 $2CuO + C \longrightarrow 2Cu + CO_2 \uparrow$ 和 $2Fe_2O_3 + 3C \longrightarrow 4Fe + 3CO_2 \uparrow$。

木炭的另外一个用途就是帮助人类抵御严寒。

19 世纪工业革命之后，随着科学技术的快速发展，烧结型炭材料和炭黑开始出现。炭黑，又名碳黑，是一种无定形碳，轻、松而极细的黑色粉末，表面积非常大，范围为 $10 \sim 3\,000\ m^2/g$，是含碳物质（煤、天然气、重油、燃料油等）在空气不足的条件下经不完全燃烧或受热分解而得的产物。炭黑的应用领域广泛，如墨的原料、橡胶工业的轮胎、塑料、化妆品等各类产品。

4.3.2　金刚石

"钻石恒久远，一颗永流传"，这句深入人心的广告语，让钻石变得既神秘又高贵。自然界很少有矿物能够像钻石那样家喻户晓，人见人爱。金刚石，就是我们常说的钻石的原身。金刚石是目前在地球上发现的众多天然存在中最坚硬的物质，也是碳的一种同素异形体。因金刚石的硬度极高，被古人常常用作切削玻璃和陶瓷等的工具，故而流传下"没有金刚钻，别揽瓷器活"这句俗话。

金刚石坚硬的原因是碳原子之间都是靠共价键相结合的，其空间结构为稳定的正四面体交替链接而成。金刚石属于原子晶体，一块金刚石是一个巨分子。与此不同的是，同为碳单质同素异形体的石墨，由于其具有层状结构，而层与层之间是以很弱的分子间作用力——范德华力相结合，因此硬度比金刚石差了好多倍。我们日常生活中常见的铅笔笔芯，就是采用石墨制造，利用了石墨的滑腻性和可塑性。

人类虽然认识和使用金刚石的历史很长，但一直对金刚石的组成一无所知。直到 1704 年，英国伟大的科学家牛顿证明了金刚石具有可燃性。此后，拉瓦锡（1792 年）和腾南脱（Smithson Tennant）（1797 年）又先后证明了金刚石和石墨是碳的同素异形体，这才弄清楚金刚石是由单质碳组成的。1799

年，法国化学家摩尔沃将一颗金刚石放入真空中加热，结果把金刚石转变成了石墨。这一发现立即引起了人们极大的兴趣，因为天然金刚石极为珍贵，其供需矛盾极为突出，蕴含巨大的商业价值。因此，能够将石墨转化为金刚石的"点石成金"术成为科学家们追求的目标。

众多追求者中法国化学家莫瓦桑是颇具争议的一位。在合成金刚石之前，莫瓦桑已是一位久负盛名的大科学家。1886年，他成功地制取了单质氟。此后，他又发明了高温电炉——莫氏电炉。莫瓦桑先是试验制取氟碳化合物，再除去氟制取金刚石，最后没有成功。后受到有机化学家和矿物学家查理·弗里德尔一个关于陨石报告的启发，莫瓦桑改变了研究思路。弗里德尔在报告中提到"陨石实际上是大铁块，它里面含有极多的金刚石晶体"。莫瓦桑如梦初醒，他令助手把铁化成铁水，再把碳投入熔融的铁水中，然后把渗有碳的熔融铁倒入冷水中，希望能够借助铁急剧冷却收缩时所产生的压力，迫使其中的碳原子能有序地排列成正四面体的大晶体。莫瓦桑和他的助手一次又一次地进行着这个实验。1893年2月6日，这是一个值得纪念的日子，莫瓦桑用酸溶解铁之后，在石墨残渣中发现了闪闪发光的晶体——金刚石，"人造金刚石成功了!"

1906年，莫瓦桑荣膺诺贝尔化学奖，与他一起竞争提名的是另一位大名鼎鼎的化学家门捷列夫——元素周期表的发明人。在瑞典皇家科学会投票中，门捷列夫以一票之差与诺贝尔奖无缘。

一年之后，莫瓦桑和门捷列夫先后离开人世。

故事到了这儿，一切都很圆满！但就在莫瓦桑去世之后，事情出现了逆转。研究者们采用莫瓦桑的方法制备金刚石，没有一个能够获得成功，大家逐渐意识到铁水凝固所产生的压力不足以令石墨转变为正四面体的金刚石。那莫瓦桑的"人造金刚石"是如何产生的呢？

人们通过各种途径试图了解事情的真相，比如直接登门找莫瓦桑遗孀了解莫氏试验的情况。后来流传的一种说法就是，莫瓦桑的实验助手厌倦了无休无止的烧铁水实验，但又无法令莫瓦桑改变心意，迫于无奈就悄悄将一颗天然金刚石混入实验中。

今天我们通过物理化学的计算可以知道，要在常温实现石墨转化为金刚石，需要10 000多个大气压的高压。如果升高温度，比如在1 200 K，需40 000大气压以上才能实现转化。而在莫瓦桑的实验过程中，铁水急剧冷却收缩的压力是不可能实现石墨到金刚石的转变的。

"点石成金"技术的关键在于高温、高压设备。1946 年，美国科学家布里奇曼荣膺诺贝尔化学奖，其得奖原因是发明了达到极高压力的装置，以及在高压物理领域内所作出的一些重要发现。

万事俱备只欠东风！现在东风吹来了！

1955 年，美国科学家霍尔等在 1 650 ℃和 95 000 个大气压下，采用石墨成功合成了金刚石。这是人类历史上第一次真正成功合成人造金刚石，这与莫瓦桑的"伪成功"相隔了整整 62 年之久。

150 多年的不断探索终于收获了丰硕成果。人类从此打开了金刚石的合成之门，各种制备方法如雨后春笋般涌现。人工合成金刚石的产量逐渐超过了天然金刚石的产量。

金刚石的制备方法主要有高温高压法（HPHT）、低压法以及水热和溶剂热法三大类。

1. 高温高压法

基于金刚石加热转变为石墨的事实，高温高压法就是这一过程的逆过程。人们通常将石墨与金属催化剂（Fe、Ni、Co 等）混合，在约 1 300 ~ 1 500 K 高温和 6 ~ 8 GPa 高压下合成金刚石。后来在不加金属催化剂的情况下，1961 年利用爆炸产生的冲击波提供高温和高压（估计压力为 30 GPa，温度约 1 500 K）得到了 10 μm 大小的金刚石。1963 年又在静压（13 GPa 压力）和 3 300 K 高温下历时数秒合成出了金刚石。

高温高压下的金刚石合成技术一般只能合成小颗粒的金刚石。合成大颗粒的金刚石主要采用晶种法，这一方法需在高温高压条件下长时间反应，存在设备要求苛刻、能耗高、生产成本昂贵和微量金属催化剂残留等缺点。

2. 低压法

最早的低压法是 20 世纪 50 年代末苏联科学院物理化学研究所和美国联合碳化物公司开发的化学气相沉积法（CVD），就是将含碳的气体，比如 CBr_4、CI_4、CCl_4、CH_4 或 CO 或简单的金属有机化合物，在 900 ~ 1 500 K 条件下通入反应器中，含碳化合物分解产生非挥发固体碳以原子态沉积衬底上形成金刚石。该法的缺点是生长速率很低（约 0.01 μm/h），且容易伴随石墨沉积。20世纪 80 年代，日本科学家濑高和松本等分别采用热丝活化技术、直流放电和微波等离子体技术，在非金刚石基体上成功合成出金刚石，使得低压气相生长金刚石薄膜技术取得了突破性的进展。

与高温高压法相比，CVD 法具有合成的金刚石纯度高和合成大型单晶金刚石容易等优点。因为 CVD 装置属于一种真空设备，规模化和大型化不存在困难。1998 年，美国卡内基地质物理实验室开始 CVD 单晶金刚石合成技术的开发，2004 年，生长出对角长 10 mm，厚 4.5 mm 的单晶金刚石，生长速度为 100 μm/h。2005 年，该实验室合成出 10 克拉的透明单晶金刚石，并且能直接生长近无色、蓝色和黄色大单晶，无需高温高压处理。

3. 水热和溶剂热法

1998 年，中国科学技术大学的钱逸泰院士和李亚栋博士以 CCl_4 为碳源，金属钠为还原剂，在 700 ℃下高压釜中成功地合成了纳米金刚石。文章同年发表在 *Science* 上，这一发现被美国化学会旗下的化学与工程新闻评价为"稻草变黄金"。

$$CCl_4 + 4Na \xrightarrow[700℃]{高压} C（金刚石）+4NaCl$$

2001 年，Yury Gogotsi 等人用 SiC 作碳源，在 1 000 ℃时合成了金刚石。

2002 年，中国科学技术大学陈乾旺教授等以二氧化碳为碳源、金属钠为还原剂，在 470 ℃、80 MPa 下合成了金刚石。该反应的化学方程式为：

$$CO_2 + 4Na \xrightarrow[470℃]{80MPa} C + 2Na_2O$$

后来该团队改用碳酸镁代替 CO_2 作碳源，成功合成出晶粒大小为 0.51 mm 的金刚石。用碱金属 Li、K 代替 Na 也同样获得了成功。

1796 年，英国科学家腾南脱通过燃烧金刚石产生了二氧化碳，二百多年后中国科学家终于成功地实现了这一过程的逆转变。

前面我们提到过，金刚石属于原子晶体，一块金刚石是一个巨分子。

那么金刚石可以是非晶态的吗？答案是肯定的。

2017 年，北京高压科学研究中心的曾徽丹研究员及其团队利用高压技术结合激光原位加热，在 1 500 ℃和 50 万个标准大气压下首次合成出完全非晶态的块状金刚石。在人们的以往认知中，块状非晶态金刚石是不可能存在的，它只存在于理论计算中。非晶态金刚石具有完全由 sp^3 杂化键合形成的三维网络结构，具有强度高、各向同性的特征。

这种新材料拥有一颗真正的"玻璃心"——内部原子被证明是高度无序的排列，类似玻璃的非晶态。因此，它同时具备金刚石和玻璃两者的优点：碳原子间都以 sp^3 键结合形成三维网络结构，使材料表现极高的强度（体弹性模量接近传统金刚石）；性质均匀各向同性，使其不再存在晶体解理面，从而有可能成为已知最高强度的玻璃态材料。

4.3.3 富勒烯

富勒烯是零维的炭材料，这是因为富勒烯分子的直径很小（如：C_{60} 分子直径仅为 0.71 nm）。1985 年 Kroto、Smalley 和 Curl 在研究星际空间的碳尘埃形成过程中，首次发现了一种由 60 个碳原子组成的截角二十面体，其中包含 20 个六元环和 12 个五元环。它们堆积在一起的方式与足球的表面结构一样，因而 C_{60} 也被称为"足球烯"。C_{60} 属于分子晶体，熔沸点低，硬度小，绝缘。

此后随着 Krätschmer 等制备出克量级的 C_{60}，全球掀起对一系列的全碳笼状分子的研究热潮，不同大小和结构的富勒烯相继问世，如 C_{70}、C_{72}、C_{76} 和 C_{84} 等。然而，大多数富勒烯异构体具有极高的反应活性，在空气中不能稳定存在。

C_{60} 开启了人们对碳元素和炭材料的广泛、深入研究的新时代，极大地推动了材料科学技术的发展。因为发现了富勒烯，克鲁托（Kroto）与斯莫利（Smalley）和柯尔（Curl）三人共享了 1996 年的诺贝尔化学奖。克鲁托同年还被授予爵位。

富勒烯作为一种新型的炭材料，在许多方面表现优异的性能，可应用于超导、太阳能电池、纳米电子器件和催化及生物等领域。30 多年来，无论是在基础研究领域还是在应用领域，富勒烯研究都取得了长足的进步，但是迄今为止，这一材料的商业化生产和应用尚未成熟。

4.3.4 碳纳米管

碳纳米管（CNT）属于一维炭材料，是由碳原子形成的管状结构分子，包括单壁碳纳米管（SWNTs）和多壁碳纳米管（MWNTs）。其直径可以从几百皮米到几十纳米，而长径比可以过万。

碳纳米管的确切发现时间存在争议。在富勒烯被发现前后，碳纳米管就可能与科学家有过"接触"，但此时并未获得足够的重视。现在大家公认的碳纳米管研究元年是 1991 年，这一年日本电子公司（NEC）的饭岛（Iijima）博士在用电弧法制备富勒烯的过程中发现了阴极上的针状物质——多壁碳纳米管，并用透射电镜证实了它的存在。随后 1993 年饭岛又发现了单壁碳纳米管。

至此，碳纳米管成为全世界的研究热点。目前，大家已通过电弧法、化学气相沉积法、激光蒸发法和低温固态热解法（LTSP）等方法实现了碳纳米管的宏量制备。

2013 年，清华大学魏飞教授研究团队成功制备出最长的碳纳米管——单根长度达半米，这也是目前所有一维纳米材料长度的最高值。

单壁碳纳米管只有一层，是由一层石墨烯沿一定角度卷曲而成的空心圆柱。碳纳米管中碳原子的杂化类型主要为 sp^2，碳原子之间的成键形式为 σ 键。由于碳纳米管的特殊结构，其具有很多优异的性能，如导电性高、导热性好、强度高等。碳纳米管可以说是迄今为止发现的力学性能最好的材料之一，有着极高的拉伸强度、杨氏模量和断裂伸长率。在 100 万个大气压作用下，碳纳米管不破裂。单壁碳纳米管的杨氏模量是钢的一百倍。20 世纪末《科学美国人》曾经提出一个伟大的梦想——建造通向月球的"太空天梯"，这听起来像是天方夜谭。然后碳纳米管的问世为这一梦想提供了物质基础，直径 1 毫米的碳纳米管绳可以承载 60 吨重量。跨越如此长的距离而不被自身重量拉断的材料，只有碳纳米管。目前，除了技术难题之外，缆绳的造价过高也是最大的制约因素，因为这种材料每克价值 500 美元，要制造一条 10 万千米长的缆绳，这将远远超过任何机构的财力。

碳纳米管的发现至今已有近 30 年，在基础研究领域和应用领域都得到了广泛、深入的研究。碳纳米管应用领域十分广泛，具有巨大的潜在商业价值。碳纳米管的高强度的特性使它可作为超细高强度纤维，也可作为其他材料的增强材料。碳纳米管也用于复合材料，如导电塑料、电磁干扰屏蔽材料及隐形材料、储氢材料、锂离子电池、催化剂载体、场发射器（平板显示器）和信息存储等的制备。

2013 年，新加坡南洋理工大学的研究人员巧妙地利用卷曲的具有网状结构的单壁碳纳米管膜结合具有优异力学性能的 H_2SO_4 – PVA 胶作为电解质和隔膜，成功研制出具有超强伸缩性、高集成度的超级电容器的储能装置。2018 年，富士康旗下的天津富纳源创科技有限公司通过与清华大学团队的产学研结合，成功实现了全球首个碳纳米管触控屏产业化。目前已生产碳纳米管触控屏

700 万片，月产规模达到 150 万片，成功地为华为、酷派、中兴等手机提供配套材料。

4.3.5　石墨烯

石墨烯属于二维炭材料。石墨烯离我们其实并不遥远，我们日常生活中接触的石墨用品，例如铅笔芯，就是石墨烯潜在的宝库。我们知道，在石墨晶体中，同层的碳原子以 sp^2 杂化形成共价键，每一个碳原子以三个共价键与另外三个碳原子相连。而石墨晶体中层与层之间结合依靠分子间作用力——范德华力。层与层之间距离较大，约 340 pm。石墨烯可以看作一个无限大的芳香族分子，平面多环芳烃的极限情况就是石墨烯。从石墨烯上可以"裁"出不同形状的层片，进一步团聚成零维的富勒烯，卷曲成一维的碳纳米管，堆叠成三维的石墨。用一个形象的比喻来说明，如果石墨是一本书，石墨烯就是一张纸。石墨烯的制备过程，某种意义上也可以说是将厚厚的"一本书"拆分为一张张"纸"的过程。而世界上第一次石墨烯的制备还真是利用了类似的过程。然而，这第一次并不顺利，之前也经历了诸多波折。

美国得克萨斯大学奥斯丁分校的罗德尼·鲁夫曾尝试将石墨在硅片上摩擦，并深信这个简单的方法可以获得单层石墨烯，但可惜他们没有对产物的厚度做进一步的检测。

安德烈·盖姆（Andre Geim）最初给了他的博士生姜达一块厚约几毫米的人造石墨，并建议他用一台抛光机来打磨它。但是经过了几个月的实验，姜达获得的样品仍然太厚，估计有 10 μm。抛光机的实验失败了。事情的转机出现在盖姆与老乡的一次闲聊，从胶带清洁扫描隧道显微镜（STM）用石墨样品表面得到启发，他改变了石墨烯的制备思路。

2004 年，盖姆和诺沃消洛夫用胶带在石墨薄片粘揭的方法，首次成功地获得了近乎完美的单层石墨烯，还观察到了部分特殊的电学性质。

从 1991 年发现碳纳米管至 2011 年的 20 年间，在 *Nature* 和 *Science* 上发表的相关文章有 200 多篇。而石墨烯，从 2004 年发现到 2011 年的短短七年间，在 *Nature* 和 *Science* 上发表的相关文章就已有 70 多篇，其研究热度由此可见一斑，其优异的光学、电学、力学、热学性质促使研究人员不断对其深入研究。石墨烯具有一系列近乎神奇的性质：在力学上，它有强大的强度和弹性；在电学上，它是目前已知室温下电阻率最低的材料；在热学上，它沿平面方向的优秀热导能力有望被应用到热电器件中……

盖姆和诺沃消洛夫也因为发现石墨烯斩获了 2010 年诺贝尔物理学奖。

石墨烯的制备方法基本上可以分为化学法和物理法，也可以分为"自下而上"（bottom-up）和"自上而下"（top-down）的方法，主要有：机械剥离法、外延生长法、化学气相沉积法、化学剥离法和化学合成法等。

随着研究人员的不断深入研究，各种新的制备方法不断涌现。2015 年，郑州大学许群教授团队通过超临界二氧化碳构筑乳液微环境，依据表面活性剂由正向胶束转变成反向胶束，在水相条件下采用一步法成功制备了单层及少层石墨烯。南开大学的刘智波教授和田建国教授通过机械剥离对大面积单晶单层石墨烯进行"切割"—"旋转"—"堆叠"，完成转角双层和三层石墨烯的制备。转角石墨烯具有与单层石墨烯和普通双层石墨烯不同的电学和光学性质，而且可以通过改变层与层之间的旋转角度对它的性质进行调控。

近年来，科学家们更是玩起了石墨烯的"花式制备法"，豆油、饼干、鸡骨头、牛粪、蚂蚱腿、面包、椰子壳、土豆皮、布料、纸张等都成为石墨烯的前驱物。这其中的代表人物是美国莱斯大学的詹姆斯·托尔（James M. Tour）和他实验室的小伙伴们。2014 年，托尔课题组就开始了采用激光诱导方法制备石墨烯（laser-induced graphene，LIG）的工作，最早采用的碳源是聚酰亚胺薄片，制备条件也比较苛刻（需要惰性气体保护）。随后，他们把目光转向木头，获得了成功。研究后发现是木头中含有的木质纤维素所致的。研究者们灵光一现，富含木质纤维素的面包、椰子壳、土豆皮、布料、纸张等随即都成为实验的碳源。这次他们同样获得了巨大的成功。就像托尔教授的博士 Yieu Chyan 所说的："现在我们已经可以把所有材料直接放在空气中，室温下就可完成，不再需要惰性气体保护。"

2020 年，托尔教授课题组再次给人们带来惊喜，在 *Nature* 上报道了可以制备克级规模高品质石墨烯的新方法——闪速焦耳加热（flash Joule heating，FJH）。该工作是托尔课题组的研究生 Duy Luong 受到 2018 年的一篇 *Science* 封面文章"碳热震荡法（carbothermal shock）"策略的启发，从而萌生了能否将此方法在石墨烯制备中复制的想法。他们在石英或陶瓷样品管中放入炭黑，利用电容器组实现高压放电，在 100 毫秒的时间内就可以加热到 3 000 K 以上的温度，成功将炭黑转变为石墨烯，制备 1 克石墨烯的时间只需要 1 秒。当然，托尔课题组不会放弃他们石墨烯的"花式制备"传统，头发、木质素、蔗糖、橄榄油、烟灰、卷心菜、椰子、土豆皮、橡胶轮胎和混合废弃塑料等原料，都成为他们实验的碳源。

这些花式制备石墨烯的工作中充分体现了托尔教授的一个理念：任何物质，只要碳含量合适，都可用于制备石墨烯。

4.3.6 石墨炔

2010 年，炭材料家族再添新丁——石墨炔。1968 年，著名理论家 Baughman 通过计算认为由 sp 和 sp^2 杂化碳形成的石墨炔结构可以稳定存在，国际上著名的功能分子和高分子研究组都开始了相关的研究，但是并没有获得成功。

直到 2010 年，中科院化学所李玉良院士团队在铜箔表面通过六炔基苯的化学原位生长首次成功合成了大面积碳的新同素异形体——石墨炔。在结构上，它是目前唯一一类通过化学法合成的，同时含有 sp 和 sp^2 两种杂化形式碳的二维平面全碳材料。石墨炔特殊的电子结构和孔洞结构使其在光电、电子、能源及催化等领域具有重要的潜在应用价值。

4.4　日新月异的仿生材料

人类在地球上出现的时间很短，只有几百万年，有目的地制造材料和工具的时间就更短。而地球上的生命进化已经历了几十亿年，许多生物在漫长的进化（或者说是演化）过程中，其结构和功能都达到了非常理想和科学的甚至可以说是完美的境界。

严复先生 1898 年翻译的《天演论》中就有"物竞天择，适者生存，世道必进，后胜于今"的思想。自然界的生命正是在自然环境这个严格的考官面前，通过几十亿年的进化，其组成材料的组织结构与性能得到了持续优化与提高，从而利用简单的矿物与有机质等原材料很好地满足了复杂的力学与功能需求，使得生物体达到了对其生存环境的最佳适应。如，海鳗的发电器瞬间可以发出 800 伏的电压，足以电死一头大象，但是它的发电器不是金属等导电器材，而是蛋白质的分子集合体。深海里有一种软体动物，其身体无疑也由细胞材料所构成，但是可承受很高的海水压力而自由地生存着。再如，能够跳动几十年、上百年都不停止的人类心脏，几乎不发热量的冷血昆虫等，从材料化学的观点来看，仅仅利用极少的几种高分子材料所制造的从细胞到纤维直至各种器官能够发挥如此多种多样的功能，简直不可思议。这些例子说明，许多生物体的某些构成材料及其结构是我们完全不知道的，这些材料大多数是在常温常压的条件下形成并能发挥出特有的堪称神奇的性能。

大自然中复杂、精巧的智能生物系统一直是人类科技创新的灵感源泉。传说鲁班因树叶划破手指而发明了锯子就是一个古老而生动的例子。现代文明中这样的例子也不胜枚举，譬如模仿鸟制成的飞机、模仿苍耳子草籽制成的尼龙搭扣、模仿鱼鳍制成的船桨、模仿鱼制成的潜艇、模仿眼睛制成的相机，这些都蕴含着仿生的概念。鲨鱼在水中能快速前行，秘密在于其皮肤表面排列有序的微小鳞片突起，这些突起在水中具有整流作用，减少水的阻力。在飞机表面进行仿鲨鱼皮的涂层处理，可使飞机阻力减小8%，节约燃料1.5%。

地球上所有生物都是由理想的无机或有机材料通过组合而形成的。天然生物材料的优异特性能够为人造材料的优化设计，特别是为高性能仿生材料的发展提供有益的启示。大自然是我们学习的最好老师，向自然学习是化学和材料发展永恒的主题。向自然学习，就是要借鉴自然界生物体与生物材料的结构自适应性、界面自清洁性、界面自感知性、能量自供给与转化等特性，模仿生物特异功能的某一个侧面，实现宏观与微观的统一，最终在某些方面超越自然。源于自然，高于自然，从而开发出仿生新型结构材料、新型智能界面材料、新型智能修复材料、新型智能减阻材料和新型超疏水材料等。仿生结构与功能材料的研究对高新技术的发展起着重要的支撑和推动作用，在航空航天、国防军事、生物医学、能源环境、电子信息等领域都有不可估量的潜力，对于推动材料科学的发展与人类社会文明的进步具有重大的意义。

4.4.1　奇妙的天然生物材料

大自然为人类提供了取之不尽的灵感源泉。水上漂的水黾、五彩绚丽的开屏孔雀、墙壁上行走自如的壁虎、色彩斑斓的蝴蝶、会变色的蜥蜴、会隐身的章鱼、自清洁的荷叶、纺丝大师蜘蛛、神奇猎手猪笼草、集水大师沙漠甲虫和仙人掌等，都带给人类无尽的启迪。其中仅蝴蝶种类就高达14 000多种，翅膀色彩原理有化学色、物理色、化学—物理混合色等机制；蝶翅结构也各不相同，具有令人叹为观止的多形态、多尺度和多维数的精细分级结构。下面我们来介绍几位自然界的材料合成"大咖"。

1. 荷叶

自然界的许多动植物都具有界面超疏水性和自清洁性。植物叶表面的自清洁性以荷叶为典型代表,故称"荷叶效应"。北宋大文人周敦颐在《爱莲说》中讲道:"予独爱莲之出淤泥而不染,濯清涟而不妖,中通外直,不蔓不枝,香远益清,亭亭净植,可远观而不可亵玩焉。"荷叶表面具有超强的疏水性,滴洒在叶面上的水会自动聚集成水珠,水珠滚动把落在叶面上的尘土污泥粘吸后滚出叶面,使叶面始终保持干净,这就是著名的"荷叶效应"。"出淤泥而不染"是人类对荷叶特殊的浸润行为的诠释之一。

科学研究结果表明:荷叶表面具有超疏水性,即与水的接触角大于150°,且滚动角极小,因而叶面只需小角度倾斜,水珠就会在叶面滚动。荷叶的表面特性有利于雨滴滚动并带走荷叶表面的污染物,从而达到自清洁的效果,这也是荷叶能够保持一尘不染的原因。

那么荷叶表面为什么能超疏水和自清洁呢?

原因主要有两点:一是荷叶表面有蜡质疏水性物质;二是荷叶表面的微纳米多级结构。电子显微镜下的荷叶,表面由无数的微米级的乳突结构组成,每个微米级乳突的表面又附着许许多多的纳米级蜡质颗粒。正是具有这些微小的微米—纳米双重结构使得固—液界面间形成了一层气膜,就像是一层厚厚的保护垫,减小了水滴与叶面的有效接触面积,从而导致水滴不能浸润而达到超疏水的效果。

2. 蜘蛛丝

在自然界蜘蛛可称得上是材料合成大师。在常温常压条件下,蜘蛛可以由体内的水溶液根据不同的用途生产出不同类型的丝,而且吐出后的丝不溶于水。

蜘蛛是如何做到这一点的?至今为止仍是未解之谜。

随着对蜘蛛丝研究的不断深入,科学家们正一点点掀起笼罩在它头上的神秘面纱。蜘蛛体内的蜘蛛丝以液态形式存在,富含多种氨基酸,主要是甘氨酸和丙氨酸,此外还有谷氨酸、丝氨酸、亮氨酸、缬氨酸和脯氨酸等近20种氨基酸。蜘蛛就是通过腹部的丝腺将液体蜘蛛丝挤出而形成固态蜘蛛丝。一般来说,蜘蛛共有九种丝腺体,不同的丝腺体产生不同特性的丝,并且执行不同的生物学功能。蜘蛛不同类型的丝的性能各异，其中蜘蛛牵丝具有优异的力学性能（非常高的强度和韧性），有人通过计算预测假如用牵丝模拟人的肌肉，其做工能力将会是人类肌肉的 50 倍。牵丝根据功能又可分为三种不同的类型，它们分别对网的固定、网形态的维持以及捕捉猎物起着十分重要的物理作用。而捕获丝则具有多功能特性，除了高强度、高弹性和高黏性等外，科学家还发现它有定向集水功能。

蜘蛛丝的抗拉强度（高达 1.4 GPa），与高等级合金钢相当（0.45 ~ 2 GPa），其韧性平均为 350 MJ/m^3，比钢或芳纶纤维高出几个数量级。多年来，人们对此蛋白基纤维优异力学性能的内在机理进行了大量深入探究，并且据此成功制备了一些高强度的仿生纤维。至今为止，我们对蜘蛛丝纤维表面和内部的结构并未完全弄清楚，但普遍认可的是，蜘蛛丝纤维无与伦比的性能与其具备多级复合微纳米结构有关。对蜘蛛牵丝结构的大量研究分析表明，蜘蛛丝具有分级微纳米结构——四级结构。曳丝的直径约为 4 μm，比人类头发细很多（头发直径为 60 ~ 90 μm）。曳丝又由表皮、包裹层和数百条丝原纤维构成，丝原纤维直径为 50 ~ 80 nm。丝原纤维中呈现了两种重复的蛋白质，其内部结构由蛋白质的 β - 折叠纳米晶体、蛋白质无定形—螺旋结构和 β - 转角多肽链构成，再下一级结构是折叠纳米晶由弱的氢键连接而成。蜘蛛丝具有特殊的相结构，存在无定形区、结晶区和点阵晶区三种相结构。

2010 年，江雷院士课题组在 *Nature* 上发表文章，揭示了蜘蛛丝的结构与定向集水功能之间的关系。蜘蛛丝的集水能力归因于一种独特的由周期性纺锤结和关节构成的纤维结构，其中，纺锤结由随机杂乱的纳米纤维组成，关节则由排列整齐的纳米纤维组成。在潮湿的环境中，水滴会在蜘蛛丝上凝结，然后在驱动力作用下定向移动，从而实现集水。

2018 年，美国 Schniepp 课题组研究发现：隐士蜘蛛的蜘蛛丝纤维由直径约为 20 nm、长度大于 1 μm 的蛋白纳米纤维复合构成。该类蜘蛛独特的扁平丝腺喷嘴结构赋予蛛丝高纵横比结构特性，蛛丝带厚度为 45 ~ 65 nm、宽度为 6 ~ 8 μm。研究者进一步分析蛛丝轴向纤维表面结构，结果发现蛛丝纤维刮擦形成的新表面同样由独立的纳米纤维构成，一根蛛丝纤维约由 2 500 根纳米纤维组成。

蜘蛛丝具有许多惊人的特性，如，高强度、高韧性、高黏性、天然抗菌性、低敏性和可生物降解性。最近，研究人员还发现拉伸或者放松蛋白质链会改变蜘蛛丝的声学特性。这些惊人的特性都来自蜘蛛丝复杂的结构。

3. 生物矿化材料

生物矿化材料是由生命系统参与合成的天然生物陶瓷和生物高分子复合材料，如人及动物的牙齿和骨骼、软体动物的贝壳层、贝壳珍珠层等。与普通天然及合成材料相比，生物矿化材料具有特殊的组装方式和多级结构，因而常常具有很多近乎完美的性质，如极高的强度、非常好的断裂韧性和耐磨性、可再生性等。

从化学本质上来说，生物矿化材料与自然环境中的普通地质学矿物相同。然而，一些普通的无机材料，一旦受到生命体的调控，就像是被施展了神奇的魔法一样，它们的性质发生了奇妙的变化。如贝壳珍珠层，其组成95%为碳酸钙，断裂韧性却比单相碳酸钙高3 000倍。是什么原因导致这一改变呢？95%的碳酸钙，加上5%的蛋白质、糖蛋白和多聚糖等有机基质构成高度有序的"砖—泥"微观复合结构，使得珍珠层同时具有出色的强度和韧性。孙晋美等研究发现皱纹盘鲍贝壳内的珍珠母是由大小约为8 μm，厚度约为450 nm的不规则文石片与有机基质薄层逐层堆垛而成的，而每一个文石片又是由大量纳米颗粒以及环绕其间的有机基质构成的。

人体器官自愈和再生是人类一直以来的梦想。自然界的一些动物就具有这样的神奇再生能力，如雄性章鱼的交接腕可以再生、蝾螈的肢体能够再生等。而我们的国宝大熊猫也拥有一项神奇的超能力——牙齿能够自愈和再生。大熊猫的主要食物是坚硬的竹笋，一只成年大熊猫每天大约要吃掉12.5 kg的冷箭竹，咀嚼时间超过13小时。这是一项惊人的记录，如果换成是人类，有类似的进食习惯，"原装牙齿"早就报废了。大熊猫的牙齿可以通过再生而自我修复，这种再生可以帮助熊猫每天咀嚼坚硬的竹茎，而竹子正是熊猫最重要的主食。

大熊猫的牙齿如何实现自我修复呢？

中国科学院金属研究所的研究结果表明：这主要得益于大熊猫牙釉质高密度且富含的有机质微观界面和巧妙的组织结构设计。在微观尺度上，大熊猫的牙釉质具有密度非常高且富含有机质的界面。同时，组成牙釉质的无机矿物单元在微纳米尺度均沿咬合方向规则排列，而矿物之间的界面以天然有机质填充。

当牙釉质在微纳米尺度发生损伤时，它的微观外形和组织结构会在这些界面有机质的作用下逐渐恢复到损伤前的状态,从而帮助牙釉质发生自动修复。在牙齿自动修复过程中,水分子的作用至关重要。这是因为,牙釉质界面中的天然有机质在水合条件下会发生溶胀、高分子链柔性提高、玻璃化转变温度降低等转变,从而促进了牙釉质的修复。

4. 北极熊毛发

寒冷的冬天,为了抵御严寒,人们想方设法让自己变得暖和,穿上保暖内衣、毛衣毛裤、羽绒服,戴上帽子、围巾、手套,外加暖宝宝等。自然界的动物们又是怎样抵挡让人难以承受的严寒的呢?动物们各显神通,有的会在冬季来临之前增肥并换上厚厚的新装,有的会南北迁徙躲避严寒,有的则靠降低体温到免于冻死的水平进行冬眠。其中北极熊堪称"御寒王中王",除了毛皮厚、可调节体温、生理以及生物化学都适应严寒外,北极熊还自带"高科技御寒神器"——毛发。北极地区气温低,年平均气温为 $-20\ ℃ \sim -15\ ℃$。冬季大部分地区的最低气温可低至 $-50\ ℃$ 以下。与人类或其他哺乳动物的毛发不同,北极熊的毛发是中空的多孔细管,细管内表面较粗糙,容易引起光的漫反射。北极熊毛发内部的空腔形状和间距形成了它们独特的白色外壳,实际上北极熊毛是透明的,光在毛发内部发生反射,引起发光,看起来像白色。北极熊毛发特异的微观结构赋予了它们对红外线极好的吸收能力、绝好的保温和绝热的性能。通过比较北极熊在自然光和红外线光下的成像,我们可以发现:由于其毛发能够反射红外线辐射,北极熊在热成像摄像机中几乎是隐形的。

5. 变色龙

自然界中的生物拥有各种各样的颜色。变色龙是一种神秘的动物,它们能随环境的改变变换身体的颜色。

从显色原理来看,动物之所以能够显色是因为化学色或者物理色的作用。化学色是生物体内所含有的色素对光的吸收引起的颜色,而物理色则是光在生物体的亚微米结构中的反射、散射、干涉或衍射所形成的颜色。由于后一种颜色与结构有关而与色素无关,因此也称为结构色。

变色龙究竟是如何改变身体颜色的呢?这一直是一个谜。

2015 年,科学家终于揭开了变色龙变色之谜。科学家发现变色龙的变色秘密关键不是色素,而是在于其皮肤的结构。其皮肤中有两层厚厚的重叠在一起的虹色细胞,该细胞不单含有色素,亦含有无数的纳米晶体(也称"光子晶体"），能反射光线并发出彩虹般闪耀的色彩。表层细胞中纳米晶体的尺寸、形状、排列方式的变化是变色龙能够变色的关键。比如：当变色龙皮肤放松时，虹色细胞中的纳米晶体彼此靠得很近，这样，细胞就容易反射短波长的光线——蓝色。而当皮肤变得紧绷时，纳米晶体之间的距离增大，虹色细胞就更容易反射波长较长的光线——黄色、橙色和红色。

6. 壁虎

飞檐走壁是许多动物与生俱来的能力，壁虎是爬壁能力最为突出的动物之一。壁虎能在光滑的平面上行走自如，地球引力对它们似乎没什么影响。

我们不禁要问：是什么使壁虎拥有超强黏附力？这一直是一个难解之谜。最开始人们认为，壁虎能飞檐走壁是因为它的脚趾粗大，指下的皮肤形成了很多横褶，能够起吸盘的作用。

2000年，科学家终于解开了壁虎的爬墙之谜。美国路易斯克拉克学院奥特姆（Autumn）教授团队在 *Nature* 上发表文章，揭示了壁虎的超强黏附能力是由于壁虎脚底大量的细毛与物体表面分子之间产生的"范德华力"累积而成的。范德华力是一种分子间作用力，是一种非常微弱的电磁引力。由于这种引力过于微弱，通常没有人加以注意。将这种分子间微小的作用力与壁虎卓越的黏附能力联系起来，似乎有些让人不可理解。

而实际上，壁虎的黏附系统是一个多级的结构，最小的黏附单元达到纳米量级。如，东南亚的一种大壁虎每只脚底长着大约50万根极细的刚毛，每根刚毛的长度为$30 \sim 130 \, \mu m$，直径为数微米，刚毛的末端又分叉形成$100 \sim 1\,000$根更细小的铲状绒毛，每根绒毛长度及宽度方向的尺寸约为200 nm，厚度约为5 nm。这样的多级结构具有的纳米级黏附单元非常精细，可以保证其能轻易地与各种表面达到近乎完美的接触，无论是光滑表面还是粗糙表面。每根刚毛产生的力量虽然微不足道，但累计起来就很可观。据计算，一根刚毛能够支撑一只蚂蚁的重量，100万根刚毛仅有不到一枚小硬币的面积，却可以支撑20 kg的重量。而一只大守宫壁虎脚掌上刚毛数量约为600万根，因此可产生高达1 300 N（130 kg）的黏附力。真是太不可思议了，因为大守宫壁虎的重量只有约0.1 kg，却拥有超出一千倍的黏附力。

大自然为何要如此"过度设计"呢？这仍然是个谜！

7. 仙人掌和沙漠甲虫

仙人掌喜强烈光照，耐炎热、干旱、瘠薄，生命力顽强，因而被称为

"沙漠英雄花"。而在非洲的纳米布沙漠也生活着一种神奇的甲虫——沙漠甲虫。沙漠地区降雨量少，常年干旱，仙人掌和沙漠甲虫是如何获得生存必需的水分的？这个谜团一直困惑着人类。

最近，中外科学家相继揭开仙人掌和沙漠甲虫集水的奥秘。由于生长在沙漠环境中，仙人掌和沙漠甲虫都进化出各自特殊的生理结构和形态，以利于它们对雾气的收集。

沙漠甲虫收集雾的关键在于其表面浸润性特殊的凹凸结构——亲疏水表面。宏观尺度上，甲虫的鞘翅上不规则地分布着许多直径为 0.5 ~ 1.5 mm 的凸起，相邻凸起之间的间距约为 0.5 mm，其中，凸起部分亲水，而其他低洼部分为疏水区域。沙漠甲虫的集水奥秘就在其鞘翅上存在亲水和疏水两种功能区域，凸起亲水部分主要使雾气凝结为水滴，而疏水区域为水滴滚落提供通道。

仙人掌表面由具有特殊结构的刺和毛簇体覆盖，其中，刺主要由三个部分构成，带有定向倒钩的尖端、拥有梯度沟槽的中段和带毛状体的根部。仙人掌收集雾气的关键就在于其特殊结构的刺，三个部分在雾气收集过程中，各司其职，协同作战。雾气最初会在尖刺的倒钩上凝结成微水滴，紧接着，凝结在仙人掌刺表面的水滴在拉普拉斯压力梯度和表面自由能梯度的共同作用下定向移动。

4.4.2 仿生智能材料：源于自然、超越自然

大自然可谓是人类无与伦比的创新源泉，因为在长期的演化过程中，自然界的动植物进化出了结构和功能都堪称完美的生物材料。向自然学习是化学和材料发展永恒的主题！近年来，仿生智能材料成了化学、生物学、纳米技术、先进制造技术、信息技术、医学、建筑学、航天航空和材料学等多领域的研究热点之一，形成了涉及材料学、化学、工程学、物理学和生物学等多学科的前沿交叉研究方向。仿生智能材料的本质是学习、模仿，最终超越的过程。仿生智能材料首先是学习和模仿自然界生物体的化学成分、材料结构和功能特性等，最终将仿生理念与材料制备技术相结合，设计合成出具有特殊优异性能的功能和智能材料，做到师法自然，源于自然，最终能够高于自然。

仿生智能材料的设计、可控制备和结构性能表征均涉及材料科学的前沿领域，代表了材料科学的活跃方面和先进的发展方向，它将对经济、社会、科学

技术的发展产生十分重要的影响。

1. 特殊浸润性材料

近年来，以荷叶为代表的具有特殊浸润性的表面，如，蜘蛛丝、仙人掌和沙漠甲虫具有集水功能，蚊子的复眼具有防雾功能，蝴蝶的翅膀具有各向异性浸润性，壁虎脚具有超高黏附性等，受到了研究者们越来越多的关注。固体表面的特殊浸润性包括超疏水、超亲水、超疏油和超亲油，将这4种浸润特性进行多元组合，可以实现智能化的协同、开关和分离材料的制备。研究者们在模仿大自然的基础上，已经成功开发出了各式各样的特殊浸润性材料。特殊浸润性材料包括以颗粒为代表的零维材料，以纤维、丝、纳米棒和纳米线等为代表的一维材料，以膜、金属网、纸、织物纤维等为代表的二维材料，以泡沫镍、海绵和金属块为代表的三维材料。特殊浸润性材料在众多方面展现优异的应用性能，如抗结冰、耐火阻燃、油水分离、乳液分离、自清洁、减阻、防腐蚀、微型流体设备等。

科学家们在对以荷叶为代表的超疏水材料进行深入研究后发现，这些材料表面的特殊浸润性主要受表面粗糙度和表面自由能两个因素影响。因而仿生特殊浸润性材料表面的构筑也是通过对这两个因素的控制来实现的，一种方法是在具有低表面能的材料基底表面上构筑多级的微—纳米粗糙结构；而另一种方法则是在具有粗糙结构的表面用低表面能物质进行修饰。

近年来，受自然界的启发，科学家们在构筑具有微—纳米多级结构的超疏水表面方面做了大量工作。江雷团队采用多种制备方法（如，电纺技术、化学气相沉积法、模板挤压法和静电纺丝技术等）制备了一系列的特殊浸润性材料，如，多孔微球与纳米纤维复合结构的超疏水薄膜材料、超疏水的蜂房状和岛状结构的阵列碳纳米管、超疏水特性的阵列聚丙烯腈纳米纤维、超疏水特性的类红毛丹结构聚苯胺空心微球材料、类荷叶结构的聚苯胺/聚苯乙烯复合膜等。

结霜结冰是常见的自然现象，但很多时候会给人们的日常生活、农业生产及工程领域带来很多麻烦，甚至产生灾难，造成严重的财产损失。受生物特殊浸润性表面启发，科学家将具有低表面能的润滑油，如全氟油或硅油等灌注到具有低表面能的多孔介质中，成功制得了具有防结冰性能的润滑液体浸渍多孔涂层。该材料的防结冰原理：一是该种润滑涂层表面为一层稳定而光滑的疏水层，水滴在上面具有高流动性和很小的接触角滞后，因此，即使是在高湿环境下凝结的水滴，也能在润滑涂层表面自由地滑动和融合，并在冰成核之前离开润滑涂层表面；二是所采用的润滑油具有很低的冰点，在寒冷的条件下仍然能保持液体状态和润滑特性。

油水分离技术在解决工业水和石油泄漏方面具有重要的实际应用价值。油水分离的关键是用于油水分离的材料表面的油—水浸润性，利用材料表面对油和水浸润性的差异（如憎水亲油、憎油亲水等）使得小油滴或者小水滴被有效地拦截在油水分离材料的外面，而选择性地允许水或者油通过，从而实现油水的分离。2014年，中国科学院陈涛团队采用多孔陶瓷作为衬底，抽滤碳纳米管（CNTs）成膜，在碳纳米管膜表面接枝疏水性的高分子聚苯乙烯，利用碳纳米管薄膜的高粗糙度表面和聚苯乙烯的疏水性间的协同作用获得超疏水性的二维薄膜。该膜可实现微米和纳米级油包水乳液的大通量、高效分离。2015年，中国科学院曾志翔等采用纤维素为原料，通过溶解再生及成孔剂占位的方法制备了具有表面纳米孔、基体大孔的纤维素海绵。该海绵具有空气中亲油亲水、水下超疏油的特殊浸润性，对表面活性剂稳定的油水乳液显示高效的分离效果。海绵表层的纳米孔可有效地阻止小粒径乳化油颗粒的透过，而基体大孔结构及其超亲水性可保证水相快速通过海绵基体，实现油水分离。

受上表面超疏水而下表面超亲水的荷叶的超浸润组合体系的启发，2017年江雷团队的赵昱焱制备出具有超浸润组合体系的铜片。铜片拥有的超浸润组合体系能够有效地提升界面物体的漂浮稳定性，从而使得密度远大于水的铜片能够漂浮在水面的同时，还能够被牢牢地固定在水气界面上。

2. 对外界刺激响应的智能浸润材料

固体表面的可控浸润性无论在基础研究还是在工业应用方面都非常重要。近年来，世界各国的科学家们相继构筑了具有光响应、电响应、热响应、pH响应或溶剂响应等特性的智能表面。如，2004年江雷团队利用聚N–异丙基丙烯酰胺（PNIPAAm）薄膜构筑了对外场温度响应的亲水—疏水可逆变化的智能界面。在水平表面上，当温度由25 ℃升高到40 ℃时，水的接触角由63.5°增加到93.2°。该高分子薄膜材料的表面分子具有双稳态结构，不同温度下呈现不同的结构，存在分子内和分子间氢键的竞争效应。在低于低临界溶解温度时，PNIPAAm呈亲水性，这是由于松散卷曲的构象结构以及PNIPAAm链和水分子间形成的氢键使得膜的表面自由能很高。当温度高于低临界溶解温度时，在PNIPAAm链上的C＝O和N—H基团形成分子内氢键，分子链由松散变得致密，分子间氢键被破坏，使得膜的表面自由能变小，因此表现为疏水性。研究人员进一步采用该双稳态分子聚 N – 异丙基丙烯酰胺修饰粗糙度增大后的基底，结果发现：当温度低于 29 ℃时，其水接触角为 0°，显示出超亲水的性质；当温度高于 40 ℃时，其水接触角为 150°，显示出超疏水的特性。表面功能材料修饰和表面粗糙度的协同作用成功实现了对外界刺激响应的表面浸润性，随着温度的变化，材料表面能够在超亲水和超疏水之间可逆切换。

鉴于对外界单一刺激响应的浸润性存在响应速度慢和控制灵活度差等缺点，研究者开始把目光转向外界多刺激协同作用的浸润性材料的研究。近年来，多刺激响应的智能材料受到广泛而深入的研究，在众多领域具有巨大的潜在应用价值。江雷团队通过在基底表面同时接枝具有热敏性和 pH 值响应性的高分子，成功制备出了温度、pH 值双响应的可控超疏水—超亲水可逆转换薄膜。该薄膜存在高分子内和分子间氢键的竞争效应，在不同 pH 值和温度下两者能够可逆互变。在低温高 pH 值的情况下，以高分子与水分子之间的分子间氢键为主，此时膜为超疏水状态。此后，他们还构筑了对温度、pH 值和葡萄糖浓度多响应的浸润性表面，以及焓驱动的三态浸润性智能开关表面。

仿生智能超浸润性材料可以用于油水分离，智能材料可以在外界刺激下可逆转换亲油亲水性，达到在拦截油和水之间的可逆切换，从而实现一种材料分离油包水乳液和水包油乳液的需要。浙江大学张庆华课题组制备了一种具有 pH 值响应性亲疏水转变的超浸润性材料，该超浸润性材料是由抗菌改性的含氟聚合物、具有 pH 值响应性的单体甲基丙烯酸 N，N – 二甲氨基乙酯、多异氰酸酯和弹性聚脲醛纳米粒子交联形成网状结构构筑而成的。经 pH = 1 的酸溶液处理后，材料呈现超亲水/超疏油性，可截留油相。而经 pH = 13 的碱溶液处理后，材料转变成超疏水/超亲油性，可截留水相。Cheng 等通过在铜网上构造孔径可调的纳米线结构和表面修饰混合硫醇分子的方法，制备了对 pH 响应的智能材料。在非碱性溶液和碱性溶液之间，网膜表面能够实现超疏水和超疏油可逆转换。当 pH = 7 的油包水乳液倒在金属网表面，水被截留，而油滴可以迅速通过网膜，接触角接近 0°。当 pH = 12 的水包油乳液倒在金属网上，油滴在水下的接触角在 162°左右，油滴被截留，而水可以通过金属网。Hu 等将 PDA/SWCNTs 沉积到混合纤维素酯膜上，随后再涂覆一层 SWCNTs，制备出了对压力响应的智能材料。外界压力小时，膜表面具有疏水超亲油的性质；而外部压力大时，通过双层间的协同作用可以改变浸润性，实现水包油乳液分离。

3. 仿生集水材料

仙人掌和沙漠甲虫之所以能在干旱的沙漠中长期生存，是因为它们能够有效地把空气中肉眼不可见的水蒸气转化为水滴，然后将其吸收。在长期的进化过程中，动物圈和植物圈的两大高手都"修炼"出各自截然不同的可称得上是完美的集水系统，沙漠甲虫利用自己鞘翅凹凸不平的亲水—疏水相间表面，而仙人掌利用自己特殊多级结构的刺。

受到仙人掌和沙漠甲虫的启发，科学家们采用各种制备方法，如，化学或电化学腐蚀法、机械穿孔和模板复制法、静电纺丝法、退浸润技术、不同浸润性材料复合法和喷墨打印法等，构筑了各式各样的具有集水特性的仿生材料。

2014 年，美国得克萨斯大学的 Heng 等采用气—固（vapor-solid）气相技术在基底构筑了具有分级结构的氧化锌（ZnO）纳米线，该结构由一根大的 ZnO 微米线主干和一组小的 ZnO 纳米线阵列构成，实现了仿仙人掌刺的结构。在相对湿度为 100% 的蒸汽流条件下，对该材料与天然仙人掌刺结构进行了集水能力比较。结果发现：由于人工仙人掌分支结构的表面积大，因而其吸水效率更高，蓄水量也是天然结构的数倍。Ju 等采用机械穿孔和模板复制法构筑了一种具有雾气收集性能的聚二甲基硅氧烷（PDMS）圆锥体阵列。Guo 等采用静电纺丝技术，在细银针基底上"缠绕"聚合物纤维，成功制备出具有集水性能的人造仙人掌刺，该材料在 15 分钟内能收集到 1.3 毫升的液体水。

Thickett 等利用退浸润技术制造出类沙漠甲虫的亲水—疏水相间的凹凸表面，该材料具有很好的集水效果。沙特阿卜杜拉国王科技大学王鹏的研究小组利用喷墨打印机将多巴胺与乙醇的混合物打印到超疏水表面上，多巴胺自聚合形成离散的亲水凸点，制备出了具有亲水图案的超疏水表面。与单一的超亲水性和超疏水性表面相比，亲疏相间的表面具有更高的集水效率。

4. 仿生红外隐身材料

自然界中的很多动物能够感知周边环境的变化并调节皮肤中的组织结构和生物蛋白，从而改变自身的颜色、反射光线能力或热量耗散程度，以达到环境伪装或红外隐身的目的。

受章鱼的启发，美国伊利诺伊大学科学家研制出一种可感测光线的人造皮肤，当这种材料被光线照射时，它会在大约 1 秒内由黑色变成白色。该材料具有多层结构，第一层是对热敏感的颜料，相当于章鱼的色素体；第二层是很薄的银，其功能类似章鱼的白色素细胞；第三层是集成电路，可控制颜色，相当于章鱼控制色素体的肌肉；第四层则是光线侦测器，类似章鱼皮肤的视蛋白。

受北极熊优异隔热性能的中空毛发的启发，Bai 团队以蚕丝蛋白和壳聚糖为原料，通过冻纺丝技术制备了一种可穿戴型有序多孔纤维材料。研究结果表明：仿生有序多孔纤维的导热系数低于北极熊毛发，具有更好的保暖性能。红外隐身实验发现，穿上了这种"神奇"的有序多孔纤维材料制成的服装的兔子在 $-10\ ℃ \sim 40\ ℃$ 的环境中，红外线相机几乎观测不到兔子所散发出的热量，兔子成功地实现了红外隐身。

5 化学与科学谣言

迷信的胜利还以大量受过良好教育的科学布道者从科普领域内撤离为标志。

——约翰·C. 伯纳姆

早晨醒来，我们睁开眼睛，环顾四周，有多少东西是合成化学品？昨夜为了能够安然入睡而吃的安眠药是合成化学品，血管中为保持管腔血流通畅而置入的支架是合成化学品，身上盖的被子是合成化学品，墙壁上的涂料还是合成化学品，身上穿的睡衣也是合成化学品，手机、电视机和空调也是合成化学品制造的，床头柜虽然是木制品，但在它的表面也涂覆了一层合成化学品……在我们身边合成化学品无时无刻无处不在。套用一首小诗的格式来说就是：你爱，或者不爱，化学就在那里，不悲不喜。身处高度工业文明的我们很难想象，如果没有化学这门认识和创造物质的科学带来的贡献，世界将会变成什么样子？化学极大地改变了我们的生活，就像是镜子的两面：一方面，它使我们的生活变得更加美好；另一方面，它也带来环境污染等负面的影响。随着生活水平的不断提高，人们的环保和健康意识也在不断增强，对居住环境、日常用品、食品和生活方式等也有了更高的要求。近年来，各种有关食品、环境和健康的谣言大行其道，许多谣言更是披上了"科学"的外衣。21世纪，虽然经济空前繁荣，科技高度发达，新闻传播事业欣欣向荣，但是，正如伯纳姆（John C. Burnham）在《科学是怎样败给迷信的：美国的科学与卫生普及》一书中说的："我们生活在'科学时代'，这一点不假，但是大多数人拥有的是科学的成果，而不是科学的方法和原理。对许多人来说，科学的'惊人之处'是科学的奇迹。"所以，"科学"谣言借助各种网络介质，例如网络论坛、社交网站和聊天软件等，以细菌繁殖的速度迅速蔓延开来。以我们普通人最为熟悉的微信朋友圈为例，转发最多的文章是关于健康养生、"鸡汤"和八卦等，微信朋友圈已成为健康类谣言重灾区。这些穿上了伪科学外衣的谣言言之凿凿，看似非常有"科学道理"，普通人想要判定真伪并非易事。下面就让我们一起来看看这些年广为流传的那些与化学相关的"科学"谣言吧，你曾信过多少？

5.1　导致化学的负面形象的原因

在当今社会，化学的形象颇为负面。公众眼里的"化学物质"与"毒物"几乎已经成了同义词，它往往跟污染、中毒、癌症、危害生命等联系在一起，以致引发了所谓的"毒物恐惧症"。2015 年 CCTV-8 就曾播放过一段十几秒钟的化妆品广告，里面大声地呼喊："我们恨化学！我们恨化学！我们恨化学！"广告一经播出，立刻引来舆论的讨伐之声。北京大学教授周公度感到震怒，认为这句话是"反科学""破坏化学教育"。而据"恨化学"概念提出者声称，他们只是想在广告中表达出"讨厌生活处处是化学"的理念。

化学无处不在，为何要恨它呢？

这可能与化学自身的特性有关。首先，与相邻的数学和物理学等理论性科学相比，化学这门实践性的科学显得脏、乱、差，缺少严谨，因此被看成不纯粹的科学。其次，化学不仅与污染有关联，还不断进行着学科与技术的混合，这些都造成了化学的不纯粹性。再次，就是化学学科在自然科学中特殊的"中心的学科"地位。在上游学科（数学）、中游学科（物理、化学等）和下游学科（生物、材料、地学、环境、天文等）中，化学起着"承上启下"的作用。最后，近年来，有关化学的负面事件频发。如，"红心咸鸭蛋"事件、"多宝鱼"事件、"三聚氰胺奶粉"事件、"地沟油"事件、"毒豇豆"事件、"瘦肉精"事件和天津港化学品爆炸事故等。"化学"的名声被这一系列的事件，以及苏丹红、孔雀石绿等一些名不见经传的化合物给糟蹋了。这些都让公众觉得化学难以预测且极度危险，于是抱着"宁可错杀一千，不可放过一个"的想法，选择逃避化学或者恨化学。

化学学科具有中心性、不确定性、快速多变性和复杂性等特点，这也就导致生活中关于化学的谣言非常多。在这些谣言中，有的完全违背基本的化学知识和原理，有的则看似非常有"科学道理"，有的令普通人真假难辨，更有甚者，有的就连专家也不能给出一个正确的答案，而唯一能够给出正确答案的只有一个——时间。如，滴滴涕的形象就随时间在"天使""恶魔"和"待定"之间切换。1939 年，滴滴涕被发现了具有杀虫活性，可使得农作物增收和疾病发病率下降，立即成为人们心目中的"天使"。在 20 世纪 40、50 年代，滴滴涕在世界各地对防治疟疾、伤寒和霍乱的主要病媒——疟蚊和苍蝇作出了重大贡献，为此该药剂发明者获得了诺贝尔医学奖。到 1962 年，全球疟疾的发病已经降到非常低的水平，为此，世界各国都在当年的世界卫生日发行了世界联合抗疟疾邮票。但随后，由于滴滴涕不易分解，在环境和生物链中不断累积，产生严重的生态环境问题，导致一些食肉和食鱼的动物接近灭绝。在 70 年代，滴滴涕被禁用，走下了神坛，形象由"天使"沦为"恶魔"。由于在全世界禁用滴滴涕等有机氯杀虫剂，疟疾很快又在第三世界卷土重来，在非洲国家，每年大约有一亿多的疟疾新发病病例，大约有一百万人死于疟疾。鉴于此，2002 年，世界卫生组织重新启用滴滴涕用于控制蚊子的繁殖以及治疗疟疾，登革热和黄热病在世界范围卷土重来。滴滴涕究竟是"天使"还是"恶魔"？To be, or not to be, that is the question.

今天，化学与人类的衣、食、住、行以及能源、信息、材料、国防、环境保护、医药卫生、资源利用等方面都有密切的联系。窦元院士曾说过：经典物理学解决了人类生活现代化所面临的绝大多数原理的问题，而与经典物理学相宜得彰的另一个领域是化学。化学的重要性在于它解决了物理学没能解决的另一半问题。近年来，我国在环境保护、食品安全和医药卫生安全等方面做了大量工作，取得的成绩也是有目共睹的，但是公众对这些方面依然很担心。问题就出在沟通交流不够，科学传播不够，特别是针对中老年人的科普教育严重匮乏。人们常说"谣言止于智者"，可是，那位"智者"姗姗来迟，或者缺位的时候，人们也只能求助于他们心中的"智者"。谣言为何能够在社交平台上广为流传？一个重要的原因是圈了一大批中老年"粉丝"，其中不少人还是"死忠粉"。中老年人由于特别在意健康问题，加上他们的媒介素养和科学判断能力不足，很容易成为信谣传谣的主力军。

我们的身边充斥着许许多多关于化学的谣言，这些谣言在互联网时代通过社交媒体迅速蔓延，所谓"造谣张张嘴，辟谣跑断腿"。海量的谣言造成了化学的负面形象，化学被妖魔化，这极大地误导了公众对化学的正确认识。海量的谣言中，有的是为了哗众取宠、吸引眼球，有的则是为了骗人牟利。如，在很多产品的广告宣传中常常标榜自己的产品"纯天然""无防腐剂"和"无化学添加剂"等。

如何才能提高人们对涉及化学的谣言的抵制能力？一个行之有效的办法就是学习一些必要的化学知识，并通过识别和驳斥谣言的训练，学会在谣言面前保持审慎的态度，以求证的精神去伪存真，养成科学化学观。我们相信通过学习，学会如何分析和驳斥谣言，让自己变成一个智者，谣言将变得越来越难以传播。

不容乐观的是，2018 年 9 月，中国科协公布的第十次《中国公民科学素养调查》结果显示，我国具备科学素质的人口占总人口的比例仅为 8.47%。

5.2　一些流传甚广的谣言分析

关于化学的谣言有很多，如经常会有人说"天然成分比合成成分安全""人工合成添加剂可能含有害物质，而纯天然食品添加剂来源于天然食物，当然更安全"等，还有网络上流传的"防晒霜会被身体吸收危害健康""食用盐遇高温会释放剧毒氰化钾"，以及视频"塑料紫菜""人造鸡蛋""塑料大米"和"棉花面包"，等等。网络上流行有图有真相，这些不仅配有图片，还加上了视频和伪科学解释的谣言，看起来似乎很有道理。于是，许多没有鉴别能力的人人云亦云，随手转发，导致谣言迅速扩散蔓延。近年来，十大科学谣言中涉及化学的内容较多，如"2017 年十大'科学'流言终结榜"中排名第一的"紫菜是黑色塑料袋做的"，第三的"微波炉加热食物致癌"，第七的"同时吃螃蟹和柿子会中毒"。而"2018 年十大'科学'流言终结榜"中，与化学直接有关的就占半数：排名第一的"人的体质有酸碱之分"，第三的"咖啡致癌"，第五的"接触超市小票会致癌"，第九的"食盐中含亚铁氰化钾，不可食用"和第十的"大蒜炝锅会致癌"。"2019 年十大'科学'流言终结榜"中，第六的"防晒霜会被身体吸收危害健康"和第八的"吃多了荔枝会得脑炎"都与化学有关。下面我们就详细分析一些曾经被广为流传的化学谣言，看你中过招没？

5.2.1 天然成分比合成成分安全

一个被大众普遍接受的传言就是"天然成分比合成成分安全"。"天然成分"一定就是好的和安全的吗？人类对自然的依赖是一种本能的需求，很多人喜欢天然的物品，买东西时看到天然有机就愿意为其用高昂的价格买单，买衣服就以为纯棉和真丝等天然的好过化纤的，买化妆品就以为天然成分的好过合成的，理所当然地以为"天然"就意味着"更好的"。这是源于人们的"化学恐惧症"——人们担心所谓的人造或化学物质会给身体带来伤害。

在日常生活用品中，比如奶粉、碳酸饮料和化妆品等，常常会附带一个化学成分表，如图 5 - 1 （a）所示。

这张化学成分表给人的第一印象是：什么啊？奇怪的化学名称！这么多不熟悉的化学物质，且含量还不低。我们马上会产生不舒服、有威胁和不确定的感觉，下意识地会选择逃离它。但是图 5 - 1 （a）中的化学成分代表的实际上是什么产品呢？答案是"天然香蕉"。意不意外？图 5 - 1 （a）和（b）都是表示天然香蕉，但公众看后会产生截然不同的感觉，（a）的成分表代表的是合成、不自然、不舒适和有毒有害，（b）的图片代表的是纯天然、绿色健康和无污染。为什么会这样？

成分：纯净水（75%）、糖（12%）|葡萄糖（48%）、果糖（40%）、麦芽糖（1%）|、淀粉（5%）、纤维 E460（3%）、氨基酸（<1%）|谷氨酸（19%）、天冬氨酸（16%）、组氨酸（11%）、亮氨酸（7%）、赖氨酸（5%）、苯丙氨酸（4%）、精氨酸（4%）、缬氨酸（4%）、丙氨酸（4%）、丝氨酸（4%）、甘氨酸（3%）、苏氨酸（3%）、异亮氨酸（3%）、脯氨酸（3%）、色氨酸（3%）、半胱氨酸（1%）、酪氨酸（1%）、甲硫氨酸（1%）|、脂肪酸（<1%）|棕榈酸（30%）、欧米伽－6 脂肪酸：亚麻酸（14%）、欧米伽－3 脂肪酸：亚油酸（8%）、油酸（7%）、棕榈油酸（3%）、硬脂酸（2%）、月桂酸（1%）、肉豆蔻酸（1%）|、灰（1%）、植物固醇、E515、草酸、E300（L－抗坏血酸）、E306（生育酚）、叶绿素甲萘醌、硫胺素、色素 |E160a（胡萝卜素）、E101（核黄素）|、香精 |3－甲基丁－1－炔酸乙酯、2－甲基丁酸乙酯、3－甲基丙－1－醇、3－甲基丁－1－醇、2 羟基－3－甲基丁酸乙酯、3－甲基戊烷、乙酸异戊酯|、酒精、全天然催熟剂（乙烷气）

（a）香蕉的化学成分

（b）香蕉

图 5 - 1　香蕉的化学成分及香蕉

我们常常看到和听到"天然""纯天然""人工""人工合成"等词汇，但是公众并不清楚这些词汇之间的差异，而别有用心的商家和谣言制造者及传播者们则会有意曲解概念、混淆视听，来达到哗众取宠或者盈利的目的。

首先，我们来认识一下什么是纯天然。从字面理解，纯天然就是自然条件下生长或者形成、未经人工干预的物品。如果按这样的标准，在工业化高度发达的今天，我们在地球上是找不到真正纯天然物品的，因为我们对地球环境的干预和影响无处不在。2019年，科研人员花了三个月的时间从南极偏远地区采集了水和雪的样本，分析后发现：其中大部分都含有"持久性危险化学物质"或微塑料。因此，市场上的有机蔬菜最多也就只能做到不使用任何化学合成的农药、化肥、生长调节剂等化学物质。

我们现在普遍认同的天然物品并非指直接从大自然中获得的物品，而是天然原料经过化学或者物理处理后实现了意图功能的物品。因此，看似天然织物的羊毛或者丝绸，又或者是著名的骨螺紫（又称推罗紫），它们仅仅是看起来比其他非天然的织物或者染料更像天然产品，因为它们并非从大自然中获取后直接加以应用的。从原料蚕茧到丝绸，要涉及一系列化学和物理的技术干预，包括煮茧、抽丝、脱胶（用液体肥皂、食用碱去煮数小时）、烘干和纺丝等。而在两千多年前，风靡欧洲皇室和贵族的骨螺紫，则是通过将腐烂的骨螺和木灰浸泡在尿液中，再经过长时间放置，使得骨螺黏稠的分泌物会发生化学变化而制得的。这些所谓的天然织物和天然染料实际上都经过了人工处理，严格来说都属于人工材料。

人类的文明进步史实际就是一个从天然到人工变迁的过程。早在我们的祖先由狩猎采集转变为农耕社会的时候，人工产品对天然产品的替代就已经开始了。如，羊毛开始取代兽皮成为人类的织物。在距今2 600年前的周代，我国古人就已经能够通过自然发酵的方法对苎麻进行加工，经20多道工序织成苎麻布，又名夏布。《诗经》记载："葛之覃兮，施于中谷，维叶莫莫，是刈是濩，为絺为绤，服之无斁。"

可以说我们使用的产品都属于人工产品，因为使用前，它们都需要经过人为的干预。而现代社会中"天然"这一概念是主观的，它所要传递的其实是一个人对某件产品与人类世界远离程度的感知判断，或者是该产品与"非人类世界"的接近程度的感知判断。丝绸与其来源桑蚕接近，鳄鱼皮制品与鳄鱼接近，棉麻衣物与棉花和亚麻接近。一般人判断"天然"还是"人工"，主要根据原材料的归属而定，原材料属于天然范畴则是天然产品，反之，则为人工产品。天然材料与一系列正面形象相联系，如，自然、舒适、熟悉、无威胁、无污染，而人工材料则趋向于与其相反的含义。

"人工合成"产品可以分为两类：一类是自然界本就存在的物质，如纯碱；另一类则是人类利用化学创造出来的产品，如塑料、合成橡胶等。以纯碱为例，天然纯碱是人类利用植物提取法，通过燃烧植物从其灰中提取的。人工纯碱则是利用海盐和氨制备而成的（索式制碱法、侯氏制碱法）。人工纯碱与天然纯碱并没有多大差别，都是由自然界中已存在的原料制备而成的，因此我们不能轻易给它冠上"非天然"的标签。而塑料则不同，一般是由石油等原料，经过炼制、分离、提纯、聚合等一系列化工工艺，人为合成出来的。在这里，我们并不是想要说明这两类产品中哪一类更加具有真实性或者更加天然，而是想说"人工合成"是人类干预自然发生过程的结果，无论它们合成出来的产品在自然界中是否已经存在。

"合成＝有毒有害"和"天然＝绿色健康"吗？这显然不对！

那天然提取物，比如商家常常推荐的植物精华素呢？

2017 年，美国加州大学圣地亚哥分校休斯（Hughes）团队在 *Journal of Natural Products* 上发表文章，揭示了在天然产物的提取过程中，通过生物培养和萃取纯化过程而得到的"天然产物"，很可能已经发生一些非酶促反应，产生了结构改变的非天然化合物。因此，分离提纯而得的天然产物也不一定等同于"天然"。

世界上的每一种物质，就连我们每分每秒都离不开的空气和水，也都是由化学元素组成的。许多产品在标签上写着"天然"（natural），其实并非如标签上所标榜的那样"纯天然"。而就算是纯天然也不一定就意味着无毒无害，自然界也天然合成了许多令人闻之色变的毒素，如，蛇毒、河豚毒素、生物碱和箭毒蛙毒素（$C_{31}H_{42}N_2O_6$）等。反观，合成化学品也可能造福人类，如合成药物和食品防腐剂等，就极大地提高人们的健康和物质生活水平，大部分的化学成分并不可怕，不要因为听到"化学成分"这四个字就感到害怕。生活中有很多因素夸大了我们对风险的看法，和天然物质一样，化学物质是否有害，还要看成分、剂量和使用方法，比如我们普遍认为"人畜无害"的水，如果成年人一个小时内饮用超过 6 升，血液会被大量的水稀释，渗透压降低，水就会通过细胞膜渗入细胞内，致使细胞水肿而发生水中毒，严重的甚至会致命。

另一个例子就是砒霜，《本草纲目》记载"砒乃大热大毒之药，而砒霜之毒尤烈"。炊饼王武大郎被砒霜毒死，《包法利夫人》中女主人公爱玛也是死于砒霜。中国科学家却创造性地将砒霜制成针剂，用静脉注射的方式治疗急性早幼粒细胞白血病，取得了良好的疗效。2009 年，欧洲白血病国际联盟的专家和美国白血病专家都认为三氧化二砷是"治疗 APL 最有生物活性的单个药物"。

世界上没有绝对安全的化学物质，化学物质是否有害，主要不是看来源是否更接近"天然"，关键在于其使用量、使用条件与使用方式。

5.2.2　紫菜是黑色塑料袋做的

这一谣言位居"2017 年十大'科学'流言终结榜"榜首，该排行榜是由中国科协、人民日报社主办的"典赞·2017 科普中国"活动选出的。

2017 年，福建紫菜行业遭遇了一场谣言劫。2 月 17 日，福建晋江"阿一波"食品有限公司总经理李志江收到同事转来的一条视频。视频中有人将紫菜泡水撕扯，继而用火烧，称该品牌的紫菜很难扯断，点燃后还有刺鼻的味道，是"塑料做的"。短短一周时间内，便有 20 多个不同版本的"塑料紫菜"视频在网上爆发式传播。仅涉及"阿一波"品牌的视频就有 5 个。一时间，老百姓"谈紫色变"，不少人变身"科学家"，在家研究真假紫菜的鉴别。

视频中仅凭"撕不断、嚼不碎、有腥臭味"几个特点，就得出紫菜是"废弃黑塑料袋做的"的结论，科学吗？

这段视频很快就被专家证实是谣言。

紫菜"撕不断、嚼不碎"的原因有很多，如，浸泡水温低、浸泡时间短、收割期偏后等。而黑色塑料袋多为聚氯乙烯制成，含有重的化工材料气味，坚韧且不溶于水，入口口感和紫菜完全不同。北京市食品安全监控和风险评估中心对紫菜样品和塑料薄膜进行了分析鉴别，结果显示：从外观看，两者的断面微观形貌具有明显差异。紫菜的断面结构复杂，而塑料袋的断面结构致密。从光谱图看，紫菜样本的红外光谱图中具有蛋白特征吸收峰，而塑料袋的没有此特征峰。从成分看，紫菜中都检出较高的蛋白质和氨基酸，而在塑料袋中未检出蛋白质和氨基酸。

晋江市公安局成立专案组，分赴国内多地对涉案谣言视频进行侦查。抓获谣言制造和传播者十多名。这些谣言制造者的动机是什么？

"塑料紫菜"网络造谣者王某祥，因在吃馄饨时认为自己吃到了"塑料做的假紫菜",便联系生产企业进行维权。他向企业索赔未果,随即指挥员工拍摄"塑料紫菜"视频上传到网络,并对生产企业进行勒索。而另一名造谣者广西贵港曾某,在看过网络上传的"塑料紫菜"视频后觉得好奇,就拿家里的紫菜做实验,并拍成视频,在未经证实的情况下就将该视频转发家长微信群。结果视频很快被传播开来。

5.2.3 食用盐有毒,天天吃盐,实际上是长期摄毒

有一段时间网上疯传"食盐有毒"的谣言,一些貌似科学的解释是"中国的盐加有亚铁氰化钾作为抗结剂,亚铁氰化钾在遇上烹饪食物的高温时有可能分解成为氰化钾这种剧毒物质","盐的毒性不高,但天天吃,实际上是长期摄毒,相当于慢性中毒;国外的盐不含抗结剂"……甚至有一位教授以自己的亲身经历痛诉"血泪盐史",声称自己吃国产盐时身体常年各种不适,全都是抗结剂亚铁氰化钾惹的祸,而在他换用没添加亚铁氰化钾的食盐后,之前的"各种不适"不治而愈。神奇!

我国食盐含有亚铁氰化钾,国外高档盐不含?长期食用加入亚铁氰化钾的食盐真的会慢性中毒吗?这些说法正确吗?当然不对。

为此,2017 年中央电视台还专门播出:《国产食盐"添加剂"堪比砒霜纯属胡说八道!》来辟谣。

下面我们就这些问题做一个详细的分析。

为什么要在食盐中加入亚铁氰化钾?加入的亚铁氰化钾是作为抗结剂的,如果没有抗结剂的话,由于盐(氯化钠)是离子晶体,表面自由能很大,非常容易吸附水,食盐易结成硬块。结块后的食盐不仅不利于运输和储存,使用的时候也很不方便。有烹饪经验的人都知道,如果是快火爆炒的菜式,遇到结块的盐简直就是一场灾难,容易导致盐分布不均匀。这样一是影响口感,二是很难准确控制加盐量。

我国的盐加亚铁氰化钾,而国外盐不加亚铁氰化钾吗?错。

亚铁氰化钾在国外也是主要用作抗结剂的。欧盟、日本均可以用亚铁氰化钾/钠/钙,限量值为 20 mg/kg,比中国 10 mg/kg 的限制要宽松,美国也可以用亚铁氰化钠,限量值和中国一样。

亚铁氰化钾高温会分解出剧毒氰化钾吗?的确可以,但要在 400 ℃ 以上的高温。

许多人看到"氰化物"三个字就发抖，但亚铁氰化钾的化学性质很稳定。与游离的氰根离子（CN⁻）不同，CN⁻与亚铁离子［Fe（II）］以配位键方式形成络合离子［Fe（CN）$_6$］$^{4-}$，其中中心原子 Fe（II）采取 d^2sp^3 杂化轨道，留下 3 个充满电子的 d 轨道（未杂化的部分），6 个配体 CN⁻中 C 原子上的孤电子对与 Fe 的杂化空轨道形成了 6 个 σ 键。此外，中心亚铁离子充满电子的轨道由于负电荷积累，电子会向 CN⁻的 π* 轨道反馈，形成反馈 π 键。整个［Fe（CN）$_6$］$^{4-}$络合离子是一个 σ－π 协同效应，稳定性较好，在一般的温度不会释放出有毒的氰化物。但在强烈灼烧时（400 ℃以上）会发生分解，放出氮气并生成氰化钾和碳化铁。

400 ℃高温是什么概念呢？通常食用油的沸点一般都在 200 ℃以上，其中花生油、菜籽油的沸点为 335 ℃，豆油为 230 ℃。一般情况下，食用油在150 ℃左右就开始冒烟，且通常植物油的燃点温度低于沸点，也就是说 400 ℃时，植物油早已经着火了。而不粘锅在 200 ℃以上时，其涂层就会发生化学反应。

因此，在正常烹饪的情况下，食盐不会分解出剧毒物质氰化钾。

5.2.4　血燕为什么这么红？是金丝燕吐的血吗？

燕窝一向被中国人视为滋补圣品，据清代赵学敏的《本草纲目拾遗》记载："燕窝大养肺阴，化痰止嗽，补而能清，为调理虚损劳疾之圣药。一切病之由于肺虚不能清肃下行者，用此者可治之。"燕窝中尤其以血燕最为名贵。

关于血燕的成因，有不同的说法，归纳起来主要有三种。

第一种是金丝燕呕血结巢说。民间传说：金丝燕每年结巢三次，第一次结之巢厚而洁白，唾液质素较优，所以筑起来的巢较优较厚，形状特佳。到了六月，金丝燕再次筑巢，由于相距时间较近，体质未能完全恢复，故筑起的巢质素较差。到了九月，金丝燕在两次被连窝端后，第三次筑巢时会竭尽生命呕心沥血，故而血燕营养价值特别高。

第二种是岩壁结巢说。被两次连窝端后的金丝燕，第三次将巢筑在岩石峭壁上，由于气候的原因，燕窝被所附红色岩石壁渗出的红色液体渗润，燕窝便通体透红，人称"血燕"。

第三种是综合成因说。其认为主要原因有三：一是金丝燕食用海边藻类、深山昆虫飞蚁等食物，故其唾液含矿物质较多，燕巢容易氧化成红色；二是万年岩壁所含的矿物质经由巢与岩壁的接触面，慢慢渗透到巢内，加上石洞里的天然矿泉水滴入燕窝而产生颜色上的变化；三是石洞里面的空气非常闷热，越深入洞腹越是闷热，含有矿物质的燕窝受到闷热的空气氧化而转变成灰红或橙红的颜色。

科学的解释是什么？2018 年中国香港和新加坡的两个科研团队给出了答案。

香港科技大学的詹华强分析了市售的几种不同颜色的燕窝，结果发现白色、黄色、红色燕窝中总的铁元素含量没有显著性差异。为了探究红色燕窝的形成过程，他使用了亚硝酸钠/盐酸体系对白色燕窝进行了处理，得到了红色燕窝；再使用过氧化氢处理红色燕窝又可将其变成白色。这一结果证明民间传说"血燕是红色石壁的矿物渗入普通白色燕窝中形成的"的观点有问题。新加坡南洋理工大学的 Soo-Ying Lee 教授团队则从蛋白的硝基化入手解释了红色燕窝形成的原因。白色燕窝在化学试剂处理后变成红色燕窝。他们使用 ELISA 试剂盒对不同燕窝中的 3 - 硝基酪氨酸进行了检测，发现用硝酸/硫酸体系处理后的燕窝的 3 - 硝基酪氨酸含量接近天然的红色燕窝。最后他们得出结论：由于燕子以昆虫为食，昆虫属于高蛋白食物，因此燕子的粪便含有大量的含氮化合物。含氮化合物在微生物的作用下产生亚硝酸或硝酸蒸汽，这些气体在相对密闭的巢中被白色燕窝吸收，使其变成黄色或金色燕窝，最终变成红色燕窝。这也可以解释为什么红色燕窝中含有大量的硝酸盐和亚硝酸盐。

通过上述分析，我们可以总结出：血燕含有较多的亚硝酸盐，食用前需谨慎处理！

5.2.5 相克的食物一起吃，等于慢性自杀！

生活中有许多食物相克的谣言，其中有的早已有之，但近些年穿上了"科学"的外衣，由李鬼变身"李逵"，登上科学谣言的排行榜。如，"同时吃螃蟹和柿子会中毒"就在"2017 年十大'科学'流言终结榜"中位列第七。下面我们看看几个常见食物相克的谣言：①豆浆和鸡蛋同食影响吸收，原因是豆浆中含有胰蛋白酶抑制物，会抑制蛋白质消化，影响鸡蛋的营养吸收。②菠菜和豆腐一起吃容易导致结石，原因是豆腐中含钙，菠菜中含草酸，一起吃会形成草酸钙。③啤酒和海鲜一起吃后会产生化学反应，导致痛风。④柿子中含有鞣酸，螃蟹富含蛋白质，这两种物质之间会相互影响，同食后会造成疼痛和腹泻。⑤维生素 C 和虾一起吃会中毒，原因是维生素 C 作为还原剂，能将虾中的五价砷还原为三价砷（俗称砒霜）。⑥柿子和酸奶同吃会致死，原因是两者反应产生致命毒素……网上类似的谣言非常多，再配上貌似科学的化学解释，常常使人真假难辨，最后无所适从，莫衷一是。

实际情况是：

（1）网上解释"豆浆和鸡蛋不能同吃"的理由有两条：一是"豆浆中有胰蛋白酶抑制物，能够抑制蛋白质的消化，降低鸡蛋的营养价值"；二是"鸡蛋中的黏性蛋白与豆浆中的胰蛋白酶结合，形成不被消化的物质，大大降低鸡蛋的营养价值"。第一条有些道理，大豆中确实含有胰蛋白酶抑制物，但豆浆在煮熟的过程中，胰蛋白酶抑制物大部分会被"灭活"，从而失去抑制蛋白质消化的能力，所以食用煮沸后的豆浆并不会妨碍鸡蛋中蛋白质的吸收。第二条则纯属以讹传讹。胰蛋白酶是人体或者动物胰腺分泌的酶，其作用是分解蛋白质，而在大豆中并不存在这样的酶。黏性蛋白是存在于鸡蛋中的一种蛋白质，它是鸡蛋中的一种过敏原，有些人吃鸡蛋过敏就是黏性蛋白导致的，但若对黏性蛋白不过敏，那么吃鸡蛋就没事。

（2）菠菜与豆腐同食并不会导致结石，原因是草酸极易溶于水，只需把菠菜在沸水中焯 1 分钟捞出，就能除去 80% 以上的草酸，剩下的根本就微乎其微。我们知道化学反应的速度与参加反应的物质的浓度有关，因此正常人一次吃下的菠菜和豆腐的量，使它们两者之间能够进行反应的程度并不高，导致结石的可能性微乎其微。

（3）海鲜和啤酒都含有较多嘌呤，会升高血液中尿酸（嘌呤的代谢产物）的浓度，诱发痛风，过多食用其中任何一种都可能会引发痛风。故而，引发痛风的原因不是两种食物一起吃，并且两者之间并不会发生反应而生成新的导致痛风的物质。除此之外，高嘌呤食物还有很多，如肉类、大豆等，对于这类食物，痛风患者或高尿酸血症患者要谨慎处理，尽量少吃。

（4）鞣酸和蛋白质在人体环境内是否能产生反应并不确切，但两者一同混吃并不会造成腹泻、中毒或其他明显不适。像螃蟹、鱼虾、肉类、鸡蛋这种富含蛋白质的食物，都很容易腐败变质、细菌繁殖并导致腹泻或过敏症状。此外，螃蟹壳不容易洗干净，若加热不彻底，微生物不能被杀死，也会导致腹泻。这与柿子没有什么关系，换而言之，若换成其他食物，因螃蟹的问题照样会引发腹泻。

（5）虾所含的砷绝大部分是稳定的有机砷，无机砷的含量不到4%。按国家标准，每千克鲜虾中无机砷含量不能超过0.5毫克。维生素 C 有一定的还原性，作为还原剂是有可能把无机砷（五价）还原为三价砷（砒霜）的，但两者需要一定的条件和剂量才会发生。因为，影响化学反应速度的一个非常重要的因素就是反应物的浓度，少量的无机砷和维生素 C 在胃中能够反应的程度不高。另外，即便是100%完全反应，想要达到一个成年人的中毒剂量的三价砷（砒霜），起码一次得吃下300斤虾。如此大的量就算是大胃王也只能"望虾兴叹"吧！

（6）中国农业大学专家的解释是："柿子和酸奶同吃并不会形成毒素，但是柿子中含有鞣酸，尤其是不成熟的柿子。鞣酸与胃酸作用可以生成凝块，而且可以和其他食物碎块聚积成大植物纤维团，从而引起胃部不舒服。"

综上所述，网上流传的这些所谓的食物搭配禁忌全部都是谣言。为什么会出现这些谣言，其中一个重要原因就是个体差异性的问题，就是常说的"彼之蜜糖，吾之砒霜"。食物对人体的影响，有个性化，根据个人身体体质会有不同的影响，而不是食品搭配或配伍造成的。

5.2.6　人的体质有酸碱之分

人体"酸碱体质说"是一条流传甚广的"理论"，该谣言位居"2018年十大'科学'流言终结榜"榜首。

这一理论的核心是认为人类的大部分疾病都是由"酸性体质"造成的。从源头上根治疾病的方法就是调节人体的酸碱性，最简单的方式就是选择性地吃食物和保健品。在保健专家和商贩们的推波助澜下，这一谣言俨然成为一条流行的"医学常识"和"养生铁律"。"2016年十大'科学'流言终结榜"位列第五的"喝苏打水预防癌症"，即是由该理论派生而来的一条科学谣言。笔者也曾经有过这样的经历，到别人家里做客时，在主人极力劝说下，饮过风靡全国的碱性水。

真相是什么呢？

2018年美国加利福尼亚圣迭戈市一个陪审团作出裁决，被告罗伯特·欧德姆·扬需向原告支付1.05亿美元的赔偿金。

有的人可能会一头雾水，罗伯特·欧德姆·扬是谁？没有听说过他的名字正常，但一定听说过他的理论——人体健康取决于体内的酸碱平衡。2002年，扬出版了一本名为《酸碱奇迹：平衡饮食，恢复健康》的书。他在书中宣称："酸性体质"容易导致癌症、肥胖、骨质疏松、皮肤病等疾病，是不健康甚至有潜在危险的体质。如果能在身体内建立一个"碱性系统"，保持酸碱平衡，则有利于抵抗和治疗疾病。

科学的解答是：人体调节酸碱平衡的机制非常复杂，通常约定俗成的人体的 pH 值是以血液的 pH 值作为指标的。人体血液的 pH 值是 7.35~7.45，人体的消化系统、排泄系统和呼吸系统能够精密地控制血液的酸碱平衡。当它低于 7.35，就被认为是酸中毒，当它高于 7.45 时，则认为是碱中毒。因而正常人都是弱碱性，不存在酸性体质的问题。

通过食物能够调节人体的酸碱性吗？答案是否定的。食物的酸碱性与其本身的 pH 值无关，主要与食物进入人体后经过的消化、吸收和代谢等过程有关。任何食物进入消化道，在人体胃液的强酸环境下，都会被酸化，之后进入肠道，会受肠液和胆汁作用而碱化。总之，食物在人体胃酸、胆汁、十二指肠液、胰液等的作用下会不断改变其酸碱性，不存在碱性食物改变人体 pH 值一说。

5.2.7　大蒜炝锅会致癌，咖啡致癌

"2018 年十大'科学'流言终结榜"除了"人的体质有酸碱之分"和"食盐含有亚铁氰化钾，有毒"等之外，还有两条与化学有关的谣言，"大蒜炝锅会致癌"和"咖啡致癌"。网上一度疯传《星巴克最大丑闻曝光，全球媒体刷屏！每天喝进嘴里的东西竟然致癌》《烤面包中含有丙烯酰胺，吃多了会致癌》和《咖啡致癌》等文章。谣言配上看起来非常专业的化学解释，想要不信都难啊！为什么炝锅后的大蒜、咖啡和烤面包都会致癌呢？网上流言的解释是：食物（蒜、面包和咖啡豆等）在高温加热后，会发生化学反应，释放出丙烯酰胺，而丙烯酰胺是一种致癌物质，因而食用炝锅后的大蒜、烤面包或者饮用咖啡都会致癌。

然而真相是：大蒜、面包、咖啡豆，还有其他食物在烘焙、烤制或者煎制过程中，经过 118 ℃以上高温过程，都会出现美拉德反应，导致食物出现诱人的金黄色和芳香。美拉德反应是 1912 年法国化学家美拉德发现的。美拉德反应需要几个条件，蛋白质（氨基酸）、还原糖（葡萄糖、果糖、麦芽糖、乳糖等）和高温。高温下，氨基酸与糖会发生一系列复杂的反应，反应过程中产

生的种类繁多的新分子可以为食品提供独特的色泽与气味。但是美拉德反应也存在一个问题，就是会伴随副产物丙烯酰胺的产生，而且加热时间越长，食物越焦，丙烯酰胺的量越大。因此，不仅仅在大蒜炝锅、烤面包和烘焙咖啡时会产生丙烯酰胺，就是在我们日常生活中炒菜、焙烤食品、烧烤食品时也都会产生丙烯酰胺。

丙烯酰胺有多危险呢？它被国际癌症研究机构归类为"可能的人类致癌物"。这意味着有证据表明丙烯酰胺能导致动物患癌症，但没有明确的人类致癌证据。比这个类别更高等级的是"人类致癌物"，如酒精、香烟，意思是有明确的证据表明它们会使人患癌。

世界各国的一些权威机构都纷纷出来辟谣。我国的国家食品安全风险评估中心及香港食物环境卫生署的意见是，当前国人饮食中的丙烯酰胺尚不足以危害健康。2016 年，国际癌症研究机构（IARC）对现有研究成果进行综合分析后认为，并没有足够的证据显示喝咖啡会增加人类患癌症的风险。2017 年，国际癌症研究基金会（WRCF）发布的报告也指出，目前并没有证据显示喝咖啡会使人致癌。

上述谣言关键的问题是夸大了丙烯酰胺的致癌作用，而忽视了最重要的一点，就是剂量。离开剂量来说毒性是不科学的，毒理学奠基人帕拉塞尔苏斯（Paracelsus）就指出：剂量决定毒性"The dose makes the poison"，即所有物质都有一定毒性，唯有剂量能够区分毒性。因此，科普圈有句名言"抛开剂量谈毒性就是耍流氓"。我们来算一算常吃的食物中到底含有多少丙烯酰胺。烤面包中丙烯酰胺仅为 72 μg/kg，焦一些的面包中丙烯酰胺也仅为 93 μg/kg。烙饼中丙烯酰胺含量为 15 ~ 109 μg/kg，烤馍片则为 86 ~ 545 μg/kg，薯条为 31 ~ 55 μg/kg。

对于上述食物，正确的处理方式不是不吃，而是控制量。普通人每天摄入多少丙烯酰胺是安全的呢？世界卫生组织专家评估指出，正常人每日摄入量控制在 2.6 μg/kg 体重是安全的。对于 60 kg 的成年人，这意味着他每天摄入超过 156 μg 的丙烯酰胺才会超出安全限制。如果不是大胃王比赛，想必没有人一天会吃 1 kg 的烤面包或者烙饼，因而根本不用担心丙烯酰胺摄入量超标的问题。

虽然没有证据表明，日常生活中食物加工过程产生的丙烯酰胺会使人致癌，但是平时我们尽量少吃或者不吃烤焦的食物、控制烤制、煎制和烧制食物的摄入量，还是十分必要的。

5.2.8　防晒霜会被身体吸收危害健康

"2019 年十大'科学'流言终结榜"中，位居第六的是"防晒霜会被身体吸收危害健康"。

2019 年，一则"防晒霜会被身体吸收危害健康"谣言在网上疯传，让爱白的中国女性一时间都蒙了。

真相是什么呢？

这条谣言是对《美国医学会杂志》2019 年 5 月 6 日发表的一篇文章的误读。这项关于防晒霜的研究由 FDA 的 David Strauss 博士领导，论文在结论中明确提到"这项实验结果并不能表明个人应该避免使用防晒霜"。

这项研究测试了四种在售防晒霜中的防晒成分（包括阿伏苯宗、氧苯宗、辛二烯和环己酮）对人体的影响。2019 年的实验有 24 名参与者，分为 4 组，每组 6 人，每天涂抹 4 次，涂抹防晒霜的量为 2 mg/cm² 皮肤，覆盖面积为身体的 75%。研究人员通过抽取参与者血液，检测这些防晒成分在人体血液中的浓度是否超出 FDA 在 2016 年设定的阈值——0.5 ng/mL。结果发现，仅仅一天时间，参与者血液中四种防晒成分的浓度都超过了阈值。该研究结果出来之后，有专家对此表示质疑。认为 FDA 的实验存在样本量太小、防晒剂的使用水平过高的问题。因为所有参与者的实验环境都是在室内（一般防晒霜是在室外使用），而且是连续四天涂抹大剂量的防晒霜，涂抹体表面积达 75% 的条件。

为此，2020 年 1 月，FDA 又在《美国医学会杂志》发表了一项新的实验结果。这次防晒霜的参与者从 24 人扩大到 48 人，并测试了各种各样的防晒霜中的活性成分。结果研究人员发现：单次涂防晒霜后，参与者血液中的三种化学物质（同色氨酸、辛烷酸和辛氨喋呤）含量高于 0.5 ng/mL 的阈值。FDA 在这份报告中也指出：这一结果并不意味着防晒产品的使用不安全，而是希望给防晒霜的制造商一个警示，对防晒品的安全测试需要加强。Rob Chilcott 说："应该强调的是，使用防晒霜对健康仍有益，它从一定程度上可以保护皮肤免受过度日晒、减少皮肤癌的发生。"

在是否使用防晒霜的问题上，大家必须清楚的是：太阳辐射造成的已知危害风险远超过这些防晒成分带来的潜在危害。因为阳光中的紫外线对皮肤有非常大的伤害，它会导致皮肤老化，皮肤晒伤，甚至还会导致黑色素瘤和其他皮肤癌症。目前尚不清楚这些防晒化学品的血液吸收是否对人体有害，对其的安全研究尚未完成。

6 化学与艺术

青取之于蓝，而青于蓝。

——荀子

化学蕴含着艺术的美丽，艺术需要化学的智慧。李政道（1957 年诺贝尔物理学奖获得者）说过："科学与艺术是一枚硬币的两面，连结它们的是创造性。"化学是一门具有创造性和实用性的学科，化学研究通过实验、理论、成果等为我们展现了化学文化的社会价值和化学之美，而化学创造的产品及其制造工艺则深刻地体现了化学和艺术的融合，呈现技术之美。美是科学与艺术的共同属性，化学家能够从艺术中得到启发和灵感，发现化学的美丽并创造美丽的化学，当然也希望将这种美传递给享用化学成果的人们。

6.1 中国古代文明中的三大化学工艺

造纸术、烧瓷和造黑火药是我国古代在世界上享有盛名的三大化学工艺，随之而生的纸艺术、陶瓷艺术、烟花艺术具有浓厚的文化元素和强烈的艺术感染力。这三大化学工艺不仅促进了我国文化的繁荣，也为世界文化的发展作出了贡献。

6.1.1 造纸术

纸生在中国，东汉时蔡伦在前人的基础上，改进了造纸工艺，以树皮、麻头、破布、旧渔网等为原料实现了大批量造纸，且质量优良。很快蔡伦的造纸术得到推广并传播到国外，渐渐地纸张成为人们文化生活和日常生活的必需品。纸的成分并不算复杂，主要是纤维素，一种由葡萄糖串联起来的链状高分子。造纸术的工艺就是原料经过水浸、切碎、洗涤、蒸煮、漂洗、舂捣、加水等工艺将植物中的纤维素分离出来制成悬浮的浆液，然后捞取浆液让植物纤维交织，干燥后得到片状纤维素，即成为纸张。获得洁白细腻的纸张主要取决于纤维的柔细程度以及杂质和色素的去除率，造纸术的多个步骤为此而设计。比如长时间浸泡能使原料发酵和腐败，其中的一些物质腐烂掉，而纤维不易腐烂得以保留。再者，使用草木灰水、石灰水等碱性水制浆，能通过中和反应和生成盐使植物中的木素、果胶、蛋白质等溶于水中并除去，从而得到高质量的纤维素悬浮液。现代制浆过程使用氢氧化钠与非纤维成分反应，效果更好。由此可见，纸是以各种植物为原料采用化学方法加工而得到的以纤维素为主要成分的平滑薄页，以此可以区别竹简、帛、绢等可以书写和绘画的材料。虽然我们的祖先没有现代的化学思想和研究模式，但是凭借着对实践中接触到的化学变化的感悟和经验总结，利用身边的材料，运用化学变化，发明了造纸术。

纸的发明和运用使文字载体产生了重大变化，纸作为书写、绘画和印刷的载体，促进了典籍的保存与流传和文化的传播与交流，同时，造纸术和印刷术导致书籍制作的重大变革，对于知识记载和传播以及教育的发展也起到了重要作用，推动了人类文明的发展。在纸与书写和绘画相遇的漫长年代里，纸本身就是一道独特的风景，经千年的演变，薄薄的纸承载厚厚的历史。伴随着纸的应用，纸文化应运而生，纸还可以制作折纸、剪纸、灯笼、风筝等丰富多彩的工艺品。除此以外，还有特殊的纸，如纸币和邮票，以及用于日常生活中的各种纸制品，如，油纸伞、纸扇等，再附以书法、绘画等，不仅实用还有艺术性。纸让生活便利而又充满着艺术气息。

6.1.2　烧瓷

水火土的完美结合孕育了享誉世界的瓷器，瓷器（china）与中国（China）同名，中国是瓷器的故乡。瓷器源于陶器，我们的祖先在熊熊的烈火中将黏土烧成了陶器，陶器的出现丰富了人类的生产和生活用具。如，陶器可以做炊器，这样人类的饮食不再局限于生食和烧烤类熟食，可以烧开水和蒸煮食物。工匠向来是精益求精、追求完美的，随着烧陶技术的进步和工艺的完善，特别是随着高温技术的不断发展，在商周时代出现了瓷器。相较于陶器，瓷器质地细腻，釉面光亮，胎釉结合紧密牢固，因此瓷器更华美、易清洗和耐用。

瓷器与陶器的生产工艺是大致相同的，首先使用黏土塑形并对坯体修整，然后，在坯体表面涂上一层釉料，最后，入窑炉烧制。成品是瓷器还是陶器主要取决于原料的化学成分和烧制工艺中的化学因素。瓷器胎体选用的黏土是氧化铝（Al_2O_3）和氧化硅（SiO_2）含量高，而氧化铁（Fe_2O_3）含量低的高岭土，在高温下能烧成白色的坯。烧制工艺方面，高温烧结是得到高质量瓷器的关键。陶器的烧成温度一般在 700 ℃ ~ 1 000 ℃，最高温度 1 200 ℃ 左右，而瓷器的烧成温度一般高于 1 100 ℃，可以高达 1 400 ℃ 左右，比如，青花瓷的烧成温度在 1 300 ℃ 左右。

烧瓷过程的温度和火焰的性质是关键。在 300 ℃ 以下的低温段，干燥除水后瓷坯的气孔率增大。随着温度的升高将发生一系列化学反应，在 300 ℃ ~ 950 ℃ 的中温阶段，矿物的结晶水（结构水）脱除，$Al_2O_3 \cdot 2SiO_2 \cdot 2H_2O$（高岭土）$\longrightarrow Al_2O_3 \cdot 2SiO_2 + 2H_2O$（蒸发），而且 SiO_2 和 Al_2O_3 等会发生晶型转变。坯料中的有机物、碳素发生氧化反应生成二氧化碳和水，碳酸盐和硫酸盐等分解。氧化和分解产生的气体（CO_2，SO_2 等）需及时排出，以免影响瓷坯的品质。为了保证氧化和分解反应进行的彻底，这一阶段需要加强通风以保持良好的氧化气氛。经过中温段，瓷坯的气孔率进一步增大，硬度增加。继续升温至高温段（950 ℃ 以上至烧成温度），黏土物质和碳酸盐的分解以及碳素的燃烧等更加剧烈。同时，晶体发生固相熔融形成液相，有新的结晶相生成。在 1 100 ℃ 左右的还原气氛中 Fe_2O_3 还原形成的 FeO，接着与 SiO_2 反应生成 $FeSiO_3$，$FeO + SiO_2 \longrightarrow FeSiO_3$（青色）。在此阶段，需控制好还原焰和气氛，氧气的含量不能高，如果氧化铁不能完全还原，则瓷器呈现淡黄色且粗糙。经过高温烧结，瓷的玻璃化程度高，瓷器质地更为坚硬，不易变形。此阶段，瓷坯气孔率降低，密度增大，色泽变白，光泽增加。在烧成温度下保持一段时间，坯体结构更为均匀致密。最后，经过高温烧制的坯体在窑里渐渐冷却，即可得到硬度、光泽度、细腻度远高于陶器，且孔隙率（气孔率）远小于陶器、吸水率极低的瓷器。瓷器出于土生于火，从泥土到瓷器，烧制工艺实现了化土为"玉"。另外，釉层在烧制过程中同样发生各种化学变化，为瓷器增色添辉。

瓷器的精美还源于一个重要的环节——瓷器彩绘，彩绘的效果除了取决于绘画者技艺和审美水准外，还主要取决于彩料（着色剂）的化学成分和烧制工艺。瓷器中常见的彩料是矿物，主要是呈现不同颜色的金属氧化物。如，黄彩料的主要呈色元素是铁和锑，紫彩料的主要呈色元素是钴、锰、金。青花料（青花瓷的彩料）是钴土矿提炼后的矿物料，主要成分是氧化钴，它呈现蓝色，其中含有一定的氧化锰和氧化铁。青花的颜色是氧化钴高温烧制后呈现的钴蓝色（青色），钴的含量越高，蓝色就越正，锰含量高时，青花就蓝中泛紫或蓝中泛红，铁含量高时，青花就发黑。烧制青花瓷时，用毛笔蘸青花料在瓷坯表面绘画，然后挂上石灰（氧化钙）或者长石（一种含有钙、钠、钾的铝硅酸盐矿物）透明釉浆，在 1 300 ℃左右的还原气氛中烧制，以减少 Fe_2O_3、MnO_4 和 Mn_2O_3 等对青色的影响，这种彩绘方式称为釉下彩。瓷器彩绘也可以在烧成的素白釉上绘画，然后在 800 ℃左右烘烤完成，这种彩绘方式称为釉上彩。釉上彩使用的彩料是将呈色矿物的粉末与低温釉料基质（由牙硝，即 Na_2SO_4 晶体、石英、丹黄组成）按一定比例混合、研匀，以油类调和成的色料。

从原料的选取到烧制工艺，古代烧瓷与现代烧瓷没有多少本质的变化，虽然那时还没有化学学科，但是对瓷土、釉料和彩绘料的选取以及对烧制温度、火焰气氛的准确调控，足以表明工匠在实践中较好地掌控了烧瓷工艺中的化学因素和化学反应。技术与艺术熔于一炉诞生了享誉世界的中国瓷器，实用又精美的瓷器凝结着工匠的心血和智慧，蕴藏着化学神奇的力量和魅力。

6.1.3 造黑火药

黑火药是我国古代四大发明之一，也是化学发展史上的大事。关于配制黑火药的最早记载是唐初"药王"孙思邈在《丹经内伏硫黄法》一书中叙述把硫磺、硝石和皂角放在一起烧的"伏火法"，这也是最早有文字记载的黑火药配方。之所以称为黑火药，是因为硝石、硫磺在古代都是药物，而孙思邈研制的也是一种药，医书中确有火药治病的记载。只是这味药遇火迅速燃烧，而且火力强大。随后人们更关注这个配方的燃烧威力，探索出硝石、硫磺、木炭比例为 1：2：3 混合，即"一硝二磺三木炭"可以获得好的燃爆效果，又因为炭是黑的，所以这个混合物被称为黑火药。黑火药粉末点燃后快速发生一系列的化学反应，硝酸钾受热分解放出的氧气，使木炭和硫磺剧烈燃烧，瞬间放热并产生大量的二氧化碳、一氧化碳、氮气以及氮氧化物等气体，使体积急剧膨胀，压力猛烈增大，发生爆炸。由于固体微粒分散于气体中，特别是 K_2S，产生大量的浓烟。黑火药点燃时发生如下化学反应：$4KNO_3 \longrightarrow 2K_2O + 4NO + 3O_2$，$4KNO_3 + S + 7C \longrightarrow 3CO_2 + 3CO + 2N_2 + K_2S + K_2CO_3$。利用爆炸的威力，黑火药也应用于军事和采矿。化学诞生以后，欧洲人对火药进行了深入研究，发明了威力更大的炸药（黄火药）。1863 年，瑞典化学家诺贝尔成功发明了用硝化甘油（又称硝酸甘油）引爆雷管的炸药。有意思的是，0.3% 硝酸甘油片剂也是一种扩张血管的药。20 世纪初开始广泛使用 TNT（三硝基甲苯）炸药，TNT 威力大且安全，被称为"炸药之王"。

　　除了用于爆破外，人们更多的是利用黑火药燃爆具有的烟、火、光、声等不同的效果，把黑火药制作成烟花爆竹等，在辞旧迎新、婚丧嫁娶、庙会和各种庆典等礼仪活动中燃放，花炮文化由此产生。火药初现时，人们用它做焰火。后来，有人把黑火药装入竹筒，点燃使之爆炸，即为早期的竹筒爆竹。还有我们熟悉的鞭炮源于"编炮"，用纸筒装裹火药，再用麻茎编结成串而成"编炮"，后改称鞭炮，这种传统工艺一直延续千年。人们在燃放爆竹时，注意到爆竹喷火现象，于是制造了喷花，即早期的烟花。之后，各式各样的烟花爆竹产品层出不穷。如今，在盛大的烟花表演中，烟花随韵律绽放，随节奏起舞，一朵朵美丽的烟花、一幅幅烟花图案的造型让节日的夜空光芒四射。精准的调控技术让空中和地面布阵同步，烟花可在空中呈现精美图案和文字，如北京奥运会开幕式的大脚印。烟花和焰火，瞬间呈现的绚烂火花，映射化学的美丽，是一种最富化学味的艺术。

6.2　化学技术之美

　　科学认识世界，美在发现和创新；技术改造世界，美在制作和实用。在创造新产品的过程中，化学家运用先进的技术实现产品科学性和实用性的统一、实用美和形式美的统一，一代代的新产品改变着人类的生活及生活方式。再者，化学从诞生的那一刻起就透着艺术之魂，滋润着人类的精神生活，无论是金银珠宝首饰还是陶瓷玻璃日用品，这些美丽、实用的产品都能令我们感受到化学的艺术魅力。

6.2.1　火柴

　　人类对于火是爱恨交织的，人害怕火，又离不开火。为了随时随地能使用火，人类一直在寻找方便、快捷的取火工具。一根小小的火柴有着不平凡的来历，它曾经是我们日常生活不可或缺的一种日用品——取火工具。虽然火柴渐渐远离了我们，但是它的出现使人们的取火方式发生了巨大的变化。火柴问世之前，欧洲人用打火石或打火机取火，我们的祖先用发烛引火，发烛是涂上硫磺的松木薄片或杉木条，遇到火即刻燃烧窜出火苗，借用火种（明火）或火石将其点燃，又称为引光奴或粹儿，还有用火镰（火刀）取火和打火石引火等。为了方便，人们总是试图制造出可以随身携带的火种，比如让涂有硫磺的木片直接燃出明火，而不是从一个燃烧源传递到另一个燃烧源。在磷发现以后，英国化学家波义耳潜心深入地对磷进行研究，并开始了制造火柴的实验。1680 年，他用一端带有硫磺的小木棒摩擦涂了磷的粗纸点燃了木棒，这被认为是现代火柴的开端。随后，科学家们进行了深入的探索，设计和研发了各种火柴。如，德国人制造出"磷烛"，将一条带磷头的蜡纸密封于一根细长的玻璃管内（无氧），取火时将玻璃管敲破，磷遇空气燃烧。这种火柴比较安全，但携带和使用并不方便。后来法国人发明了"速燃火盒"—— 一束涂有氯酸钾、糖和树脂混合物的细棒和一小瓶硫酸。只要将细棒浸入硫酸，取出就会燃烧起来。1826 年，英国化学家沃克（John Walker）用氯酸钾（$KClO_3$）、硫化锑（Sb_2S_3）和树胶制成了摩擦火柴（无磷配方），取火时在砂纸上擦燃，这是近代火柴的萌芽。但这种火柴的燃烧性能差，且火柴头易破碎，并不实用。其间，点火的化学成分也有多种尝试。为了增加火柴的易燃性，1831 年，法国人以白磷作为主要发火介质制成了白磷火柴。这种火柴使用方便，随便在粗糙的表面上一划就能点燃，但是白磷的燃点很低，超过 40℃ 会自动燃烧，容易引起火灾，而且白磷毒性很强会危害人的健康，这种火柴被称为不安全火柴。

1845 年，奥地利化学家施勒特尔（Anton Schrtter von Kristelli）发现了白磷转变为红磷的方法，红磷是白磷的同素异形体，毒性低且不易自燃（引燃温度 260 ℃）。用红磷代替白磷制作火柴，性能比较稳定和安全。十年后，1855 年，瑞典人伦德斯特伦（J. E. Lundstrom）创制出一种新型火柴，他将硫化锑、氯酸钾等混合物粘在火柴梗上（药头），并制作了涂有红磷的摩擦面贴在火柴盒两侧。使用时，将火柴药头在磷层上轻轻擦划，即能点火，在其他表面摩擦则点不着火，并且发火介质（火柴头的化学成分）和红磷分开，大大增强了生产和使用中的安全性，称为安全火柴。这种安全火柴的发火原理是：发火介质主要成分是氯酸钾、硫化锑（易燃物），火柴杆上涂有少量的石蜡，火柴盒侧面主要成分是红磷。划火柴时摩擦产生的热使磷燃烧，磷燃烧放热使氯酸钾分解放出氧气，氧气与硫化锑反应放热引燃石蜡，最终使火柴杆燃烧，火柴便划着了。1862 年，随着制作工艺的完善和成熟，这种安全火柴终于实现了工业化的大批量生产。安全火柴逐渐为世界各国所采用，19 世纪末取代了白磷火柴。清朝晚期，火柴传入我国，被称为"洋火""番火"等。小小的火柴，既要易着火，又要安全，在两相矛盾中寻求平衡，经历了 100 多年才研制成功。巧妙的组合以及一系列的化学反应，让一根小木棒燃起了希望之火。火柴的出现令人们点火变得快捷、方便、安全，日常生活更加便利。随着人们需求的提高和科技的进步，适用于户外使用的防风、防水火柴和超长燃烧时间的高能火柴相继问世。同时，研发环境友好的药头配方，使火柴的燃烧无毒无害。

打火机是另一种方便的取火工具，它的发明远早于火柴，1823 年德国科学家德贝赖纳制出了第一个点火器，即德贝赖纳灯（Döbereiner's lamp），但它并不实用。后来虽有很多改进，但装置仍然比较复杂，价格昂贵，生活中只有贵族使用。1920 年在法国出现了灯芯式打火机，但是存在燃料容易泄露的问题。直到气体打火机的发明，打火机才拥有了固定的形态，然后经历一系列的改良，安全性得到提高并开始普及。

科技是逐渐进步和发展的，科技成果早晚会被更先进的成果所取代，因此一些产品会失去其实用价值，成为博物馆中的陈列品。卖火柴的小女孩早已消失在历史长河中，如今，物美价廉的打火机随处可见，火柴也渐渐淡出我们的日常生活。但是经典文学作品《卖火柴的小女孩》流传久远，至今还是各国小朋友喜爱的读物。

6.2.2 化学工业

有限的元素通过化学反应可以变成无数性质各异、用途广泛的物质，呈现的是巧夺天工的造化之美。人工合成尿素开启了有机合成之门，近 200 年过去了，化学家已经把创造分子变成了一项精细的艺术，有机合成如同烧瓶中的艺术，制造出了无数非凡的化学作品。其中，2010 年诺贝尔化学奖的成果——钯催化交叉偶联反应技术，通过精准连接碳—碳键，可以制造我们需要的各种大分子。如今，在我们的生活中有机合成产品比比皆是。

"尼龙是由煤、空气和水制成的"这是杜邦公司的广告语，它展示了化学技术的魔力。尼龙（nylon，也称为锦纶）即聚酰胺纤维（polyamide），是化学家创造的第一种合成纤维，它是煤焦油、空气与水的混合物高温熔化后拉出的一种坚硬、耐磨的细丝，可制成性质各异的硬性及柔性产品，用途广泛，如，制造轴承、齿轮、缆绳、针织品和服装。还有一种合成的仿真纤维，聚丙烯微细纤维（又称丙纶），它是在聚丙烯纤维基础上经过巧妙设计，精心编织得到的细微和超细纤维的功能性织物，具有柔软、强度高和优异的透气、透湿功能的特点，是制作服装的理想面料，可与丝毛棉麻等天然纤维媲美。此面料的内衣、防寒服、登山服等可以保持皮肤干爽，在热天无湿闷感，在冷天无湿冷感，其保暖性胜似羊毛。

我们熟悉的塑料是一个世纪前化学家创造的新材料，"塑料"（plastic）一词原意是"柔韧且容易塑形"，它是由许多单体通过聚合反应合成的聚合物，可塑性是塑料最重要的特性。如今，塑料已经彻底改变了我们的生活，我们的日常生活和社会活动都离不开塑料制品。如医疗器械和耗材很多是塑料材质的，塑料正逐渐代替传统的金属（或合金）、玻璃、陶瓷等用于制造医疗器械。塑料在医疗领域的广泛应用，得益于其高的化学稳定性和好的物理机械性。同时，塑料的工业合成成本低、价格低廉，适合制成一次性医疗用品。此外，塑料比较容易改性得到生物相容性和血液相容性良好的制品。从一次性的广普类医疗耗材（如注射器、手术巾）到透析产品（如透析管路）和心血管产品（如心脏支架）等，可以说塑料无处不在。在抗击新型冠状病毒肺炎的疫情中，医用塑料防护用品（医用口罩、防护服、护目镜等）以其耐用、防护性强给了人们极大的安全感。

还有合成橡胶，是以石油、天然气为原料的人工合成的高弹性聚合物，具有绝缘性、气密性、耐油、耐高温和耐低温等性能，广泛应用于工农业、国防、交通及日常生活中，如汽车轮胎、传动带、各种密封圈和一次性手套、雨衣等。

合成纤维、塑料、合成橡胶都是人工合成的高聚物，因其优良的性能正在成为现代社会生活和生产的重要材料。值得注意的是，高聚物的合成材料非常稳定，比如塑料很难降解，当我们享受着塑料带给我们便利的同时，废塑料的污染也不可忽视，为了保护环境，我们应该遵循5R原则，尽量减少一次性塑料用品的使用，合理和重复使用塑料用品，不随意丢弃塑料用品，采取正确方法处理塑料废品。

如今新材料层出不穷，比如钢纸，它是由纤维素及其衍生物经特殊工艺处理制成的高硬度加工纸。钢纸的强度主要取决于其胶化阶段，即氯化锌使纤维素转变为纤维素糊精，增加了纸内的凝聚力和强度。钢纸具有优良的耐磨性、耐腐蚀性、耐热性、绝缘性能和机械加工成型性能，可制作成各种绝缘垫片，适用于电器、电子行业。还有一种新材料名为纸钢，它是与钢纸完全不同的另一种新型高强度材料。纸钢是将极细的金属丝和纤维混在纸浆中，用造纸法制成的，又称金属纤维纸，如纸一样薄，但有钢一样的强度。纸钢可制成板材，亦可冲压轧制成各种异形材。此外，化学合成药也是化工合成的重要方面。翻开药典，各类疾病的常见药物几乎都是化工合成的产物，一些天然药物也离不开化工提纯工艺。

技术美也包括生产环境美，即工业美。早期工业时期，工厂企业的建筑和设备主要是黑灰色调的，看上去简约但是有些单调。随着技术的发展和对美的不懈追求，建筑和设备的实用功能和审美功能都是需要兼顾的。图6－1是建在海边的水泥和混凝土企业，海蓝色的储料罐和搅拌站配上白色的小海豚图案让生产企业与大海融为一体，象征着努力做到环境友好。

图6－1　水泥和混凝土企业

色彩美化环境是显而易见的，化工企业运用颜色管理打造规范、安全的生产环境。根据《安全色》（中华人民共和国国家标准 GB 2893—2008），国家规定了四种传递安全信息的安全色，红色表示禁止、危险；黄色表示警告、注意；蓝色表示指令、遵守；绿色表示通行、安全。因此，通过地面、墙壁、设备上醒目的颜色可以直观、清晰地划分和明示生产场所中各个区域的功能和性质，以此起到提醒与警示的效果，让工作者避开危险！通常情况下，在生产场地的红色区域可作为化学品区、滑动区等。黄色作为通道线、设备位置的定置线和分区线等，如一些设备的安全防护网用黄线框提示。黄色黑色相间条纹是危险位置的安全标记，比如配电柜周围需要有黄黑条纹线框明示这是危险位置。蓝色区域用于生产和操作以及放置工具箱等。绿色区域是安全操作区，绿色也是通道的颜色和通行的标识。同时，使用颜色区分气瓶、管道所保存或输送的气体和液体的种类。一方面，颜色管理能够提高工作者对不安全因素的警惕，防患于未然；另一方面，颜色也有助于调节人的心情，合适的颜色使工作者工作专注并心情舒畅。在蓝色和绿色的环境中工作者不易产生疲劳，操作准确，有助于提高工作效率。而红色和黄色的警示，增加了工作者的安全感和警惕性。工作者按照颜色的指引安全有序地操作和流动也是一道颜色和谐、秩序井然的美丽风景。

化学技术已经广泛地渗透到人们的生产和生活中，从材料研发和产品设计到工业生产和实际应用，化学技术以具体产品、实用功能的形式呈现独特的艺术之美。

6.2.3　陶瓷玻璃器具

技术美的最大特点是功能美，而产品实用美和形式美的统一是功能美的体现。如，陶器、瓷器几乎都是圆的，外形对称、均衡，非常美丽，因为是旋转泥坯制得的，容器的容积最大。三足的器具即稳定又简洁，还方便使用。我们日用的瓶瓶罐罐以及化学实验室中的玻璃器皿和仪器，在保证其实用性的前提下，通过艺术设计可以为其赋予美感，那些造型独特、结构新颖的产品常常能够满足人们追求奇异的审美心理需求。自古以来，有人的地方就有各种做工精细的工艺品装饰着家居空间和公共环境，以满足人们的日常生活所需和高层次的精神需求。如同其他技术一样，化工技术制造出的工艺品，也是美轮美奂的，并兼具实用功能和艺术欣赏价值。

化学创造的最具代表性的工艺品是经过高温洗礼的产物，如陶瓷和玻璃器具，实用中透着强烈的艺术之美。陶瓷先实用后艺术，而玻璃先艺术后实用。如今，陶瓷和玻璃器具在日常生活中是必不可少的，陶瓷和玻璃艺术也是随处可见的，我们的生活也因此变得更加的优雅和浪漫。花瓶是最为常见的一种装饰品，一个精致实用的花瓶源自优质的材料和精细的制作技术，圆润流畅的造型和美丽的颜色及图案来自艺术设计和创作，技术和艺术的结合让花瓶像一件艺术品，就算没有插花，也极具观赏性。陶瓷是中国传统文化的杰出代表，陶瓷花瓶美观隽永，最具民族特色，素雅的青花瓷花瓶深受国人喜爱，它温润细腻的质感、蓝白相映的图案呈现浓郁艺术气息。玻璃花瓶透明洁净，容易看到水质的变化并观赏到花枝的茎部和根部，别有一番趣味。

万物皆有色彩，对色彩的感觉是最大众化的审美形式，晶莹的玻璃色彩丰富，金属氧化物是玻璃色彩的关键成分，含有氧化铬（Cr_2O_3）的玻璃呈绿色；含有二氧化锰（MnO_2）的玻璃呈紫色；含有氧化钴（Co_2O_3）的玻璃呈蓝色；含有氧化亚铁（FeO）的玻璃呈绿色。此外，玻璃的颜色还与熔炼的温度以及炉焰的性质有关，因为不同价态的金属氧化物有不同的颜色，而熔炼的温度和火焰的气氛会改变金属元素的氧化态。如，如果熔炼温度较低，铜以氧化铜（CuO）形式存在时，玻璃呈蓝绿色；如果熔炼温度较高，铜以氧化亚铜（Cu_2O）形式存在时，玻璃呈红色。随着化学研究的深入，致色配方不断调整和改进，除了金属氧化物之外，掺入其他金属化合物达到微妙的平衡可以创造更多色彩。如，在氧化钴中掺入氢氧化铝［$Al(OH)_3$］加热可得到带绿光的蓝色颜料（钴蓝，Al_2CoO_4）；掺入氢氧化锌［($Zn(OH)_2$]加热可得到翠绿色的颜料；掺入氧化铜加热可得到天蓝色、蓝绿色、绿色的颜料；掺入氧化锰加热可得到深红色、紫色、黑色的颜料，这些颜料的运用使玻璃的色彩变幻无穷。

除了金属氧化物着色外，还有金属胶体着色，名贵的金红玻璃又称金红宝石玻璃（或称蔓越莓玻璃，cranberry glass）就是运用金溶胶着色制成的。在普通的玻璃配料中加入氯金酸（$HAuCl_3 \cdot 4H_2O$），在烧制过程中金离子被还原为金原子，金原子在玻璃中成核、长大，析出的金微粒分散于玻璃中使玻璃呈现红宝石颜色。有意思的是，金单质呈黄色，为什么其却使玻璃呈鲜艳的玫瑰红色呢？原来，当金原子聚合到一定的纳米尺度形成溶胶时就会呈现红色、玫瑰红色、酒红色（紫红色）、蓝色等多种色彩。在玻璃基质中分散的金微粒的大小、形状和浓度直接影响到玻璃的颜色，是制备金红玻璃的关键。金微粒太小、含量太低，颜色会很浅，玻璃可能不会呈现颜色；金微粒过大，玻璃会变成不透明的褐色，或者高含量、大微粒的金微粒会聚集沉积使玻璃不能着色。通常均匀分散的金胶含量为 0.02% ~ 0.05%、金微粒的粒径为 20 ~ 100 nm，玻璃呈现美丽的红宝石颜色（玫瑰红色、酒红色）；金微粒的粒径小于 20 nm，玻璃颜色浅淡；金微粒的粒径大于 110 nm，玻璃开始呈现蓝色或蓝紫色；金微粒的粒径大于 150 nm，玻璃呈棕红色或因金微粒沉积而不着色。传统的金红玻璃一般含有氧化铅（PbO），即铅玻璃，因为金在铅玻璃中具有较大的溶解度，易形成高度分散状态的金胶体颗粒，有助于金胶着色以制得色泽亮丽的金红玻璃。但因铅对人体有毒，污染环境，所以人们研发各种无铅金红玻璃，如，用钠钙硅酸盐（$Na_2O \cdot CaO \cdot SiO_2$ 或 $Na_2O \cdot CaO \cdot SiO_2$ 加少量 SnO_2）代替铅硅酸盐（$K_2O \cdot PbO \cdot Sb_2O_3 \cdot SiO_2$）作为玻璃的基础成分；用氧化铋（$Bi_2O_3$）代替氧化铅等。如今，金红玻璃的制造工艺得到更大的改进，硒以及一些稀土元素已经取代了黄金作为新的着色剂。类似的还有银胶着色、化合物胶体着色，比如 CdS – CdSe 组成的胶体，其颜色随 CdS 与 CdSe 比例的变化而变化，可以调配出由红至黄的多种色彩。不过，由黄金和玻璃熔合创造的金红玻璃有着无法取代的魅力。

　　人们对美的追求是无止境的，不断运用新技术让玻璃的颜色五彩纷呈，形成梦幻般的效果，如今人们制成了能够自动"识别"光线，随光改变颜色的变色玻璃（或称光色玻璃）。变色玻璃不仅可作为时尚的装饰，也可制成各种实用物品，如自动太阳镜，它比普通太阳镜优越得多，在阳光照射下镜片的颜色变深变暗，而进到室内或阳光比较弱时，颜色恢复至接近无色，并且这种可逆的变色过程是可重复的。常见的卤化银变色玻璃是加入少量对光敏感的卤化银（AgX，比如 AgCl、AgBr）作感光剂，再加入微量敏化剂（增感剂），如氧化铜。玻璃中的卤化银受到阳光照射时，紫外光可以使其产生银原子（银胶体）和卤素原子（$AgX \longrightarrow Ag + \frac{1}{2}X_2$），银胶粒子使玻璃显色变暗。除去或者减弱紫外光，银和卤素又重新结合为卤化银（$Ag + \frac{1}{2}X_2 \longrightarrow AgX$），玻璃呈无色透明。氧化铜在玻璃烧制过程中会形成氧化亚铜，亚铜离子和铜离子对于卤化银的光解和卤素与银的结合有促进作用。因为卤化银埋嵌于玻璃中，所以卤素不能逸出，银胶粒子也不能在玻璃中扩散。因此，卤化银玻璃的变色现象具有可逆性。光色玻璃不仅限于卤化银玻璃，还有掺杂稀土元素的光色玻璃和有机光色玻璃，新材料、新技术让古老的玻璃及其花瓶有了浓郁的现代气息。除了玻璃、陶瓷花瓶外，还有塑料和树脂花瓶，它们克服了玻璃陶瓷易碎的缺点，造型上也有很大的创意空间。此外，还有用超薄透明硅胶制成的花瓶，把它放在水中，可以像蠕动的海底生物一样随水漂动。

　　盛精油和香水的瓶子也是我们日常生活中常见的工艺品，随着香水的普及，人们对香水瓶的材质和设计更加重视，各式各样的香水瓶也变得丰富起来。对于稳定性和气密性要求很高的精油和香水容器，陶瓷和玻璃是非常合适的材料，不同的香水配上造型各异、色彩斑斓、工艺精细的陶瓷瓶、玻璃瓶，使得一瓶瓶香水成为具有艺术欣赏价值与时尚理念相结合的家居装饰品。陶瓷香水瓶的瓶身图案大多是花卉、云朵等，素净、雅致，富有东方色彩。玻璃的加工性能强，可制作成各种形状、颜色的器皿并且容易装饰，因此，玻璃香水瓶形态各异，种类繁多，时尚精致，华丽与简朴并存。一瓶瓶造型精巧、香气袭人的香水打造了雅致的生活方式，视觉艺术和嗅觉艺术的完美结合展示了化学技术之美。

功能美不仅需要满足实用需求，还需要满足人们的审美需求。陶瓷、玻璃等日用工艺品是使用价值与审美价值的完美统一，展示了化学的文化价值和化学技术的艺术之美。艺术作品也因化学而更加美丽和普及。

6.3 首饰和装饰品

从古至今，饰品一直伴随着人类文明的发展，从远古时期的鹰爪、贝壳到现代的各种无机物、有机物，首饰和饰品一直与追求美丽、吉祥、富贵相联系。富贵的黄金、纯净的铂金、辟邪的白银、恒久的钻石、圆满的珍珠拥有了各自不同的寓意，深受人们的喜爱。在世人眼中珍贵的金银珠宝在化学人眼中是怎样的呢？

6.3.1 金银铂等贵金属

贵金属色泽华丽，化学性质稳定，抗腐蚀，其硬度和延展性适宜加工造型，是理想的首饰材料。又因地壳中含量稀少和分布分散，故显得珍贵。金（Au）具有耀眼的光泽，是饰品的首选材料。其掺入其他金属会导致其颜色发生变化，形成多种颜色（表6-1），同样色泽亮丽。通常单独作首饰时会用纯金，金的延展性好但材质软，微细花纹不易持久保留。黄金中掺入其他金属，含金量减少将使成本降低，硬度提高，耐磨损、不易变形，特别适用于制作镶嵌宝石的饰品。含金量等于或大于99.0% 称为足金；含金量等于或大于99.9%称为千足金；含金量达99.99%通常视为纯金，记24K，即把纯金分成24 份，每份为1K（含金量为4.166%），因此K金（karat gold, K gold）是指金和其他金属熔合而成的合金，K金颜色丰富，常见的有：黄色K金（K黄金，yellow gold alloys）是金和银（Ag）、铜（Cu）的合金，黄色是金的本色，K黄金的颜色深浅与金的含量和银、铜的比例有关，相同K数的K黄金，如果银比铜多，K黄金黄色就浅，如果铜比银多，K黄金黄色就深。红色K金

（K 红金，rose & pink gold alloys）又称玫瑰金，主要是掺入铜致色，同时掺入少量银，铜的比例不同呈现的红色深度不同，铜含量越高，颜色越深。白色 K 金（K 白金，white gold alloys）有两种，一种是以金为主掺入银、铜、镍（Ni）、锌（Zn）等组成的合金，其中主要致色元素是镍，金和镍熔炼后成纯白色。如，58.5% 金、22.4% 银、14.1% 铜、5% 镍组成的 14K 白金；另一种是以金和钯（Pd）为主掺入铜、镍、锌组成的合金，如，3 份金、3 份钯和 4 份铜、镍、锌组成的 334K 白金。K 金的颜色、硬度、耐久度与含金量以及掺入金属与金的相互作用有关，相同颜色的 K 金，其金属组成和比例可能会有很大不同，其特性及价值也会不同。如含钯的 K 白金比较贵，因为钯是稀有贵金属，价格昂贵。此外，含钯的 K 白金可以降低镍的含量，避免因镍超标而引起佩戴者皮肤过敏。K 白金是一种合金，白色不是其天然本色，时间久了可能会褪色或露出黄色斑驳。如果喜欢白色金饰，也可以选择白金和钯金饰品。

白金即是铂金，贵金属铂（platinum，Pt）具有天然白色光泽，铂饰品晶莹洁白，是纯洁典雅的象征。铂的硬度高于金，可以牢固镶嵌宝石。钯金即钯（palladium，Pd），外观与铂金相似，呈现银白色金属光泽，是稀有贵金属。铂和钯化学稳定性很高，耐腐蚀、耐磨损并具有强的延展性，无论是单独制成饰品还是镶嵌宝石，均是理想的材质。铂金饰品早已为人们接受和喜爱，钯起初作为一种添加元素用于黄金和白金饰品的制作，作为主体元素制作的首饰是最近几年流行起来的，并且逐渐成为时尚潮流。白金和钯金首饰的纯度、耐久度和稀有度均非常高，十分珍贵，这是 K 白金无法比拟的，白色的 K 金，如 18K 白金，不是纯白金（铂金）。尽管 K 金不是纯金，价值不如黄金、白金和钯金，但是它延展性强、硬度高、种类繁多、色彩丰富、造型多变，是制作饰品的好材料，特别适合镶嵌钻石等宝石。

表 6-1　几种 K 金的配方及颜色

K 金	组成及含量（%）			颜色
	金	银	铜	
24K	99.99			金黄
22K （G916）		4.2	4.2	金黄
	91.6	8.4		淡黄
			8.4	红黄

（续上表）

K金	组成及含量（%）			颜色
	金	银	铜	
18K （G750）	75.0	12.5	12.5	深黄
		8.0	17.0	浅红
		14.0	11.0	青黄
			25.0	红色
14K （G585）	58.5	10.0	31.5	暗黄
9K （G375）	37.5	12.0	50.5	紫红

　　银，月亮般的金属、白色光辉的象征，银饰寓意平安吉祥。银虽不如金铂钯稀有和昂贵，但延展性良好，可以捶打成薄薄的银叶和制成各种镂空饰品和摆件。因此，美观大方的白银饰品经济实用，适合大部分人购买。重要的是，银具有安五脏、定心神、止惊悸等的功效（《本草纲目》记载），银离子有杀菌消毒作用，佩戴银饰品有利于健康。在我国有给小孩子佩戴银锁、银手镯、银脚镯的风俗，以保佑宝宝健康成长。相比黄金首饰，银首饰更加适合儿童佩戴。银不如黄金和白金稳定，银饰戴久了表面颜色会由白色渐渐变黄，变灰，最后变黑，这主要是硫化银所致的。银与硫的反应可以在极微量的情况下发生，银遇上空气或水中微量的硫化氢或硫离子就会生成灰黑色的硫化银。此外，银很柔软，容易出现划痕。银饰需要花费较多的时间清洁和保养。

　　贵金属所具有的物理和化学特性使它们成为制作首饰的天然材料，艺术设计和精细制作工艺让它们变成了华丽和精致的饰品。饰品的美，不仅仅是形态和花纹，更是创意，如化学创意能够创造意想不到的美。苯的六元环结构，对称、均衡，其几何之美不容置疑，以此结构设计项链、挂件、戒指等首饰既非常精美又很时尚，也能够充分展示金属的艺术表现力。

6.3.2　珠宝

　　珠宝是另一类重要的饰品，珠宝是从天然矿石中打造或是由人工合成的，包括天然岩石矿物加工的宝石、天然有机宝石、人造宝石、合成宝石等。

钻石，高密度的碳结晶体，是公认的宝石之王，它不仅具备宝石美丽、耐久和稀少的三大要素，而且是天然矿物中硬度最高的。钻石的珍贵除本身具有的品质魅力外，还与钻石矿床探测、开采艰难，耗资巨大以及钻石加工复杂有关。

中国人对玉情有独钟，玉被认为是石中之美，被视为珍贵之物。玉石的主要成分是二氧化硅（SiO_2）和硅酸盐（如 $Na_2O \cdot SiO_2$ 或 Na_2SiO_3）、三氧化二铝（Al_2O_3）、氧化钠（Na_2O），玉呈现的绿、翠绿、蓝绿、黄、褐、红、橙、紫粉等颜色是玉石内部微量致色金属元素铁、钴、镍、铬、锰、锌、铜、钛等所致的，不同种类的玉石其化学成分不同。翡翠是钠铝硅酸盐矿物，其主要组分是 $NaAl(SiO_3)_2$ [$Na_2SiO_3 \cdot Al_2(SiO_3)_3$]，并含有微量铁、镍、铬、锰等元素。之所以叫翡翠，是因为它的颜色不均一，有时在浅色的底子上伴有红色和绿色的色团，犹如赤色羽毛的翡雀和绿色羽毛的翠雀，因此称为翡翠。纯的翡翠矿物是无色或白色的，有色彩的玉岩由于所处环境的温度、压力和流体变化导致其他元素侵入，致色离子与钠铝离子相互交换替代，引起致色元素离子的局部集中而形成了各种美丽的颜色与纹路。如，翡翠的绿色是铬离子（Cr^{3+}）替代了铝离子（Al^{3+}），铬离子含量越高，绿色越深。如果铬（Cr^{3+}）离子含量很高，形成的 $NaGr(SiO_3)_2$ 矿物是几乎满绿色不透明的干青翡翠。红色和黄色的翡翠主要产于富铁的环境中，是铁的氧化物浸入所致的。紫色的翡翠一般认为是锰所致的。红翡绿翠紫为贵，这就是我们喜爱的翡翠。

和田玉的主要成分为含水的钙镁硅酸盐 $Ca_2Mg_5(Si_4O_{11})_2(OH)_2$（透闪石，由 SiO_2，CaO，MgO，H_2O 组成）。透闪石含量越高玉质越纯，白玉的透闪石含量在95%左右，而羊脂玉的透闪石含量在99%以上，青玉的透闪石含量相对低一些。部分 MgO 被 FeO 替代会形成混有镁离子和亚铁离子的硅酸钙 $Ca_2(Mg, Fe)_5Si_8O_{22}(OH)_2$（阳起石），亚铁及其他微量矿物的掺入导致玉不再是洁白色，有青、黄、绿色。青—白玉主要是玉石中透闪石和阳起石的组分分布不均所致的。

珍珠是一种天然的有机宝石，其化学成分是碳酸钙（$CaCO_3$）及少量有机物，是砂粒微生物进入贝蚌壳内受刺激分泌的珍珠质逐渐形成的具有光泽的美丽小圆体。珍珠晶莹凝重，圆润多彩，除作饰品外，还有药用价值。珍珠有白色、红色、黄色、深色和杂色五种色系，多数不透明。

煤精又称煤玉，由名称就可以想到它是藏身在煤海之中的黑宝石。煤玉是由碳和有机质组成的天然有机宝石，与璀璨夺目、玲珑剔透的钻石不同，煤玉是黑煤球中诞生的黑亮亮、不透明的宝石，像石墨一样散发着金属光泽。煤玉有两种，一种是大约形成于三千万年前，由低等植物和高等植物，特别是油质丰富的坚硬树木，经过地壳变迁，在高温和地下压力的泥化作用下生成的煤精矿石，也被称为黑琥珀，这种煤玉质地坚硬，结构细腻。另一种是石化得很彻底的煤精，密度达到 2.5 左右，特别适合雕刻。煤玉汲千万年天地精华，是大自然赐予人类的宝物。

水晶和玻璃的外观十分相似，并且均以二氧化硅为主要成分，却是两种不同的物质。水晶是一种石英结晶体矿物，主要成分是二氧化硅，二氧化硅结晶完美时就是水晶。纯水晶是无色透明的，当含有不同微量元素时，呈现不同的颜色，比如含锰和铁的紫水晶，含铁的黄水晶（金黄色或柠檬色），含锰和钛的水晶呈玫瑰色，亦称蔷薇石英。

二氧化硅胶化脱水后就是玛瑙，一般为不透明和半透明。玛瑙的呈色同样是内含的微量金属元素所致的，纯净的玛瑙是白色的，人们喜爱的红色玛瑙一般呈褐红色、酱红色、黄红色。天然红玛瑙产量较少，经过人工处理后可以得到红色玛瑙，含有氧化亚铁的带黄色调的黄色和黄红色玛瑙经过加热处理，其中的 FeO 氧化成 Fe_2O_3，这样玛瑙的颜色会转红，透明度也随之提高，一般都可以达到半透明的程度。热处理过的红玛瑙（烧红玛瑙）色泽鲜艳醒目，并且红色分布均匀。天然红色的玛瑙色泽有胶质感，并可见细小红色斑点，界限分明。

玻璃是人工制造的一种熔融混合物，主要成分是硅酸盐复盐（$Na_2O \cdot CaO \cdot 6SiO_2$），即含有二氧化硅的非晶态混合物。与其他人造材料不同，玻璃发明后并没有很快成为生产和生活用具的材料，而是以其美丽的色彩、坚实的质地、极少的数量作为饰品和奢侈品点缀着生活。直到吹制法发明后，玻璃才渐渐成为日常用品的材料。由于天然水晶稀少，不能满足人们的需求，于是有了人造水晶，即水晶玻璃。水晶玻璃是由硅和氧化铅（现在已经有了无铅水晶玻璃）熔融而成的，水晶玻璃饰品类似于水晶。水晶和玻璃的组成和结构不同，性质和用途也不同。水晶晶莹剔透、五彩斑斓，主要作为饰品，而玻璃是人类发明的最古老的人造材料之一，实用性更强，也可以制作饰品但是没有那么珍贵。

6.3.3　实体版元素周期表

为了让更多人喜爱化学，化学家们致力于将科学可视化，艺术创作正是一个可视化、美化、艺术化的过程。人类生活从来都离不开装饰品，现代人更是标新立异，追逐时尚，以装饰品为载体进行化学可视化是一个不错的选择。如，以实物制作的元素周期表堪称陈列品中的极品，是人们过去不曾感受过的化学艺术写真。比尔·盖茨（Bill Gates）办公室里有一面墙，上面布满了按照元素周期表排列的元素实物。自元素周期表诞生以来，元素周期表的各种新玩法层出不穷，元素的周期性变化从不同的角度以各种形式的周期表呈现出来，十分有趣，但是在墙上展示以元素实物制作的元素周期表还真是一个了不起的创举。在那面墙上 118 个小柜子组成了一个立体元素周期表，每个小柜子里收藏着一种元素实物（放射性的和非常稀有的元素除外），直接呈现了元素的形貌，具有别具一格的创意，实现了科学的可视化和艺术化。

实体版元素周期表看着挺简单，但制作一个完整的实体版元素周期表不是一般元素爱好者所能办到的。首先，虽然世界上只有 118 种元素，但是就像集邮爱好者不能集齐全部邮票一样，收集元素同样不可能集齐全部元素的实体。因为有 24 种化学元素（95～118 号元素）是通过人工核反应合成的元素，寿命很短，有的元素瞬间得到又瞬间消失，无法长时间保存。此外，一些元素非常稀有，难以收集到足够用于收藏和展示的数量。而且，由于放射线会对人体造成严重伤害，天然放射性元素和人造元素（都是放射性元素）必须用铅、钢筋混凝土等材质的屏蔽箱（室）存放，以阻隔放射线逸出，因此也就失去了展示的价值。当然，为了安全也不适宜收藏和展示放射性元素。

其次，收藏元素的实物既要有经济实力，还要有一定的知识储备。虽然一些元素价格并不高，但大多数元素的价格比我们熟悉的金、银、铂等贵金属昂贵得多，如果没有雄厚的经济实力是不可能实现元素收藏的。另外，元素单质的价值，不仅取决于它的稀缺性，还取决于它的纯度、形貌、加工难度等因素。收藏元素的纯度越高，价格越贵，元素的形态不同，价格也不尽相同。展示的碳元素实体是石墨或石墨烯或钻石或者全部碳同素异形体，付出的经济成本是有很大差别的。每一个元素实物都是独一无二的，元素的收藏需要个性化处理，这也是制作实体版元素周期表耗资不菲的另一个原因。更重要的是，气体的、液体的、固体的元素各有不同的储存方式和存放的容器。元素的化学性质各有不同，有的活泼，有的惰性。储存条件亦不相同，有的需要隔绝空气或水分以防止接触氧气和水发生反应，甚至燃烧。强腐蚀性元素需要选用特定材质的容器盛放，否则会造成与容器反应或泄露的危险。有毒、有刺激性的元素要密封保存以防止外逸伤害人和环境。当然，无论怎样存放都不能影响元素的自然美和展示效果。这就要求实体版元素周期表的制作者和收藏者掌握一定的化学知识和实验技能，并且制作工艺要精益求精。

目前，国内也有一套实体版元素周期表，是青岛农业大学的三名校友捐赠给母校的①。该周期表同样制作精良，周期表的小格子展柜里陈列着 81 种元素的单质和相关的矿物、宝石、化合物和应用产品，以期让学生对元素有更深的认识，从而激发学生对化学的兴趣。

科学与艺术的融合成就了实体版元素周期表这件观赏性极强的精美艺术品。在这面墙前，你会感受到化学与艺术的碰撞，领略不曾见过的美丽，这就是化学元素的艺术价值。

6.4　化学使世界变得五彩缤纷

春天，无论是城市还是乡村，满眼皆是桃红柳绿，脑海中不禁想起欧阳修的一首小诗"雪消门外千山绿，花发江边二月晴"。秋天，当春天的绿色渐渐被秋色浸染，看着金黄落叶布满的大地和红叶染红的山峦，脑海会浮起王实甫的"碧云天，黄花地，西风紧，北雁南飞，晓来谁染霜林醉"或是杜牧的"停车坐爱枫林晚，霜叶红于二月花"等诗句。

在自然界中，植物随着季节的变换呈现不同的颜色，树叶春天绿秋天黄，这是人们所知的。许多动物通过身体颜色的变化来求偶、躲避天敌或者捕食，如：孔雀开屏和变色龙变色等，也为人们所熟知。但大家在欣赏这些自然美景和神秘的生物时，除了感叹大自然的神奇魔法外，却很少会有人去思考这些颜色和颜色变化所蕴藏的科学原理。

人类对色彩的渴望和追求可以追溯到遥远的上古时代，土耳其人曾在一座公元前 6000 年的墓地里发现了蓝铜矿制成的蓝色染料。如今当我们身着绚丽灿烂的各式服饰，使用着五颜六色的日常用品时，我们很难想象就在两百多年前，人们还在为衣服的染色、绘画的颜料和房屋的涂料等费尽心机。化学合成

---

① 视频见网址：https：//m. weibo. cn/status/4314000798393191？wm = 3333 _ 2001&from = 108 A093010&sourcetype = weixin&featurecode = newtitle#&video.

染料的出现，使得彩色飞入寻常百姓家，黄色不再是皇家的专利，紫色也不仅仅属于豪门贵人，蓝色也不再是宗教人物和达官贵人的专享。在人类追求色彩的旅程中，智慧与创造凝结而成的材料和工艺，早已融入日常生活，化作缤纷的色彩。然而，令人遗憾的是，对这些五彩缤纷的颜色起着关键作用的化学过程和化学手段，却往往不为公众所知。本节，我们来讲一讲自然界的花草树木、人类合成的染料和颜料等背后的化学故事。化学，对于五颜六色世界的贡献功不可没；化学，改变了人们的生活；化学，使我们身处的世界变得五彩缤纷。

6.4.1 颜色的科学原理

小朋友常常会问大人："小草为什么是绿色的？""玫瑰为什么是红色和白色的？""为什么没有蓝色和黑色的玫瑰花？""胡萝卜为什么是红色的？"……诸如此类的关于颜色的问题。

面对这些问题，我们可能会不假思索地回答："小草绿色是因为它们含有叶绿素。""玫瑰花红色是因为它们含有红色色素。"……

那对接下来可能面对的："那叶绿素为什么是绿色？""难道就没有蓝色色素吗？""只有色素才能产生颜色吗？"这类问题，我们又该如何回答？

大家都知道大自然中树叶和青草呈现绿色是因为其含有叶绿素，植物利用叶绿素吸收太阳光，并通过光合作用将水和空气中的二氧化碳转为有机物且贮存能量，这是地球上生物赖以生存的关键。

叶绿色为什么呈现绿色，而不是其他的红、橙、黄、青、蓝、紫色？这背后的化学原理是什么？

雨后的彩虹会呈现拱形的七色光谱，由外至内分别为：红、橙、黄、绿、青、蓝、紫，这表明太阳光的可见光部分由这七种颜色混合而成，其中红光的波长最长，而紫光的波长最短。紧接着红光之外的光谱是红外光，比紫光能量更强的是紫外光区。

整个电磁波的波谱是一个横跨了 15 个数量级的宽阔谱带，从无线电波、微波、太赫兹波、红外线、可见光、紫外光、X 射线，一直跨越到高能的伽马射线。人的视觉能够察觉的可见光只占电磁波中非常窄的一个部分，仅是波长范围为 400～760 nm 的电磁波。我们倾向于将目光聚焦到可见光部分，是因为我们只能看见这一波长范围的光线，而其他生物，例如，鸟类可以看到比人类更宽的光谱带，鸽子能够分辨出数百万种不同的色彩。实际上分子能够吸收的光子范围非常大，可以从微波到 X 射线。

物质为什么会呈现不同的颜色？为什么有的物体是白色的，有的是黑色的，而有的是绿色的？物质的颜色，主要取决于它对各色光的吸收、透射、反射的程度。由于物质的本性和形态不同，对光的吸收、透射和反射的程度也就不同，物质因而呈现不同的颜色。

物体产生颜色的原因有两大类：物理色和化学色。化学色又称色素色，即直接利用色素的颜色；物理色又称结构色，则是通过形状结构产生的光学现象来产生颜色。自然界中的生物把自己打扮得"花里胡哨"的手段就靠化学色、物理色以及化学色与物理色的结合这三种方式。

我们先来了解化学色。前面提到过白光是由所有颜色的光混合而成的，当我们说一个物体是彩色的时候，意思是指相比于其他颜色的光，它反射了更多某种特定波长的光。当太阳光照射到物体上时，有一部分光被物体吸收（主要是色素的作用），剩下的光被反射，我们看到的就是被物体反射的光。如果入射光完全被物体所吸收，则该物质就是黑色的。秋天的银杏叶之所以呈现黄色，是因为叶子中存在胡萝卜素，胡萝卜素吸收蓝绿色和蓝色光，而其反射的光看起来是黄色的。这时有人可能会问：为什么春天和夏天的银杏叶是绿色的？这是因为在春天，胡萝卜素和叶绿素同时存在于银杏树叶中，它们一起吸收阳光中的红色、蓝绿色、蓝色光，此时叶片反射的光看起来还是绿色的。而关于银杏叶为何会由春天的绿色变为秋天的黄色的问题，我们在后面一节会有详细的解释。分子有可能吸收电磁波谱任何一处的光子，从无线电波到 X 射线，但对于人类来说，出现颜色只与可见光区的吸收差异有关。我们的世界看起来五颜六色，并非因为存在数量繁多的不同颜色的化合物，而是少数化合物扮演了"关键先生"，如花卉中普遍存在的花青素，就是一个颜色的"超级魔法大师"。

结构色与色素着色无关，是生物体亚显微结构所导致的一种光学效果。生物体表面或表层的嵴、纹、小面和颗粒能使光发生反射或散射，从而产生特殊的颜色效应。自然界中，从甲虫的外壳到孔雀的羽毛，这些五彩斑斓的颜色其实源于表面的微阵列和精细结构。鞘翅类甲虫是物理色的代表性物种，由于每一只虫的外壳都如同宝石般绚丽夺目并且各不相同，因而被誉为昆虫中的珠宝行。蝴蝶之中也不乏制造和运用物理色的"高手"，枯叶蝶可以制造出类似光盘背面的彩虹色。"绝世高手"蓝闪蝶则是利用翅膀上鳞片具有的复杂微纳米细微结构，使照射到上面的光线发生折射、反射和绕射等物理现象，从而产生了彩虹般的绚丽色彩，强烈的蓝光反射可将人脸照得瓦蓝。

动物界也流行"混搭风"，蝴蝶当中也不乏将物理色和化学色"混搭"运用得炉火纯青的高手，绿带翠凤蝶就是其中代表之一。蝴蝶体内的化学色素一些是来源于早期所食用的植物中含有的稳定色素，如类胡萝卜素，在蝴蝶自身体内"储藏"。而另外一些则是蝴蝶体内合成的色素，如蝶啶，白蝶啶显白色，而黄蝶啶显黄色。绿带翠凤蝶翅膀上有黄色或者绿色的图案，在高分辨率的电子显微镜下观察，你会发现每种图案又由更小的物理色和化学色鳞片构成，化学色有底色的黑色鳞片、星点状的白色和黄色鳞片，物理色有闪蓝光的鳞片、闪绿光和粉光的鳞片。

6.4.2　植物颜色的化学原理

1. 植物的颜色显现及其化学原理

树叶、花朵和果实等呈现丰富多彩的颜色，而且其中许多还随着季节变换而更换新装，春绿秋黄是自然规律，秋天更被称为金黄的季节，代表收获和喜悦。然而，植物颜色背后的化学原理是什么呢？植物产生颜色的主要原因是自身含有化学色素，也有少数植物，如玫瑰花，具有微纳米结构产生的物理色。

树叶和小草中含有的有色化合物，除了我们熟知的叶绿素之外，还有其他一些有颜色的化合物，如胡萝卜素和花青素（分子结构式如图 6－2 所示）等。叶绿素 b 分子含有一个四吡咯环，中心结合一个 Mg 原子，末端还有一个长链烃，这样的结构稳定性差。另外两种色素（胡萝卜素和花青素）的稳定性好一些。叶绿素吸收红色和蓝色的光，而绿光几乎不被吸收，从而被反射出来，故我们眼睛看到的是绿色的。胡萝卜素吸收蓝绿色和蓝色光，而其反射的光看起来是黄色的。花青素是构成花瓣和果实颜色的主要色素之一。自然界有超过 250 种不同的花青素，他们来源于不同种水果和蔬菜，如常见的紫甘薯、越橘、酸果蔓、蓝莓、葡萄、黑枸杞、接骨木红、黑加仑、紫胡萝卜和红甘蓝等。花青素在不同 pH 值条件下，呈现不同的颜色，在酸性中为红色或紫色，在碱性中为蓝色。

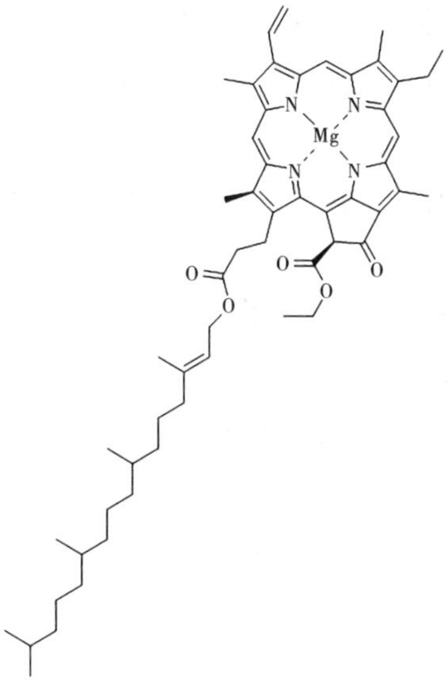

叶绿素 b 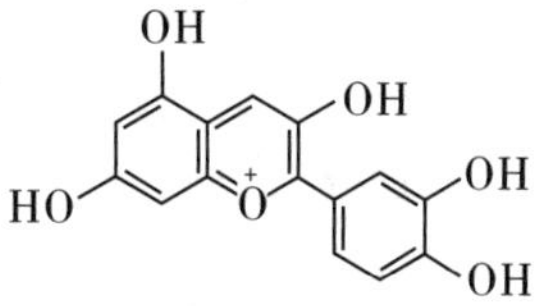   花青素

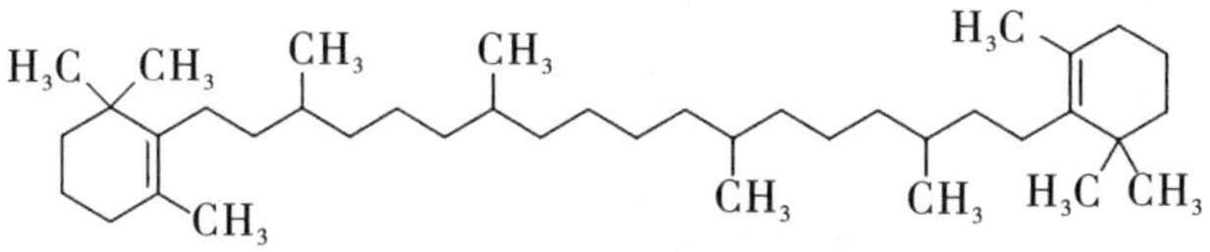

胡萝卜素
图 6 - 2   植物中常见的三种色素的分子结构式

　　春天，树叶中同时含有叶绿色和胡萝卜素，它们会吸收太阳光中的红色、蓝绿色和蓝色光，这时树叶反射出来的光看起来还是绿色的。从图 6 - 2 的分子结构式可以看出，叶绿素的稳定性较差，太阳光照射会令其分解。因而，为了保持树叶中的叶绿色含量，植物就必须连续不断地合成它，并且输送到叶片上。在春天和夏天，温暖的气温和充足的阳光使得树叶中叶绿素的供给充分，我们眼中的树叶就是绿色的，大地此时也是绿油油的，充满生机。到了秋天，白天缩短和气温下降，导致树木在枝干和叶茎之间长出干扰营养物质流入树叶的木栓质膜。随着营养物质供给的中断，树叶中的叶绿素含量持续降低，绿色逐渐变淡。每年此时，树叶中的其他色素，如胡萝卜素和花青素等，才有机会呈现它们的本色。春夏季中叶绿素和胡萝卜素和谐共存的树叶，此时当叶绿素从叶子中消失后，剩余的胡萝卜素就会使得树叶呈现黄色。还有另外的一些树

叶，当糖分浓度增加到一定水平后，叶绿素会转化为另一种色素——花青素。红枫树、红橡树和漆树等植物能够产生丰富的花青素，因此在秋天，当树叶中叶绿色含量下降时，它们的叶子会变成亮红色和紫色。

秋天植物颜色受天气影响很大，主要受温度、阳光和湿度的影响。有利于花青素合成的条件是高的糖度和充足的阳光，而糖浓度增加依赖于干燥的天气。因此，火红的秋色往往出现在干燥而阳光充足的地方。

2. 蓝色妖姬之谜？蓝玫瑰为什么那么难？

自然界天然的蓝花很少见，花店里面常见的鲜花，如玫瑰、康乃馨、菊花和百合花等，几乎没有蓝色的。有人或许要问："蓝色妖姬难道不是蓝色的吗？"我的回答是："蓝色妖姬不是自然生长，而是人工染色的。"

"玫瑰为什么要人工染色？难道它自身不能合成蓝色色素吗？"

这可真是一个好问题。答案只有一个：目前蓝色妖姬都不是自然生长的，市场上售卖的蓝色玫瑰花全部通过人工染色而成。具体的染色方式有两种，一种是采用对人体无害的染色剂和助染剂调和而成的着色剂，等白玫瑰快到花期时，开始用着色剂浇灌花卉，让花像吸水一样，将色剂吸入而实现染色；另一种是网上介绍的方法：将采摘下来的白玫瑰花直接浸入调好的染色剂中，待玫瑰染色均匀后，取出放置在花瓶中风干而成。自然界能够开出蓝色玫瑰是可望而不可即的，因而德国人才会将"蓝色的玫瑰"作为一种渴望却无法实现之物。

那为什么自然界的蓝色花卉很少？而蓝色玫瑰更是世所罕见呢？

这就要从发色原理说起，花卉要看起来是蓝色需要含有蓝色色素。蓝色色素会吸收太阳光中的红光，从而反射出蓝色光。但我们从太阳光的可见光光谱的能量分析中会发现，在红、橙、黄、绿、青、蓝、紫七种光中，红光是波长最长而能量最低的。这就要求能够吸收红光的色素中发生电子跃迁的两个能级离得很近。在自然界很难自然合成能够满足这一要求的稳定物质，这就是自然界蓝色花卉极少的原因。

有人或许又会问："植物不是难以自然合成蓝色色素吗？矢车菊为什么能够呈现蓝色？""物体要能够呈现紫色，不是同样需要吸收红光，反射出紫光吗？""那紫罗兰为什么看起来是紫色的？它含有紫色色素吗？"

要回答这一连串的问题，就不得不隆重地详细介绍一下我们前面提到的花青素——大自然色彩的"超级魔法大师"。花青素的种类很多，自然界有超过

250 种不同的花青素，主要包含飞燕草素、矢车菊素、牵牛花色素、芍药花色素等。水果、蔬菜、花卉中的主要呈色物质大部分与之有关。花青素除了种类多之外，还有另外一个特点，就是它可以随着溶液（植物的细胞液）pH 值变化而变色，从而呈现五彩缤纷的颜色。花青素类物质的颜色可以从红到蓝变化，在酸性条件下呈红色或紫色，在碱性条件下呈蓝色。紫罗兰花主要含有飞燕草素，其花紫色的原因是细胞液呈中性使得花青素呈现紫色。

矢车菊呈现蓝色，那它含有蓝色色素吗？1913 年，德国人理查德·维尔施泰特首次从矢车菊中提取出花青素。令人不解的是，这种色素同从红玫瑰中提取出来的完全一样，为什么会令矢车菊呈现蓝色，而使玫瑰花显现红色？同样的花青素为何会在矢车菊和玫瑰中色彩迥异呢？一种广为接受的解释就是：矢车菊花瓣中的 pH 值呈碱性而使得花青素呈现蓝色。这一解释持续了差不多一百年，直到 2005 年，X 射线衍射实验的结果才告诉我们，这一解释大错特错。矢车菊花瓣之所以能够呈现蓝色并非因花瓣中的细胞液为碱性，其奥秘在于矢车菊花瓣中的花青素结构发生了变化，花青素的分子不再是孤军奋战的单个分子，6 个花青素分子和 6 个无色分子"团队合作"形成了一个巨大的复合物，能够稳定住花青素分子的电子转移，故而能够产生蓝色——"团队色彩"。而玫瑰中的花青素分子则是"单打独斗"的独行侠，因而不能呈现蓝色，只能呈现红色——"个人色彩"。自然界还有一些蓝花则是利用类黄酮 - 3′，5′ - 羟化酶使花青素分子上面多了个氧原子，"进化"为更容易产生蓝色的花翠素。令人遗憾的是，自然界的玫瑰花中不能合成类黄酮 - 3′，5′ - 羟化酶。

要想自然生长出蓝色玫瑰，真的好难啊！

在基因工程飞速发展的 21 世纪，这点困难还真难不住我们的科学家。研究人员利用基因工程可以在分子水平上对基因进行操作，也就是将外源基因通过体外重组后导入受体细胞内，使这个基因能在受体细胞内复制、转录、翻译表达的操作。日本的田中良和教授团队就是利用基因工程技术，成功地将蓝花中的类黄酮 - 3′，5′ - 羟化酶基因插入其他种类的花中，使其产生蓝色。蓝玫瑰研究项目 1990 年在日本开始启动。首先是详细研究了开蓝色花朵的牵牛花基因，在全世界首次成功测定出了蓝色基因的碱基序列。最初曾尝试将牵牛花的蓝色基因插入到玫瑰花中，未获得成功，但同样的操作却令康乃馨开出了蓝花。接着，研究的目光转向了其他与玫瑰属性相近的花卉，龙胆、紫罗兰和薰衣草等十几种植物的蓝色基因。田中教授 1996 年发现植入紫罗兰基因的玫瑰能合成出花翠素。这一结果极大地提振了研究团队的信心，他们将研究扩展到更多的玫瑰品种。2004 年，长达 14 年的研究终于迎来了收获的季节，在基因工程的助力下自然生长的玫瑰花枝上开出了世界上第一朵蓝玫瑰花，花瓣色素几乎 100% 为蓝色色素。

虽然与人工染色的蓝色妖姬相比，田中教授团队培育的蓝色玫瑰还不够"蓝"，但我们坚信，终有一天人类能够培育出真正的"蓝色妖姬"。

6.4.3　染料和颜料的故事

我们行走在大街上，穿梭在身着各色各式服装的人流中，品尝着五颜六色的食品，浏览着绚丽多彩的广告画，这些对现代人来说是极其平常的事，对于两百年前的人来说却是梦幻一般的事情。人类对于色彩的追求和利用的历史可以追溯到很久很久以前。早在两千多年前的春秋战国时期，我们的祖先就知道用紫草来染衣服。由于紫草稀缺且紫色染料的制作工艺繁杂，紫草染成的衣料成为财富和地位的象征，帝王将相们皆以身着紫衫为荣。贞观四年（630 年），唐太宗正式下诏规定三品以上官员服饰主色调为紫色，"满朝朱紫贵"由此而来。

"染"字在《说文解字·水部》中的解释是：染，以缯染为色。从水，杂声。裴光远注："从木，木者所以染，栀茜之属也；从九，九者染之数也。"从这些分析可以得知，"染"字由"水""木"和"九"构成，"水"是染色必不可少的材料，"木"指染料来源于天然草木，而"九"则指古时的染色次数较多。在化学合成染料问世之前，人类的染料来源属于"靠天吃饭"，仰仗大自然的恩赐，采用植物的汁液、动物的汁液、天然矿物质这三大类天然原料。动植物的汁液通常提取的是有机化合物染料，而天然矿物质多为无机化合物染料。由于源自动植物的染料品种少、产量低，对于古人来说一色难求。动物的尸骸、血液和排泄物、植物的残渣，都曾被人类用作天然染料。

普通人常常将颜料和染料两个概念搞混，不知道什么称为颜料，什么称为染料。其实区别很简单，就看一点：着色在表面还是在内部？染料能够渗透到物体内部进行着色，而颜料只能作用于物体表面。颜料是一种微细粉末状的有色物质，如：白垩粉——碳酸钙，铅白——碱性碳酸铅，红色的银朱——硫化汞，黑色的烟炱——碳等，一般不溶于水、油和溶剂，但能均匀地分散在其中。染料与颜料不同，它是能溶于水、醇、油或其他溶剂等液体中的有色物质。染料大都是有机物，对天然纤维和人造纤维有很大的亲和力，染料的染色能力很强，因而一点点染料足以使整匹布都染上美丽的色彩。

1. 源自动植物的生物染料

古代人类的染料主要来源于动植物，因而又称为生物染料。几千年来，人们虽然费尽心思，但从动植物体中提炼出的天然染料种类可以说是屈指可数的。在古代，生物染色的服饰贵气逼人，高贵神秘的紫色、狂热的猩红色，然而，有谁会想到这些尊贵的颜色下面暗藏着残忍的杀戮和血腥之气。

猩红，现在常用来表示颜色的一个词语，猩红色介乎红色和橙色之间，比朱红色深。然而，古时候的猩红色还真与血液有关，世界各国都流传着类似的说法：纯正的红色染料是屠杀南方炎热丛林中生活的猩猩，取其血液制作而成的。在人工合成染料发明之前，人们能够利用的红色染料主要来自植物，如茜草、红花等。但这些源自植物的红色色彩并不纯正，如红花的颜色有些偏黄，而茜草的颜色则有些偏褐色。15 世纪西班牙航海家哥伦布发现了新大陆，随后欧洲探险家们纷沓而至，他们在新大陆发现了一种在欧洲大陆从未见过的附着在仙人掌上的绚丽红色颜料——胭脂红。这一发现令探险家们大喜过望，因为这将成为非常赚钱的营生。1523 年底，胭脂红染料被西班牙殖民者首次运到了西班牙，这一"完美的红色"很快就在欧洲蔓延开来，因为它除了鲜红色和深红色，还能制出柔和的粉红和玫瑰色。新大陆到旧大陆之间的"红色贸易"就此开启，从 16 世纪到 19 世纪，胭脂红贸易成为仅次于金、银的最具有价值的美洲特产。胭脂红是从寄生在仙人掌类植物上的雌性胭脂虫体内提取出的色素，由雌性胭脂虫干体磨细后用水提取而得的红色色素，主要成分是胭脂虫酸（蒽醌衍生物）。西班牙当时靠着这种小虫子带来的巨额利润称霸欧洲。

紫色，一种高贵的颜色。紫草，又名地血、撕丹、红石根，为紫草科多年生草本植物。紫草根部含有紫色色素，如紫草醌和乙酰紫草醌，可用作染料。在我国古代人们主要就是用紫草制作紫色染料，但紫草的数量少，染料的制作工艺又繁杂，且耗时耗力，因此紫色极为珍贵，身着紫色是高贵和权势的象征。中国自唐朝以来，三品以上官员才能穿紫色。无独有偶，在地球的另一端欧洲，紫色也同样被认为是贵族地位的象征，尽管这两者的来源截然不同，一个来源于植物，而另一个来源于动物。仅仅一条紫色的饰带，就可以作为罗马元老尊贵身份的表示。而一件紫色的长袍，就连罗马皇帝穿着都会被认为略显奢侈。与中国的紫草不同，欧洲贵族们用于染色的紫色染料是历史上赫赫有名的推罗紫（tyrian purple），来源于海洋动物——红口岩螺和染料骨螺。这种染料比相似的源自植物和矿物的染料都要浓郁耐久，因而非常珍贵，其制作工艺掌握在地中海边一群闪语族人手里。希腊人于是将这群闪语族人称为"腓尼基人"（Phoenician），即"紫色国度的人"。制作推罗紫的原料是红口岩螺和染料骨螺两种螺的腺体分泌物，螺在受到攻击时就会喷吐出白色的分泌物。这些白色的分泌物放置在空气中会发臭并变色，由白色、黄色变绿色、蓝色，最后变为紫色。推罗紫的产量极低，据古罗马的文字记载，一只海螺只能贡献一滴原液。25 万只海螺才能提炼出半盎司染料，刚好能够染一条罗马长袍，正因如此，其价格居高不下。由于整个提取过程散发难以忍受的恶臭，因此加工场所只能选在城外郊野。埃及艳后克娄巴特拉和恺撒大帝都极为迷恋这种优雅的紫色，克娄巴特拉让手下把船帆、沙发等各种东西统统染成推罗紫，而恺撒大帝更是将推罗紫指定为罗马皇室专用色。

《荀子·劝学》中写道"青，取之于蓝，而青于蓝"，这里的"青"即靛青，也就是靛蓝，是一种传统的蓝色染料。荀子这里所说的"蓝"，不是指蓝色，而是指一类可以制作蓝色的植物——蓝草，包括木蓝、菘蓝和蓼蓝等。织物染色时，先将蓝草切碎，放置在瓮中加水浸泡发酵，发酵液中含有以吲哚酚为主要成分的隐色体。把织物投入发酵液中，当织物浸透后取出晾干，隐色体在空气中被氧化，形成不溶性的靛蓝而染在织物上。明朝《本草纲目》记载："掘地作坑，以蓝浸水一宿，入石灰搅至千下，澄去水，则青黑色。"

2. 源自矿石的颜料

人类使用颜料的历史可以追溯到上古时期。我国河南仰韶文化遗址，出土了大量图案精美的陶器，又称彩陶，其中一件白、红、黑复彩的泥质红陶器座堪称彩陶中的珍品。由此可见，早在公元前 5000 年前，我们的祖先已经开始使用颜料了。

最早的颜料来自矿物。仰韶出土的彩陶上黑色是炭，而红色是一种铁矿石——赤铁矿，中国古称"赭石"，主要化学成分为 Fe_2O_3，晶体属六方晶系的氧化物矿物。

我们在印度电影里看到过，很多女人额头上都会有一颗红色的痣点，这种红色痣点是用什么颜料点出的呢？答案是朱砂。在印度教中，女人额头上点上一颗朱砂痣，可以保护这个女人和她的丈夫。朱砂是古时候人们常用的一种源自大自然的红色颜料，亦作"朱沙"，旧称丹砂，是一种红色硫化汞矿物（HgS），属三方晶系，通常为细粒的块状体，为提炼汞的重要矿石，以湖南辰州产者为最佳，故又称辰砂。我国古时候为了防止公文和信件的泄密或传递过程中的私拆，人们先用水调组朱砂于印面，然后再印在纸上，这就是印泥的雏形。由于水干后朱砂容易脱落，到了元代，人们开始用油调朱砂，之后便逐渐发展成我们现用的印泥。制作印泥的主要原料是朱砂、朱镖、艾绒、蓖麻油、麝香、冰片等。印泥的品种很多，主要有朱砂印泥和朱镖印泥。朱砂印泥颜色为深紫红色，是用漂制朱砂时沉淀在乳钵最下层的一种朱砂制成的印泥，鲜红带紫，厚重沉着，最为美观。而朱镖印泥则是漂制时上层的朱砂细末与艾丝、油等调制而成的，略现红黄色，如同熟透的橘子皮颜色，非常典雅。

中外的古代绘画艺术品常常采用矿石原料制作的颜料绘制。如，中国十大传世名画之一、北宋天才少年王希孟的作品《千里江山图》，画卷雄浑壮阔，气势磅礴，充满着浓郁的生活气息，将自然山水描绘得如锦似绣，分外秀丽壮美。《千里江山图》主要是石青和石绿的蓝绿色调，再辅以赭色为衬托，使青绿色在对比中更加鲜亮夺目。而制作石青、石绿和赭色颜料的原料分别是蓝铜矿［$2CuCO_3 \cdot Cu(OH)_2$］、孔雀石［$Cu_2(OH)_2CO_2$］和赤铁矿石（$\alpha - Fe_2O_3$）。蓝铜矿在中国古代被称为"绿青"或"石绿"，是一种古老的玉料。蓝铜矿因风化作用使 CO_2 减少、含水量增加，易转变为孔雀石。

西方古代画家采用的是一种高贵的蓝色"群青"［主要成分为$Na_xAl_6Si_6O_{24}S_y$（$x = 8 \sim 10$，$y = 2 \sim 4$）］，原料是产自千里之外的阿富汗的青金石。天然群青的原料青金石几乎只在阿富汗地区开采和加工，其价格当时是同等重量黄金的数倍。群青的制作工艺繁杂，青金石需要经过反复清洗、研磨、用专用的颜料油混匀等步骤。因而群青的价格极其昂贵，通常只有在宗教人物和达官贵人身上才有机会使用这种颜料，而平民画家则只能望"蓝"兴叹。

3. 化学合成染料

合成染料的出现是在 19 世纪中叶，距今仅有一百多年的时间。合成染料的出现彻底改变了人类取"色"靠天吃饭的现象，极大地改变了人们的生活，各种曾经高不可攀的色彩，如紫色、蓝色等权贵专享色飞入寻常百姓家。

苯胺紫即甲基紫，是第一个人工合成的紫色染料。1856 年，英国 18 岁的化学家威廉·珀金（William H. Perkin）在合成奎宁的实验中，因为偶然发现获得了苯胺紫染料（见图6-3）。珀金立即申请了合成苯胺紫的发明专利，苯胺紫的华丽色彩令当时的维多利亚女王都为之青睐。1857年，珀金建立了世界上第一家生产苯胺紫的合成染料工厂。自此以后，苯胺紫取代了让腓尼基人混合着"杀戮、恶臭、眼泪和金币"气息的海螺染料，紫色不再为皇家权贵所专享，自此紫色变成了一种平民色调。

第二个著名的化学合成染料就是靛蓝（见图6-4），它的合成是由德国伟大的有机化学家阿道夫·冯·贝耶尔（1835—1917年）完成的。1878年，贝耶尔在研究吲哚的化学性质时，在副产物中发现了靛蓝。贝耶尔最初试图通过吲哚的衍生物靛红合成靛蓝，但这一工艺成本太高，不具备商业前景，后采用苯系制备。在此之前，靛蓝全部来源于植物，人们采用古老的工艺从几种热带植物中提取靛蓝，印度就曾经是靛蓝染料提取工艺的发源地之一。由于合成靛蓝，对有机染料和芳香族化合物的研究作出重要贡献，贝耶尔荣膺1905年诺贝尔化学奖。

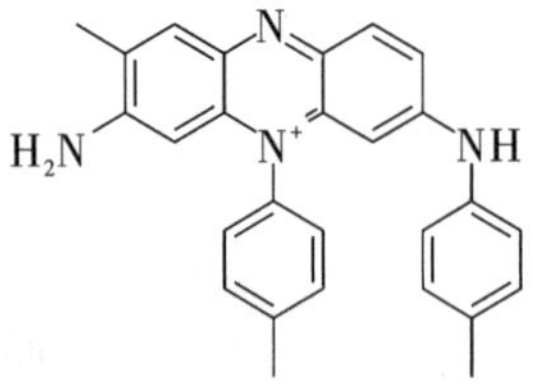

图6-3　苯胺紫的结构式 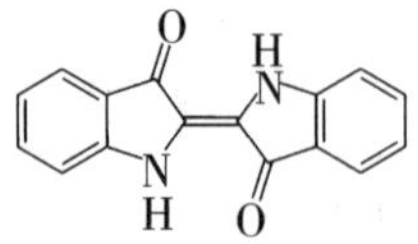　　　　图6-4　靛蓝的结构式

苯胺紫和靛蓝染料的人工合成至今，经历了仅仅160多年的时间，染料已经从古代天然染料屈指可数的种类数，发展到如今合成染料的品种上万种。仅以合成染料中最为普遍的偶氮染料为例，其品种丰富多彩，红、橙、黄、绿、青、蓝、紫七色，样样齐全。染料的研究也形成了一门新的学科——染料化学。

6.4.4　名画变色之谜

提起绘画艺术品，我们会联想到敦煌的壁画，也会想到巴黎的卢浮宫、纽约的大都会博物馆、北京的故宫和伦敦的大英博物馆。在这些世界最著名的博物馆里收藏了世界各国优秀的绘画艺术品，其中有的已有数百年甚至上千年的历史。巴黎卢浮宫的绘画馆就拥有35个展厅，收藏了从意大利13世纪初的绘画到欧洲 19 世纪德拉克洛瓦等画家的绘画,规模和质量都堪称世界第一,人们熟知的有达·芬奇的《蒙娜丽莎》和《圣母子与圣安妮》等。但在我们当代人看到这些伟大的艺术作品时,岁月这把无情的"杀猪刀",不仅仅剥夺了人们的青春美貌,同样也剥夺了古迹和文物原来鲜活的颜色。这些伟大的艺术品在岁月的侵蚀下出现了褪色、变暗、发白的现象,留给我们后人看到的是灰扑扑、暗淡无光的轮廓。岁月是如何改变绘画的颜色的呢?背后的化学原理又是什么呢?

2018 年,意大利科学家科斯坦扎·米利安尼(Miliani)博士等在《德国应用化学》(*Angewandte Chemie International Edition*) 的文化遗产专刊上发表文章,科学地揭示了这些珍贵艺术品的变色之谜,并详细分析了光照对艺术家所用颜料的影响。因此我们在参观古代艺术品时,切记不能用闪光灯拍照,保护文物,人人有责!

从艺术家们所用颜料化学物质的发光性质来分,颜料可分为半导体颜料、电荷转移颜料和有机颜料三大类。

1. 半导体颜料

这类无机颜料本质上是半导体,半导体的电子轨道由价带、导带和禁带构成,禁带的宽度不一。半导体在吸收能量合适的光后电子会从价带跃迁到导带,导带的电子具有还原性,而价带中的空穴具有氧化性,因而导带的电子和价带的空穴能引起颜料自身的氧化还原反应,或者作为光催化剂促进画作颜料中其他组分的氧化还原反应,从而导致画作的颜色发生变化。

前面提到的在中国书画作品中用做红色颜料、印泥和批红的朱砂($\alpha - HgS$),西洋油画中常用的黄色颜料镉黄(由 CdS 和 $Cd_{1-x}Zn_xS$ 构成)、红色颜料红铅(Pb_3O_4) 和白色颜料钛白(TiO_2) 等都属于半导体颜料。在岁月的侵蚀下,这些颜料绘制的画作将出现变色的现象。如:某些条件下朱砂会发灰变黑,明亮的镉黄会变暗,火红的红铅变得灰白,这背后的化学原理又是什么呢?

早期曾认为朱砂变黑是因为晶体结构转化为 $\beta - HgS$,近期的观点则认为同 Hg—Cl 次级产物有关,如形成多晶型的 $Hg_3S_2Cl_2$ \ Hg_2Cl_2 \ $HgCl_2$。

时至今日,一百多年前的梵高仍是世界上最著名的画家之一。梵高 1887 年绘制的《蓝色花瓶里的花朵》里面那些明黄色的花朵已经逐渐转变为暗橙色,后经过分析发现在灰色的蚀变壳层中有无定型的 $CdSO_4$、CdC_2O_4、$PbSO_4$ 等。

是什么原因使得明亮艳丽的镉黄转变为 $CdSO_4$、CdC_2O_4 和 $PbSO_4$ 呢？科学家通过研究发现由于光照和氧化的作用，以 CdS 为主的镉黄在 O_2 和湿气中光氧化为 $CdSO_4$，硫酸根离子和清漆中的铅离子结合生成了硫酸铅，而镉离子则结合了草酸根离子形成草酸镉。因为类似的原因，恩索尔的《卷心菜静物》画面上白色小球中出现 $CdSO_4 \cdot nH_2O$、$(NH_4)_2Cd(SO_4)_2$，马蒂斯的画作《生活的快乐》（*Joy of Life*）中镉黄颜料变为了 $CdSO_4 \cdot nH_2O$、CdC_2O_4 和 $CdCO_3$。

梵高的画作《云空下的干草垛》中，池塘里鲜艳的红色叶子慢慢地变成了白色。梵高在这里用到的红色颜料被认为是古代最早的人工合成色素之一的红铅（Pb_3O_4）。红铅为何会变白呢？为了弄清楚这背后的化学原理，科学家用 X 射线粉末衍射断层扫描技术分析了画作中白色颗粒的化学成分。结果发现：白色颗粒的中心仍然是红色的红铅，但是外部已被其降解产物所覆盖，紧挨中心红铅的一层是羟碳铅矿 $[3PbCO_3 \cdot Pb(OH)_2 \cdot PbO]$，而最外层是水白铅矿 $[2PbCO_3 \cdot Pb(OH)_2]$ 和白铅矿（$PbCO_3$）。科学家提出的解释是：红铅在光照过程中，价带上的电子（e^-）就会被激发到导带上，同时在价带上产生空穴（h^+），导带中的电子会将铅离子由四价 Pb（Ⅳ）还原到二价 Pb（Ⅱ），而氧化性的空穴（h^+）可氧化颜料中的油性黏结剂释放出 CO_2（见图 6-5）。随后，二价铅离子 Pb（Ⅱ）与 CO_2 反应生成多种白色的碳酸铅，再逐渐转换为羟碳铅矿，最后羟碳铅矿与二氧化碳反应生成水白铅矿和白铅矿。

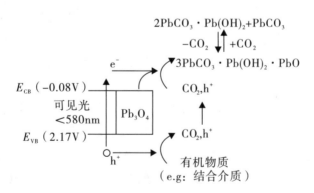

图 6-5　红铅变色的光化学原理

二氧化钛（TiO_2）又称钛白粉，是一种染料及颜料，属于 n 型半导体。二氧化钛可算得上是光催化剂中的骨灰级元老，早在 1972 年，日本科学家藤岛昭等就首次发现在光电池中受辐射的 TiO_2 表面能持续发生水的氧化还原反应，从而揭开了光催化研究的序幕。科研工作者通过对梵高画作的研究发现，TiO_2 作为光催化剂在光诱导下产生的具有强氧化性的物质促进了画作中有机黏结剂的氧化降解，导致油画表面粉化。

2. 电荷转移颜料

这类颜料的发色机理是金属—配体配合物的电荷转移光跃迁，可分为配体—金属电荷转移和金属—配体电荷转移两种。

普鲁士蓝 $\{KFe[Fe(CN)_6] \cdot xH_2O$ 和 $Fe_4[Fe(CN)_6]_3 \cdot xH_2O\}$、铬黄（$PbCrO_4$）、锌黄（$K_2O \cdot 4ZnCrO_4 \cdot 3H_2O$）颜料就属于电荷转移颜料。1888 年，35 岁的梵高从巴黎来到小城阿尔勒寻找他的阳光和向日葵，这一时期他以黄色为主色调创作出著名的《向日葵》系列代表作，采用的黄色颜料就是铬黄。铬黄是一种铅混合颜料，因制作工艺的不同会掺有一些硫酸铅，其色彩鲜艳明亮，饱含激情，是梵高迷恋的颜色。到如今一百多年过去了，《向日葵》中花瓣上的明黄色发生了变化，颜色变得深暗。科学家分析发现铬黄变暗是 $Cr(Ⅵ)$ 离子被光还原 $Cr(Ⅲ)$ 离子所致的。油画模型的老化试验进一步表明：①单斜晶系和/或斜方晶系的 $PbCr_{1-x}S_xO_4$（$0 < x \leqslant 0.8$）比不含硫的单斜晶系 $PbCrO_4$ 更容易变暗淡；②暴露在湿气中更容易生成 $Cr(Ⅴ)$ 化合物，而光辐射容易生成 $Cr(Ⅲ)$ 化合物；③不同的光源对铬黄的影响不同。

普鲁士蓝的褪色与艺术品的环境类型、基质以及颜料的制作工艺相关，其褪色要归因于 $Fe(Ⅲ)$ — $Fe(Ⅱ)$ 的光还原，即通过金属—配体间的电荷转移。

3. 有机颜料

有机颜料，如靛蓝和蒽醌红等，是艺术品中最常见的颜料。靛蓝颜料具有迷人的蓝色，其发色团往往用供体—受体理论来解释，其中氨基作为电子供体，而羧基作为电子受体。靛蓝作为有机颜料，通常被认为稳定性差、光照下容易发生降解。但在某些情况下，靛蓝的颜色也能令人难以置信地保持非常长的时间，在公元前 100 年前的安第斯纺织品中仍然能够找寻到它们的踪影，就是最有力的证明。靛蓝分子内的光物理学机制可以使其在被光照时失活 99.99% 的光子，有效地保护靛蓝光降解。但若存在氧自由基或还原物质的时候，靛蓝光降解的量子产率会增加 2～3 个数量级，从而促进靛蓝的光降解。

此外，靛蓝的双键也是个光降解的弱点。

蒽醌红是历史上最常用的红色植物颜料，主要含有茜素和红紫素。茜素在光照作用下会转化为两种产物，通过激发态质子转移转化为稳定产物 1，10 酮式互变异构体和通过电子转移转化为不稳定产物 9，10 酮式自由基阳离子。其中 1，10 酮式互变异构体稳定，不会变色；而 9，10 酮式自由基阳离子稳定性差，容易褪色。

6.4.5　无颜料彩色绘画

不用颜料也可以呈现五颜六色吗？

答案是肯定的。

前面我们也曾经提到，自然界中存在着许多靓丽的色彩，而这些色彩并非来源于物体中的化学色素，而是物体的物理结构。蝴蝶的翅膀、鸟类的羽毛、甲虫的外壳，大都属于结构色，其微观结构往往具有长程有序或者短程有序的特点，使特征波长的光发生折射、漫反射、衍射或相干散射而产生色彩。也就是说，只要物质的微观结构和组成成分不变，结构色就永不褪色。因此，热带雨林里的鹦鹉就算时常被暴雨冲洗，羽毛颜色也一样鲜亮，而不会像染色的织物一样因洗涤而褪色。

我们的祖先对色彩的追求持续了数千年，由于科学技术水平的限制，一直未能进入色彩的自由王国。直到近代，由于合成染料技术的飞速发展，人类才算是彻底摆脱了对天然染料和颜料的依赖。那么随着未来科学技术的进步，人类的彩色之梦有一天也能够摆脱对颜料的依赖吗？是的，笔者对此非常乐观。

2017 年，丹麦技术大学 Zhu 等在《科学进展》期刊上发表一篇通过控制锗薄膜的形状和厚度，从而呈现不同的颜色的论文。他们在工作中采用了一种由高约 200 nm 的柱状颗粒排列而成的特殊的塑料表面为衬底，在其表面覆盖上一层不同厚度的锗（Ge）薄膜，最后通过激光打印技术使凸起上的锗融化，进而改变锗薄膜的形状和厚度。低强度激光脉冲使纳米柱变形较小，呈现蓝色和紫色；强激光脉冲产生更剧烈的变形，使纳米柱反射橙色和黄色。通过这一技术，Zhu 等成功地打印出了彩色《蒙娜丽莎》和人像图案。

2019 年日本京都大学的伊藤等人在 *Nature* 期刊上发表文章，报道了他们通过控制聚合物薄膜的微结构创作出目前世界上最小的《神奈川冲浪里》彩色绘画，作品宽度仅有 1 mm。令人称奇的是，在制作这幅作品时研究者没有使用任何颜料。如何能够对聚合物薄膜的微结构进行精准控制呢？伊藤等人采用了一种组织化应力微纤维化的技术，即将弱溶剂和基于光驻波的应力场相结合，控制聚合物薄膜中微空腔和微纤维的形成和组织方式，生成事先设计好的多层多孔微纤维化结构，从而呈现全可见光谱结构色。

6.5 绘画作品

绘画作品除了所用的纸、布、笔、墨和颜料等与化学息息相关外，作品的内容也有很多是以化学为主题的。比如，法国画家大卫（Jacques Louis David）绘于 1788 年的油画《安东尼·洛朗·拉瓦锡夫妇》（*Antoine Laurent Lavoisier and Marie Anne Lavoisier*）呈现的是著名化学家拉瓦锡的工作场景。如封二 11 所示[1]，拉瓦锡正在一张覆盖了红色绒布的写字台上写作，三只羽毛笔和一叠书稿，再现了拉瓦锡撰写巨著《化学基础论》的情景。水银气压计、气量计、蒸馏瓶等实验仪器说明了拉瓦锡的化学家和实验者身份。拉瓦锡的夫人玛丽·安妮（Marie Anne Pierrette Paulze Lavoisier）是拉瓦锡的实验室助手，她协助拉瓦锡进行实验，更多的是在整理实验资料。她精通英语和法语，翻译了大量的科学文献和著作。她还是一名出色的画者，她翔实地记录了实验的过程，绘制了各种仪器和设备的图样，并为拉瓦锡的著作绘制插图。拉瓦锡取得成功，其夫人玛丽·安妮功不可没。

波义耳的空气泵及其实验也有绘画作品。现今，空气泵是我们生活中的一个常用工具，但是在三百多年前，却是一个稀奇的科学仪器，全世界也没有几台。1657 年，波义耳和他的助手胡克（Robert Hooke，英国物理学家）对格里克（Otto von Guericke，德国物理学家，1646—1676 年间任马德堡市市长）发明的气泵进行了改进。制作出空气泵后，波义耳进行了很多有关空气属性的实验，并借助"自然哲学的巡回演讲"以表演的形式向公众演示"动物在空气泵中的实验"。波义耳改造的空气泵有一个玻璃接收器，可观察到从充满空气到"真空"过程中接收器里发生的变化。于是他把昆虫放入接收器中来观察

---

① Antoine Laurent Lavoisier and Marie Anne Lavoisier（Marie Anne Pierrette Paulze）［EB/OL］. https：//www. metmuseum. org/art/collection/search/436106.

昆虫在稀薄空气中的飞行能力。他把小鸟、老鼠、蜗牛等小动物放入接收器中，观察空气被抽走时动物的反应，以此考察生物生存对空气的依赖性。随着空气渐渐减少，小动物变得萎靡不振，病恹恹的，最后死去，有的会剧烈地抽动或挣扎几下之后死去，这个实验会令人不安和惊恐。1768 年英国画家莱特（Joseph Wright of Derby）的油画作品《气泵里的鸟实验》（*An experiment on a bird in the air pump*）描绘了空气泵中小鸟的变化以及观众的反应（见封二10）①。画中呈现了观众借助烛光和月光观看科学家做实验的各种神情，有的兴奋，有的惊恐不忍看下去，还有一个小女孩在为小鸟的死去而难过地哭泣……作品真实地再现了科学实验残酷的一面。这幅油画藏于伦敦的国家美术馆，被认为是英国艺术的杰作之一。

人类在实践中渐渐认识到自然界中的物质是可以改变的，这种变化是可以人工促成的，于是有了炼金术和炼丹术。17 世纪的欧洲"炼金术"盛行，炼金术士相信世界上存在着一种"哲人石"可以点石成金，使人获得财富（哲人石被认为是一种可以将价格低廉的金属变成黄金的物质）。在西方着迷于炼金术的时候，我们的祖先对长命百岁的兴趣远大于金子，他们痴迷于炼丹，通过高温等方法制药，企图炼制长生不老的灵丹妙药。绘画作品生动地再现了炼丹家和炼金术士的工作场景，在我国有不同画家的作品呈现了东晋的著名炼丹家和医药学家葛洪炼丹的情景②以及各种《炼丹图》③。与炼丹的清静环境不同，炼金术的作坊非常热闹，如《炼金术士的实验室》（*An alchemist's laboratory*）（见封二12）④ 所示，有忙碌的炼金术士，还有瓶子、杯子、碗盆、研钵等瓶瓶罐罐以及大小熔炉、蒸馏器和各种工具，有些繁杂凌乱，不过油画中的人物和各种器皿、工具都画得十分逼真，富有质感。

炼金术最著名的成果是元素磷的发现，《炼金术士发现了磷》（*The alchemist discovering phosphorus*）（见图 6 - 6）也是英国画家莱特的作品（1771年）。这幅画描绘的是布兰德发现磷的那一刻。在金子的诱惑下，炼金术士尝

---

① A philosopher shewing an experiment on the air pump［EB/OL］. https：//www. metmuseum. org/art/collection/search/359795.

② http：//imagecloud. thepaper. cn/thepaper/image/84/922/341. jpg；https：//auction. artron. net/ paimai - art5029740129.

③ http：//www. peopleart. tv/97372 _20. shtml；http：//5b0988e595225. cdn. sohucs. com/images/20170830/a8a0c362825a445691127b5d48a61bcd. jpeg.

④ An alchemist's laboratory［EB/OL］. https：//digital. sciencehistory. org/works/z029p5724.

试各种方法寻找"哲人石"。德国商人布兰德就是其中之一，他痴迷于炼金术，试图从人的尿液中提取黄金。他跪在地上祈祷烧瓶中有奇迹发生，他身后还有两个学徒，寓意实验精神的传承和延续。当蒸馏瓶的底部出现了白色发光的物质时，他心花怒放，以为自己找到了"哲人石"，但是他得到的是白磷。虽然布兰德很失落，但是"寻找哲人石的炼金术士发现了磷"是化学史上的一大幸事。磷的发现预示着炼金术将走向化学。单词的拼写也反映了"化学"来自"炼金术"：alchemy（炼金术）和alchemist（炼金术士），chemistry（化学）和chemist（化学家）。

图6-6　油画《炼金术士发现了磷》①

6.6　文学艺术中的化学

文学与我们的生活相依相存，没有文学相伴的生活缺少情趣，甚是枯燥。即使是科学家也需要文学的滋润，正如作家叶灵凤在《文学与生活》一文中所言："整天埋头在试验室中的科学家，他从这一根玻璃管看到那一根玻璃管，从这一种原料掺合到另一种原料，纵使他忘记了新婚的妻子，忘记了饮食，他也仍在用文学维持着他的生活，这就是说，假如他失去了那为着预期试验的结果所激起的好奇心和热望，他便免不了怀疑，对于试验生不出兴趣，于是他的研究生活便不得不告终结了。"此处的"文学"两字更多的是指滋润和鼓舞生活的情趣。文学作品的内容具有特定的社会历史背景，科学技术不断改变着世界，在文学作品中，我们可以窥见科技进步带给人类的惊喜、憧憬、失望、迷茫和忧愁，明晰人们不断接受并适应科技变化的历程。化学渗透了我们生活的方方面面，在文学作品中，也不乏与化学相关的故事。

---

① The discovery of phosphorus [EB/OL]. https://digital. sciencehistory. org/works/jm214q36j.

6.6.1　外国文学与化学

丹麦童话作家安徒生（Hans Christian Anderson，1805—1875 年）生活的年代火柴问世了，他的童话《黑匣子》《卖火柴的小女孩》就是以取火方式为线索描写那个时代下人们的生活，通过点燃的火焰寄予美好的希望。《卖火柴的小女孩》中有这样的描述：

她不敢回家，因为她连一根火柴也没有卖出去，连一个子儿也没法带回家，她的爸爸一准要打她……

她的两只小手几乎已经冻僵。啊！如果她从那束火柴里抽出一根在墙上划着，一根燃烧的火柴也许会有点用处，哪怕只暖和一下她的手指也好！她于是抽出一根——"嚓！"它燃烧起来是怎么毕剥地响啊！她把手放到火柴上面，它发出温暖明亮的光，像一支小蜡烛。这光真叫人愉快。小女孩只觉得像是坐在一个大铁火炉旁边，这铁火炉还有擦亮的铜炉脚和铜装饰物……

故事中的小女孩在墙上划燃的一根根火柴，是白磷火柴，与我们现在使用的火柴不一样。白磷火柴是论根卖的，极易点燃，在粗糙的表面上摩擦就可点燃。但因为白磷容易自燃，且有剧毒，所以存在安全隐患，于是，后来被安全火柴所取代。

俄国作家车尔尼雪夫斯基（Николай Гаврилович Чернышевский，1828—1889 年）的小说《怎么办?》创作于 1862—1863 年，那时正值铝进入商业生产时期，它的制造成本很高，产量却不高，因此极其昂贵。铝制品是皇家御用品，贵族们追捧的珍宝。小说中有一段关于铝的描述：

这是怎样的地板和天花板啊？这些房门和窗架是用什么做的？这是什么？银？白金？家具也差不多全是这样——这儿木头家具只是心血来潮时做出的东西，不过为了改变花样而已。但所有其余的家具、天花板和地板都是用什么做的呀？"你动动这把扶手椅看，"年长者的女王说。这金属家具比我们的胡桃木家具还轻巧。这到底是什么金属呢？噢！我现在知道了，沙夏让我看过这样一块小板子，它很轻，像玻璃一样光亮，现在已经有这种东西做成的耳环和胸针了；是的，沙夏说过，铝早晚总会代替木材的，也许还可以代替石头。铝制品真多！到处都是铝。

这一段描述了铝制品美丽的外表、优良的性能和广泛的用途以及它带给人们的惊喜，也反映了人们对新产品的期待。如期所望，19 世纪末，随着电解铝生产工艺的发明，铝产量飞速增长，铝制品进入了平常百姓的生活，铝制品从奢侈品变成了必需品。

德国作家、思想家歌德（Johann Wolfgang von Goethe，1749—1832 年）以文学成就闻名于世，他在自然科学领域也有不凡的业绩，从事过植物形态学、颜色学、光学和矿物学等学科的研究。他认为学习自然科学知识和研究自然科学能够增强洞察力，他说过："如果我没有在自然科学方面的辛勤努力，我就不会学会认识人的本来面目。"歌德结交了不少科学家朋友，经常参加各学科的学术交流，比如，他与德国化学家德贝赖纳（Johann Wolfgang Döbereiner）是终生的朋友，在耶拿大学他经常听德贝赖纳的学术讲座，学习一些化学知识，借此积累了丰厚的化学知识。据说，正是在歌德的提议和鼓励下，德国分析化学家龙格（Friedrich Ferdinand Runge）于 1819 年首次从咖啡豆中提取、分离得到咖啡因（caffeine）。咖啡和茶是我们熟悉的能够令人精神兴奋的饮品，歌德喜好喝咖啡但备受失眠困扰，于是请龙格对咖啡豆中的成分进行化学分析，希望能找出导致失眠的主要成分，并将其去除，这样就既可以享用咖啡的美味又不至于影响睡眠。龙格对这项研究也非常感兴趣，他对咖啡豆的主要成分逐一进行提取和分析，最终明确了咖啡豆中驱走睡意、令人兴奋的成分是一种黄嘌呤生物碱化合物（1，3，7 - 三甲基黄嘌呤，$C_8H_{10}N_4O_2$），并将其命名为咖啡因。随后龙格尝试去除或减少咖啡因成分并保留咖啡中其他成分。经过努力，他从咖啡中提取了部分咖啡因，终于让歌德喝上了低咖啡因含量的咖啡。后来龙格又从茶叶中提取了相同的成分，曾称为"茶因"，之后，不同来源的这种成分被统一命名为"咖啡因"。咖啡因的故事是歌德与化学碰撞出的奇妙火花，而他以化学原理为基础创作的文学作品更为精彩。

化学亲和力（chemical affinity）或亲和力（affinity）是指一种物质可能与另一种物质发生反应的程度，可以表示两种物质结合的趋势。例如，血红蛋白与一氧化碳结合的能力大约是其与氧气结合的 200 倍，正常情况下，空气中氧气含量丰富，因此我们是安全的，但是在高浓度的一氧化碳环境中我们就面临着一氧化碳中毒的危险。与饱和烃（如烷烃）相比，不饱和烃（如烯烃）对其他物质的亲和力较高。两个烯烃分子可以彼此交换各自与碳碳双键相连的碳原子，形成新的烯烃分子，这就是烯烃的复分解反应，也称作烯烃换位反应。由此可见，物质之间的亲和力不是一成不变的，随着条件的改变原有的亲和力会瓦解，结合在一起的原子会解离，继而在新的亲和力作用下与其他原子结合形成新的分子。再比如，草酸钙（CaC_2O_4）晶体不溶于水，但是当它遇到盐酸时就"不淡定"了，高浓度的盐酸瞬间就可以瓦解钙离子（Ca^{2+}）与草酸根离子（$C_2O_4{}^{2-}$）之间的亲和力，解离的钙离子和草酸根离子随即会找到新的伴侣，钙离子找到氯离子，而草酸根离子找到氢离子，形成氯化钙（$CaCl_2$）和草酸（$H_2C_2O_4$），反应方程式如下：$CaC_2O_4 + 2HCl \rightleftharpoons CaCl_2 + H_2C_2O_4$。另外，这是一个可逆反应，一定条件下也会翻转，氯化钙和高浓度的草酸可以反应生成盐酸和草酸钙（观察到白色沉淀）。在物质世界里原子间遵循亲和力组合，在结合—分裂—重组的过程中，原子种类和数量没有改变，但是物质变了。在现实生活中亲和力同样有着神奇的力量，歌德将这一原理运用到人文社会中，以化学亲和力这一化学原理为基础创作了小说《亲和力》。小说讲述了爱德华、夏绿蒂、奥托上尉、奥蒂莉四人之间在亲和力作用下的爱情和婚姻故事。人性的变化比化学变化更为复杂，结局难料。歌德借助化学反应的亲和力描写人自然属性和社会属性的关系，解释爱情的生发与断念，让小说更具神秘色彩。

如果说歌德的小说《亲和力》以化学原理作为人物关系和故事情节发展的基础，将亲和力隐藏于故事之中。那么意大利化学家、作家莱维（Primo Levi，1919—1987年）的短篇小说集《元素周期表》（*ll sistema periodico*，英译 *The periodic table*）则是以化学元素为中心讲述人的故事，以化学元素及其特性譬喻人生。莱维是犹太人，1944年因参与反法西斯运动被俘，沦为奥斯维辛的174517号囚犯，是大屠杀的见证者。《元素周期表》是化学家用化学语言写的一本自传体回忆录。莱维以化学元素作为章节标题，每一章以一种元素为主题讲述一个故事。氩、氢、锌、铁、钾、镍、铅、汞、磷、金、铈、铬、硫、钛、砷、氮、锡、铀、银、钒和碳，用这21种元素讲述了21段往事和经历，每一个故事相对独立又有着或多或少的联系，每一种元素代表着一种情感，深藏着莱维对人性绝妙的隐喻，堪称元素传奇。在莱维的眼中，这个世界就是一张元素周期表，它看似井然有序，实则潜藏着无数种组合和变化。他从110种元素中选择了21种元素以无序挑战有序（1975年时元素周期表中只有

110 种元素），世间万物的一切变化就是有序和无序的。

从《元素周期表》一书的各个章节中，我们可以读到这位化学家对矿物、气体和金属专业独到的描述，对化学过程及操作精准的表述。虽然全书充满了丰富多样的化学知识，但行文通俗不枯燥。整部作品既有专业的化学知识，又极具文学品位。下文摘录几段精彩内容，与读者分享：

关于元素周期表，作者是这样描写的：

征服物质是了解物质，而了解宇宙和人就必须了解物质。所以门捷列夫的元素周期表——那时候正在努力学——是诗，比我们在中学时吞下的所有诗更高尚庄严，它还押韵哩！如你找寻语言世界和物质世界之间的桥，不必找太远，就在那里，在普通化学课本，在我们烟雾弥漫的实验室，在我们未来的事业中。

关于锌元素，作者是这样描写的：

锌的伴侣——硫酸，在实验室的每个角落都有。当然是浓硫酸，你必须用水稀释。但，注意！所有书上都载明，把硫酸倒入水中而非反过来。不然，那无奇的液体会发怒，连小学生都知道这点。然后，你把锌放到稀酸里……锌虽然很容易和酸反应，但是很纯的锌遇到酸时，倒不大会起作用。人们可以从这里得到两个相反的哲学结论：赞美纯真，它防止罪恶；赞美杂物，它引导变化以及生命。我放弃了第一个道德教训，而倾向于后者。为了轮子要转，生活要过，杂质是必要的。肥沃的土壤之中，要有许多杂质。异议，多样，盐粒和芥末都是必要的。法西斯不要这些，禁止这些，因此你不是法西斯分子。它要每个人一样，而你就不。世上也没有无尘的贞德，若有也令人生厌。所以在纯锌上加点硫酸铜，你会看到反应开始了。锌醒了，盖满白色的氢气泡，蛊惑已经开始，你可以放手由它去，安详地在实验室里踱方步，看看别人在做些什么。

关于蒸馏之美，作者是这样描写的：

蒸馏之美。第一，它是件缓慢、安静、哲思式的工作；然后，从液体转化成气体，再从气体转回成液体，一上一下就纯化了，它是惊奇的。最后，你在重复一个古老的仪式，几乎是宗教性的，从不纯物质，你得到精华，而历史上最早则是蒸馏温暖人心的酒。

化学家莱维是意大利国宝级的作家，如果想深入了解莱维，可看一看他的其他作品以及《普里莫·莱维传》（*Primo Levi：a life*，伊恩·汤姆森著，杨晨光译）。

此外，还有很多科普作品也非常精彩，比如延斯·森特根博士与插画家维达利·康斯坦丁诺夫合著的《火焰中的秘密》，这是一本有历史、人文元素的化学科普书。该书不仅通俗易懂，知识全面，而且故事性强，情节引人入胜，书中还介绍了一些在家中利用厨具和餐具就可以完成的化学实验。同时，书中的插图非常精美，图画的颜色只有黑红两色，红色代表火焰，黑色意味着未知和神秘。总之，这是一本以火焰为主线的化学故事书，普通读者和专业人士阅读此书都会有所收获。"森林里的化学——象粪纸"的片段如下：

和拥有专业研究实验室的城市相比，现代科技文明从森林里获得的启迪一点也不少。"摸一摸！这是非常好的纸！一流的。"我手里拿着一张报纸大小的纸，除了看上去略微泛黄，它几乎和一张普通信笺毫无二致。"这是大象粪便做成的。"担任慕尼黑海拉布伦动物园多年的兽医亨宁·维斯纳立即说道。
…………
纤维素是木头腐烂变质后残留下来的白色物质。书写纸、厕纸和餐巾纸都由纤维素制作而成。因为纤维素由单糖构成，可以作为营养物质。但纤维素彼此联结的方式非常高明（借助 β 键），很少有生物能打断这个联结。某些蜗牛、蚂蚁、银鱼、部分细菌和少数几个霉菌掌握了这门技艺。于是他们无需为生计担忧，大自然里的食物供应源源不绝。纤维素可以说是大自然的主打产品，经年累月都是如此，没有其他物质的产量能与它匹敌。而大象是少数几个完全无法利用任何纤维的动物之一。维斯纳说，这可是一个极大缺陷。尽管大象体格强壮，聪明而又威风，却败在了毫不起眼的小小化学键上。

看了这段是不是觉得很有意思呢？想一想人能消化吸收纤维素吗？纤维素和淀粉有什么不同？化学的奥妙无处不在。

想知道伟大的化学家在想什么，他们是如何思考问题的。1981 年诺贝尔化学奖得主美国化学家霍夫曼（Roald Hoffmann）的杰作《相同与不同》（*The same and not the same*，该书荣获工程师协会 1997 年 DER Chemischen INDUSTRIE 文学奖）给出了答案，它展示了化学家思维的奥妙。霍夫曼不仅是当代世界上伟大的化学家，还是诗人、作家和哲学家。这本书说的是故事，讲的是化学，谈的是哲学。"霍夫曼，当代最渊博和仁慈的化学家之一，同时也是位文学的炼金家。在《相同与不同》中，他把最基本的事实都升华成金灿灿的智慧。——卡尔·捷拉西"看到这样的书评，你也很想了解大师在书中写了什么吧。

6.6.2 中国诗词与化学

我国反映化学和化学家的小说、科普作品比较少，但诗词中涉及的化学现象和化学原理不胜枚举。诗人用浪漫的诗词描写严谨的化学展示了化学的诗意，也反映了诗人观察化学现象的独特视角。

石灰吟（于谦）
千锤万凿出深山，烈火焚烧若等闲。
粉骨碎身浑不怕，要留清白在人间。

这首诗简练地描述了生石灰的生产过程和一连串的化学反应，并以此抒发了诗人不畏艰难，不怕牺牲的崇高情操。石灰石的主要成分是质地坚硬的碳酸钙（$CaCO_3$），"千锤万凿出深山"说明了石灰石来自深山。"烈火焚烧若等闲"描述了石灰窑里石灰石烧制成生石灰（氧化钙）的过程：$CaO_3 \xlongequal{\triangle} CaO + CO_2$，氧化钙（CaO）为白色（不纯者为灰白色）块状或颗粒状固体。"粉骨碎身浑不怕"描述一块块的生石灰与水反应生成了粉末状的熟石灰（氢氧化钙）：$CaO + H_2O \xlongequal{} Ca(OH)_2$。氢氧化钙 $[Ca(OH)_2]$ 是一种白色粉末状固体，微溶于水。加入水后，上层水溶液称作澄清石灰水，下层悬浊液称作石灰乳或石灰浆。"要留清白在人间"描述的是熟石灰与空气中的二氧化碳反应重新生成白色碳酸钙的结果：$Ca(OH)_2 + CO_2 \xlongequal{} CaCO_3 + H_2O$（氢氧化钙与少量二氧化碳反应），$Ca(OH)_2 + 2CO_2 \xlongequal{} Ca(HCO_3)_2$（氢氧化钙与过量二氧化碳反应），碳酸氢钙 $Ca(HCO_3)_2$ 容易分解转化成碳酸钙。于谦还有一首描写煤炭的诗——咏煤炭，他通过煤炭的开采和其功能托物言志。

咏煤炭 (于谦)

凿开混沌得乌金，藏蓄阳和意最深。

爝火燃回春浩浩，洪炉照破夜沉沉。

鼎彝元赖生成力，铁石犹存死后心。

但愿苍生俱饱暖，不辞辛苦出山林。

自古以来，在我国煤炭就是重要的能源，在古代被称为"石湮"或"湮石""石涅""石炭""石墨""乌金石""黑丹"等。汉书《地理志》记载，"豫章出石，可燃为薪"。在马可·波罗（Marco Polo）的游记中写道："（中国）有一种黑石，采自山中，如同脉络，燃烧与薪无异，其火候且较薪为优，盖若夜燃火，次晨不息……"明代宋应星的《天工开物》详细地记载煤炭的用途，它可以代替柴草作为日常生活的主要燃料——做饭取暖，用于锻造、烧石灰和炼制朱砂等，以及在密闭条件下将煤烧成焦炭用来炼铁。煤炭是固体可燃有机岩，是一种化石能源，主要由碳构成，还含有氢、氧、氮和硫等元素，燃烧时释放出巨大的热能，煤炭充分燃烧时碳的反应为：$C + O_2 \Longrightarrow CO_2$；燃烧不充分时：$2C + O_2 \Longrightarrow 2CO$ 及 $2CO + O_2 \Longrightarrow 2CO_2$，或 $CO_2 + C \Longrightarrow 2CO$。诗的前两句描写煤的开采和形貌以及它蕴藏着极大的热能，可以释放光和热，后两句通过描写煤对人类的贡献，赞美煤炭的奉献精神，表达诗人自己的志向。

七律·赠放烟火者 (赵孟頫)

人间巧艺夺天工，炼药燃灯清昼同。

柳絮飞残铺地白，桃花落尽满街红。

纷纷灿烂如星陨，赫赫喧虺似火攻。

后夜再翻花上锦，不愁零落向东风。

诗人对于燃放烟花爆竹等绚丽景象的描写特别生动，如桃花柳絮飞扬，似流星划过夜空。确如诗人所述，烟花的制造巧夺天工，技艺精湛，五彩的火光源于火药中掺杂的各种金属盐或金属粉末的焰色反应，而爆竹清脆响亮的炸耳声源于黑火药的爆炸。

现在的烟花爆竹都添加了 TNT（三硝基甲苯），威力很大，点燃时声音响彻云霄，燃放时要加倍小心，注意安全。

下面两首诗记述了古代淘金的过程，贵妇的首饰和王侯的印玺所用的金子都是淘金妇女千辛万苦从沙中浪底淘洗出来的。

浪淘沙九首（刘禹锡）

其六

日照澄洲江雾开，淘金女伴满江隈。

美人首饰侯王印，尽是沙中浪底来。

其八

莫道谗言如浪深，莫言迁客似沙沉。

千淘万漉虽辛苦，吹尽狂沙始到金。

金的化学性质稳定，常温下不易与其他物质发生反应，在自然界中常以单质存在，不需要冶炼还原，所以从古至今人们都是利用金子与沙子的密度差异，采用"沙里淘金"的办法获取金子。但是金的丰度并不高，需要反复淘洗过滤，淘尽泥沙或吹尽狂沙才能得到黄灿灿的金子，其过程是非常艰辛的。虽然金的化学稳定性很高，但是直接淘沙得到的金子常常含有杂质，如果需要高纯度的黄金，还需要进一步提炼。正所谓"真金不怕火炼"，古人通过火烧提纯黄金。在高温炭火中可以除去硫等杂质，再利用熔点的差异去除其他金属杂质，金的纯度就可以达到90%以上。

古诗词很美，今天的化学诗也同样令人心动。媒体上流传着一首化学人写的元素诗（见下），原来元素周期表还可以用诗来表达。

氢氦锂铍硼，凌寒独自开。

碳氮氧氟氖，为有暗香来。

钠镁铝硅磷，硫氯氩钾钙。

满园春色关不住，卤族氟氯溴碘砹，

锂钠钾铷铯镣炸，为有源头活水来，

铍镁钙锶钡镭，一枝红杏出墙来。

这是一首以元素周期表为蓝本，描写 28 种元素的诗。全诗共六句，前三句是元素周期表中 1 至 20 号元素及主要特性描述，依据原子序数排序，5 种元素一组，不仅读起来朗朗上口，还呈现了元素的周期性。后三句以族为单元，描写了常见且化学性质活泼的卤素、碱金属和碱土金属。这首诗借用了三首古诗的名句生动呈现了元素的性质，帮助我们记忆元素周期表。第 1 句"凌寒独自开"出自王安石的《梅花》，写的是梅花冒着严寒独自盛开，以此形容氢、氦这两种沸点最低的元素非常合适，而对于锂、铍、硼这三种沸点不低的元素，也可以借用"凌寒独自开"来描述他们所具有的独特性质。首先，锂、铍、硼属于轻元素并分别是碱金属、碱土金属和ⅢA 族元素中最轻的元素。其次，位于第 2 周期的它们，性质很特殊，有许多性质与本族元素相差较大，却与邻族元素相似，即表现对角线关系，这三种轻元素独树一帜的特性与梅花独自开有异曲同工之妙。第 2 句"为有暗香来"也是出自《梅花》，人们之所以能在远处闻到梅花的香味，是因为分子的运动，也正是这种香气区分了雪花和洁白的梅花。在这里作者借用"为有暗香来"说明碳氮氧氟氖这五种元素及其化合物的挥发性，它们的单质为气体（碳除外），其化合物有不少是易挥发的比如乙醇，苯等芳香族化合物，或是气体比如乙烯、一氧化二氮（笑气）等，并且有独特的气味。第 3 句是 11 至 20 号元素的排列，非常押韵。第 4 句用叶绍翁的诗句"满园春色关不住"（与原诗的词序略有不同，意思一样）描写卤素具有强烈的夺电子能力，把它们关起来也无济于事。第 5 句描写了活泼的碱金属遇水会发生强烈反应甚至爆炸，借用朱熹的诗句"为有源头活水来"提示为防止碱金属与水发生反应，要避水存放。第 6 句描写的是碱土金属，他们的活泼性低于碱金属，但也容易失去最外层的两个电子，故用"一枝红杏出墙来"来比喻其化学活泼性非常恰当。卤素和碱土金属一个"关不住"一个"出墙来"，它们相遇生成稳定的金属卤化物（MX_2），比如 BaF_2、$CaCl_2$、$MgBr_2$、CaI_2 等。作者将元素周期表和古诗词巧妙地组合在一起，非常传神，既能帮助我们更好地理解元素的性质，又让我们感受到了诗的美妙。

梅花（王安石）

墙角数枝梅，凌寒独自开。

遥知不是雪，为有暗香来。

游园不值（叶绍翁）

应怜屐齿印苍苔，小扣柴扉久不开。

春色满园关不住，一枝红杏出墙来。

观书有感（朱熹）

其一

半亩方塘一鉴开，天光云影共徘徊。

问渠那得清如许？为有源头活水来。

诗词与化学的激情碰撞真是妙不可言，诗词赋予了化学文学之美。

凭借着文学家和化学家的智慧和非凡的想象力，化学融入了文学作品，化学的神秘与文学的巧思相结合，让文学作品美妙而富有哲理。

7　化学与邮票

邮票是洞察科学世界的窗口。

——朱学范

　　邮票不仅仅是邮资凭证，也是信息的传播者和可供欣赏的艺术品。一方五彩斑斓的小小邮票上展示着自然、人文、科技，记录着时代的印迹。科学家说："邮票是形象的百科全书，宇宙万物无不和它发生联系。"科学主题的邮票将知识融汇于精美的图案和极简的文字中，是跨越语言和国界的科学文化的传播使者。

7.1　邮票上的化学

　　化学与邮票有着很深的渊源，制作邮票的材料和工艺与化学密切相关。纸是制作邮票最基础的材料，而印制邮票的纸更是经过涂层技术特殊加工的，表面涂层使邮票表面细腻、光滑、吸墨性强。随着印刷技术的改进和提高，20世纪50年代开始出现了其他材质的邮票，比如金属箔邮票（铝箔、金箔、钢箔邮票）、塑料邮票、木质邮票（树皮、木质邮票）和布质邮票（布、丝绸、人造丝、尼龙邮票）。除了材质的变化外，还有各种新技术应用于邮票制作中，从而生产出会变色的邮票、有香味的邮票，等等。

　　2001年英国以纪念诺贝尔奖颁发100周年为主题发行了一套邮票，全套邮票共六枚，分别对应六项奖项①。其中化学奖邮票的画面为在浅黑色五边形

---

　　① The Nobel prize 2001 commemorative ［EB/OL］. ［2001 - 10 - 02］. https：//www. collectgbstamps. co. uk/explore/years/？ year＝2001.

内嵌一个足球烯（C_{60}分子）的结构示意图，以此纪念足球烯的发现和它的发现者——美国化学家柯尔（Robert Floyd Curl，Jr）、英国化学家克罗托（Harold Walter Kroto）和美国化学家斯莫利（Richard Errett Smalley）。该邮票采用热致变色油墨印刷，即油墨中含有可逆热致变色材料，油墨的颜色随温度变化而发生改变。手指轻轻触摸足球烯图案时，手指温度会使图案的颜色发生变化，手指移开颜色即恢复原样，此过程可重复数万次。生理学或医学奖邮票的图案是具有象征意义的绿色十字符号，国际绿十字会的口号是"保护人类的自然环境，保证人类和一切生物的未来"。印制该邮票的油墨均匀分布着含有桉树芳香剂的微胶囊，用手轻轻摩擦十字图案，胶囊破裂会释放出芳香剂，散发出桉树叶的淡淡清香。化学材料和新技术的运用让这套纪念邮票变得更加奇妙和别致。

实际上，印在邮票上的化学信息更能展示化学的魅力，比如著名化学家及其成就、元素符号、常见物质的分子式或结构模型、反应方程式、实验器皿、仪器和装置等。人们在欣赏邮票时除了能感受到邮票画面的美外，还能够学习、了解一些化学知识。

2011年为纪念国际化学年（IYC 2011）和增进公众对化学社会价值的认识，国际纯粹与应用化学联合会（IUPAC）发行了由 Chemistry Views 制作的国际化学年标志邮票[1]，此外，二十多个国家也发行了与化学相关的纪念邮票。在展示化学家风采的邮票中，居里夫人的出镜率最高，一是她的成就和人品为世人景仰，二是2011年也是她获得诺贝尔化学奖100周年。其中法国纪念邮票的图案是居里夫人做实验的情景（见图7-1）：她右手拿着长颈烧瓶，左手摇动圆底烧瓶，全神贯注地观察着瓶内的液体。值得一提的是，加蓬共和国的邮票设计精美，邮票边纸和邮票浑然一体美如画，是一件值得收藏的艺术品（见封二1）。[2]

---

[1]　Chemistry views. IYC postage stamp central［EB - OL］.　［2011 - 02 - 08］. https：//www. chemistryviews. org/details/ezine/1435503/www. chemistryviews. org/details/news/1006893/IYC_Postage_Stamp_Central. html.

[2]　Iztok Turel. Mednarodno leto kemije（IYC 2011）［J］. Acta chimica slovenica，2012，59：94 - 96.

图 7-1　国际化学年邮票—居里夫人（法国）①

　　分子结构是化学主题邮票常见的表现形式，比如，以色列为纪念本国科学家在蛋白质研究中取得的重大成就，发行了两枚纪念邮票，邮票的图案是泛素和核糖体的结构②。泛素是一种由 76 个氨基酸组成的小蛋白。两位以色列科学家切哈诺沃（Aaron Ciechanover）、赫什科（Avram Hershko）和美国科学家罗斯（Irwin Rose）发现并揭示了泛素调节蛋白质降解的过程和原理，也就是说，他们发现了一种蛋白质死亡的机理。因此他们荣获了 2004 诺贝尔化学奖。核糖体是蛋白质合成的基地。英国科学家莱马克里斯南（Venkatraman Ramakrishnan）、美国科学家施泰茨（Thomas A. Seitz）和以色列科学家尤纳斯（Ada E. Yonath）利用 X 射线晶体衍射技术阐明了核糖体原子水平的精细三维结构，进而能够在原子水平上理解核糖体的分子机制，揭示了核糖体合成蛋白质的关键机理。他们因研究核糖体的结构和功能而荣获 2009 年诺贝尔化学奖。

　　邮票设计者常常用精练的构图讲述化学故事，看似简单的图案，其中的细节却别有深意，相当精彩。斯洛伐克的邮票（封三2）③ 通过二氧化碳（CO_2）和水（H_2O）分子结构模型（黑色球为碳，红色球为氧，白色球为氢）及黄色和蓝色背景讲述了光合作用的故事，同时也表达了设计者对于生态环境的思考和担忧。水和二氧化碳是绿色植物（包括藻类）进行光合作用的原料，在阳光照射下，绿色植物的叶绿素吸收光能使水活化，分解释放出氧气，同时还

　　① TUREL I. Mednarodno leto kemije（IYC 2011）[J]. Acta chimica slovenica，2012，59：94-96.

　　② Chemistry views. IYC postage stamp central [EB/OL]. [2011-02-08]. https://www.chemistryviews. org/details/ezine/1435503/www. chemistryviews. org/details/news/1006893/IYC _ Postage _ Stamp_Central. html.

　　③ SLANINA Z. Málo známý "Czech-made" příspěvek molekulové vědě：100 let čísel symetrie [J]. Chemicke listy，2021，115：213-237.

原二氧化碳并生成简单的糖类，简单的糖类继续合成二糖和多糖（碳水化合物，如淀粉）。植物的光合作用是地球上一切生命生存、繁荣和发展的根本源泉。绿色植物制造的有机物，比如碳水化合物，不仅满足自身的营养需求，也为其他生物提供了食物来源。食物链中的动物可直接或间接地从植物中获取营养和能量：植食动物直接转化植物的有机物，肉食动物转化其他动物的有机物，杂食动物则二者兼用。光合作用造就了生机勃勃的生物圈，同时，绿色植物吸收二氧化碳，释放出氧气，从而维持了生物圈中的碳—氧平衡。可见二氧化碳和水对于地球上的生命来说是非常重要的。另外，这枚邮票上水和二氧化碳的背景颜色以及它们之间显著的黄黑警示线更表达了深层的寓意。蓝色代表碧水蓝天，水参与光合作用。另外，二氧化碳可溶于水，水中的二氧化碳也能够逸散至空气中，二氧化碳的循环离不开水。黄色比喻阳光，光合作用需要光能，而且黄色也表示警告和提醒，常常用作警告标志。黄黑相间的警示线分隔了水和二氧化碳，提示人们注意二者对于地球环境的影响是不同的，而黄色背景醒目地警示人们要警惕二氧化碳的负面作用，关注现代工业社会中二氧化碳的利弊。一方面光合作用需要二氧化碳，大气中二氧化碳浓度的提高有利于植物的光合作用，从而提高农作物产量；另一方面，二氧化碳是主要的温室气体，大气中二氧化碳含量过高将导致地球表面温度升高，形成温室效应。由此可见，邮票的设计者巧用颜色和警示标志让邮票更具冲击力。对比鲜明的黄蓝色块构图将化学知识和社会关注的命题恰到好处地注入邮票中，告诉人们阳光、水和空气（氧气和二氧化碳）对于地球上的生命来说是不可或缺的，我们要保护环境，与大自然和谐相处。

1977 年，英国为纪念英国皇家化学学会（Royal Society of Chemistry）成立100 周年，发行了 4 枚邮票和纪念封[1]。这 4 枚邮票呈现了英国最具代表的 4 项杰出化学成果：氯化钠和晶体学、维生素 C 及其化学合成、淀粉和色谱分析、类固醇和构象分析。

氯化钠和晶体学——布拉格父子 1915 年诺贝尔物理学奖

氯化钠晶体结构图案的邮票呈现了英国科学家布拉格父子（父 William

---

① British achievement in chemistry. Centenary of royal institute of chemistry 1977 commemorative ［EB/OL］. ［1977 - 03 - 02］. https：//www. collectgbstamps. co. uk/explore/years/？year = 1977.

Henry Bragg，子 William Lawrence Bragg）1915 年诺贝尔物理学奖的成果。虽然氯化钠晶体结构简单，但点线面构成的立方体却呈现有序、对称的几何美感。科学家认为晶体中的微粒在三维空间周期性重复排列，组成了一定形式的晶格，外观会呈现特定的几何形状。氯化钠晶粒呈现棱角分明的立方体形貌，但是仅从外观上凭肉眼很难区分出晶体和非晶体，更不清楚晶体中微粒的具体排列情况。1912 年劳厄发现了晶体的 X 射线衍射现象，从而第一次用实验证实了晶体内部微粒具有周期性规则排列的结构特征，证实了晶体结构的点阵理论。在劳厄工作的基础上，英国科学家布拉格父子利用 X 射线研究晶体的结构。老布拉格重视实验，致力于用仪器测试晶体的 X 射线衍射现象，他改进的 X 射线衍射仪可精确测量 X 射线的波长并获得晶体衍射的数据。小布拉格提出了布拉格公式（布拉格定律），即 X 射线的波长和晶面间距之间的定量关系，这是利用 X 射线分析晶体结构的基本公式。利用老布拉格的仪器和小布拉格的数学方程，他们测定了氯化钠晶体，获得了氯化钠晶体的各项数据和结构信息，从而证实氯化钠是离子晶体。他们首次阐明了晶体的微观结构，开创了 X 射线晶体结构分析的历史，布拉格父子因此获得了 1915 年诺贝尔物理学奖，小布拉格获奖时只有 25 岁，是迄今为止该奖项最年轻的获奖者。

　　X 射线晶体结构分析将 X 射线衍射效应和化学联系在了一起。20 世纪初，化学家普遍认识到共价键是原子结合成分子的原因，然而对于一些像 NaCl、NaBr 和 ZnS 等的简单化合物，化学家却无法分离出独立的分子。难道世界上存在没有分子的物质？X 射线晶体结构分析为我们解开了这个谜团，实验结果证实：NaCl 晶体是离子晶体，晶体中不存在 NaCl 分子，NaCl 只是化学式。现已知固体物质有晶体、非晶体和准晶体三种存在形式，晶体可以由原子或离子或分子结合而成。X 射线衍射理论和技术打开了探索原子、分子尺度的微观世界大门，使化学家对晶体的认识从宏观深入到了微观。

　　继氯化钠之后，大量的晶体结构被陆续确定，从无机化合物扩展到金属、有机化合物和生物大分子。英国化学家霍奇金最先用 X 射线衍射分析方法测定复杂的有机分子结构。1949 年，她测定了青霉素的晶体结构（图 7-2），确定了青霉素的分子式，其中由一个 3 碳原子和 1 个氮原子组成的 4 元环结构在当时被认为是不稳定结构，后来也证实了霍奇金是正确的，并以此为基础进行了青霉素的改性和化学合成。没有用化学方法也可以确定青霉素的分子式和结构，X 射线衍射分析技术提供了解决化学问题的新技术。随后她还和同事一起，经过八年的潜心研究阐明了维生素 B$_{12}$ 这个复杂有机大分子的结构，为人工合成维生素 B$_{12}$ 奠定了基础。在霍奇金从事结构化学研究之前，X 射线衍射分析技术仅限于验证化学分析的结果。霍奇金运用 X 射线衍射分析技术测定了多种重要生化物质的结构，并将其发展成一个非常有用的分析方法，因此而荣获 1964 年诺贝尔化学奖。英国发行的 20 世纪杰出女性（1996）① 和皇家学会成立 350 周年（2010）② 纪念邮票中，有霍奇金的形象和她的晶体学成就。在获得诺贝尔奖 5 年后，霍奇金完成了持续 34 年的胰岛素立体结构的测定。同期，我国科学家也成功地用 X 射线衍射分析技术测定了猪胰岛素的立体结构，获得了高精度的 1.8 埃（Å）分辨率的 X 射线衍射图谱（封二 8）③。霍奇金对我国科学家的工作给予了极高的评价。利用 X 射线衍射分析技术，科学家还破解了血红蛋白晶体结构，确定了铁元素在分子结构中的位置，阐明了氧气和二氧

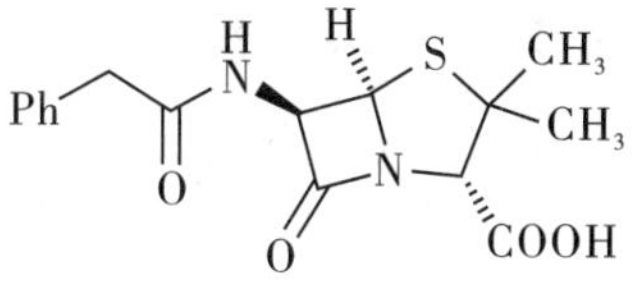

图 7 - 2　青霉素的分子结构

化碳在人体中的输运过程。X 射线衍射分析能够精确测定构晶原子或离子或分子在晶体中的空间位置，是现代分子结构研究的主要技术。

维生素 C 及其化学合成——霍沃思 1937 年诺贝尔化学奖

维生素 C 及其化学合成的邮票以橘子横切面和维生素 C 分子结构模型为图案致敬为抗击坏血病、发现和利用维生素 C 作出杰出贡献的英国科学家们。从林德提出抗坏血病饮食到霍沃思确认维生素 C 的结构并合成维生素 C，经历了一个漫长艰辛的历程，详见本章 7.2.8。

淀粉和色谱分析——马丁和辛格 1952 年诺贝尔化学奖

淀粉和色谱分析的邮票中这枚色谱曲线和彩色斑点图案展示了英国化学家马丁（Archer John Porter Martin）和辛格（Richard Laurence Millington Synge）发明的分配色谱法和纸色谱法的成果。他们发展了色谱分离的理论，使其方法

---

①　Dorothy Hodgkin. 20th century women of achievement：portraits of genius commemorative ［EB/OL］. ［1996 - 08 - 06］. https：//www. collectgbstamps. co. uk/explore/years/？year = 1996.

②　Dorothy Hodgkin. The royal society 2010 commemorative ［EB/OL］. ［2010 - 02 - 25］. https：// www. collectgbstamps. co. uk/explore/issues/？issue = 22514.

③　四大金刚之首 J8《胜利完成第四个五年计划》纪念邮票赏析 ［EB/OL］. ［2018 - 01 - 03］. https：//www. sohu. com/a/214410896_99981128.

不仅用于分离性质相似的物质，还可用于蛋白质等生物大分子的结构研究，开启了色谱法在生物化学和分子生物学领域的应用。

将一滴色素混合液滴在一片纸上，随着溶液慢慢扩散展开，可以观察到一个同心色环。俄国植物学家茨维特（Michael Tswett）首先将这种现象应用于混合组分的分离和鉴定。1906年茨维特报道了一种分离色素的新方法，他用石油醚提取树叶的色素，然后将石油醚提取液倒入装有碳酸钙颗粒的玻璃管中，继而用石油醚冲洗，提取物随着冲洗次数增加慢慢下移，渐渐地在碳酸钙上呈现不同颜色的谱带（见图7-3）。这种方法称为chromatograph，译为色谱法或层析法。茨维特也因此被人们尊称为色谱学之父。如今的色谱法已经没有了颜色这个特殊含义，经常用于分离无色的物质，借助仪器检测物质的光、电、热等物理性质来鉴别组分。1941年英国化学家马丁和辛格创立了液液色谱法（双液相色谱法），即分配色谱法，开启了色谱法在生物化学领域的应用。马丁和辛格用硅胶吸附的水作固定相，以氯仿作流动相，利用氨基酸在水和氯仿中的溶解度差异成功地分离了羊毛水解液中不同种类的氨基酸。水（负载于硅胶上）和有机溶剂构成的双液相能够分离性质非常相似的物质，分配色谱法成为分离、纯化和鉴定各种有机物的有效方法。

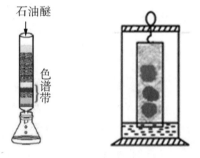

图7-3　茨维特色谱实验和纸色谱法示意图

分配色谱法获得成功之后，马丁和辛格又发明了纸色谱法（见图7-3）。他们以滤纸代替色谱柱，将欲分离的样品滴在一张滤纸条的底边附近，待其干燥后将纸条置于密闭的玻璃容器内，其底边浸入特定的溶剂中，利用纸中纤维的毛细管作用将溶剂逐渐吸上纸条。随着溶剂通过样品，因各种组分在溶剂中的溶解速度不同而随溶剂差速移动，最终达到各组分分离的效果。各组分所处的位置可由其物理或化学性质鉴定，如，通过茚三酮和氨基酸反应呈现的颜色斑点确定组分的位置，并与已知组分在同样条件下分离的位置对照。他们用纸色谱法测定了一个相对简单的环五肽，各组分在滤纸上蔓延开来，其氨基酸的序列为：缬氨酸—鸟氨酸—亮氨酸—苯丙氨酸—脯氨酸。纸色谱法因操作简便、分析速度快、试样用量少，很快就成为生物化学和分子生物学研究的基本方法。英国化学家桑格就是运用纸色谱法阐明了胰岛素分子中氨基酸的组成和排列的顺序。

然而，纸色谱分离的样品少，不能获得足量用于进一步研究用的纯物质，它不能达到制备的目的。于是辛格等人用圆形滤纸重叠起来填入色谱柱制成纸柱，用于大量样品的分离和纯化，滤纸的直径和纸张数量（柱高度）取决于待分离的样品量。此外，辛格等人利用土豆淀粉凝胶的分子筛效应，借助色谱柱的大容量，发明了淀粉色谱法，并用于分离短杆菌肽水解物，且取得了满意效果，实现了分离和制备纯物质的目的。此后依据凝胶的多孔网状结构的分子筛效应发展起来的凝胶色谱法特别适用于生物大分子的分离。

马丁和辛格在液液色谱法的基础上，预言了用气体代替液体作流动相进行分离的可能性。1952 年马丁和詹姆斯（James A. T.）创立了气液色谱法。现如今各种色谱方法以分离效率高、分析速度快、灵敏度高而广泛应用于化学和生命科学领域的工业生产中。

类固醇和构象分析——巴顿 1969 年诺贝尔化学奖

类固醇和构象分析的这枚邮票呈现了环己烷、类固醇结构示意图以及药片、药丸和针剂图案，展示了 1969 年诺贝尔化学奖获得者英国化学家巴顿（Derek Harold Richard Barton）作出的杰出贡献。

类固醇又称类甾体、甾族化合物，其广泛分布于生物界，包括固醇（如，胆固醇、羊毛固醇、谷甾醇、豆固醇）、胆汁酸和胆汁醇、类固醇激素（如，肾上腺皮质激素、雄激素、雌激素）、昆虫的蜕皮激素以及蟾蜍毒等，还有人工合成的类固醇药物，如抗炎剂（氢化泼尼松、地塞米松）、促进蛋白质合成的类固醇药物和口服避孕药等。

在有机化合物分子中，由于化学键旋转，如碳碳单键（C—C）旋转，而产生的原子或基团在空间排列的无数特定的形象被称为构象。挪威化学家哈塞尔（Odd Hassel）应用 X 射线衍射分析和电子衍射分析等方法对环己烷在不同状态下的三维结构进行了研究，提出了构象、椅式构象和船式构象等概念（见图 7-4）以及构象分析的原理和方法。英国化学家巴顿将构象分析应用于甾体化合物立体结构的研究，他设计了多种化合物的三维立体模型，探究分子内各个原子的空间排列位置及相互作用，阐明了分子的特性与它们的空间构型和构象之间的关系，建立了构象分析的一般规则。之后，巴顿成功合成了甾醇类激素，并发明了合成醛甾醇的著名方法——巴顿式反应。

图 7-4　环己烷船式构象（左）和椅式构象（右）

构象概念的提出发展了立体化学理论，构象分析成为研究化合物结构、反应历程和反应取向的强有力技术，因此哈塞尔和巴顿共同获得了 1969 年诺贝尔化学奖。

化学研究中，分析技术是必不可少的，无论是认识和鉴别物质，还是研究化学反应过程及其中间产物，都离不开分析鉴定。X 射线衍射分析、构象分析和色谱分析均是分析技术领域的诺贝尔奖成果，这三种分析技术至今仍然广泛应用于各种科学研究领域和工业生产中。合成新物质是化学的核心特征，合成被喻为化学的心脏。面对每一种新物质，分析化学告诉你这是什么？它有多少？因此，分析技术被喻为化学的眼睛。

醋酸分子纪念封

看到纪念封上可爱的分子结构图（黑色球：C，红色球：O，蓝色球：H），对于有点化学基础的人而言，不难得知这是醋酸，即乙酸。醋酸是我们日常生活中经常接触到的一种有机酸，它在食醋中的含量一般为 3% ~ 5%（质量分数）。在 19 世纪中叶有机化学结构理论建立之前，尽管化学家发现了种类繁多的有机化合物，也合成了大量的有机化合物，但是由于缺乏理论指导，有机化合物的分类和研究体系甚为混乱。如，化学家们曾用 19 种方式描述醋酸的结构，大家各持己见，无法统一。化学结构理论建立后，经过实验验证和不断完善，分子结构的表述愈发准确、严谨和简洁，从而结束了一种物质被写成多种结构的混乱局面，也使得同分异构体可被较好地区分，醋酸有了明确的分子结构（如纪念封上的结构示意图）。另外，用结构简式表述分子非常简洁方便，比如，同样的分子式 $C_2H_4O_2$，CH_3COOH 表示醋酸，其官能团是羧基（—COOH，$\overset{\text{O}}{\underset{\|}{—C}}$—O—H），而 $HCOOCH_3$ 表示甲酸甲酯，其官能团为酯基

$$(—COO—R,\quad —\overset{\overset{\textstyle O}{\textstyle \|}}{C}—O—R)。$$

一封信，被装入印着醋酸分子的信封里，贴上化学主题的邮票，并被投入邮筒后，便开始了它周游世界的旅程。这封信的魅力不仅在于纪念封与邮票，还有信封里的故事和写故事的人。能够选择化学主题的信封和邮票，说明寄信的人一定对化学充满了兴趣和热爱，而信纸上所承载的，或是精彩的化学故事，或是化学人的所见所闻所思所想。

7.2　邮票上的化学史

历史学家说："邮票是人类文明的传记，波澜壮阔的历史重现在方寸之地。"将历史上世界各地的化学题材邮票收集到一起，便可绘成一幅化学史的画卷，配上专业的解释，即可让读者在欣赏邮票的过程中领略化学世界的风采、了解化学的发展史。美国匹斯堡大学化学系的米勒（Foil A. Miller）教授1986年在专业刊物 *Applied Spectroscopy*（《应用光谱学》）上发表了论文 *A postage stamp history of chemistry*（《邮票上的化学史》），该文用121枚邮票呈现了化学发展的一个个精彩瞬间，其内容涵盖化学家及其成就、化学发现、化学教育、化学工业及产品、医药化学等。米勒的文章集知识性、学术性、趣味性和艺术性于一体，可读性很强，下面的内容以米勒的文章[①]为基础来欣赏邮票，并以此为线索回顾化学的发展史。米勒文中的邮票记为"邮票 n"（$n=1\sim121$ 这是米勒论文中邮票的标记），请读者查阅原文，笔者补充的邮票见图及通过页下注提供的网址查阅。

7.2.1　炼金术和古代化学

在远古时期，人类虽然有了烧陶、冶金、酿酒、染色等实践，但是还没有形成化学知识体系，这是化学的萌芽时期。青铜器等金属加工衍生出了炼金术，即把廉价的金属转变为黄金。因此，炼金术士有目的地将各类物质搭配烧

① Miller F A. A postage stamp history of chemistry [J]. Applied spectroscopy, 1986, 40 (7): 911–924. DOI: 10. 1366/0003702864507945.

炼，进行筛选，为此他们设计了各种器皿，如升华器、蒸馏器、研钵等，也发明了研磨、溶解、结晶、灼烧、熔融、升华等技术方法。尽管炼金术都没有实现，但炼金术士在实践过程中发现的一些天然物质的性质和变化规律、创建的术语和符号、总结和积累的技术以及使用的实验仪器和装置为化学的产生奠定了坚实的基础。因此，恩格斯在《自然辩证法》一书中把炼金术称为化学的"原始形式"。这些炼金术的符号和最有特色的曲颈瓶、蒸馏器，都在邮票上有所体现（见邮票4、2、3）。

炼金术是古代化学的雏形，在这一时期很多的医生因迷恋炼金术而转为炼金术士，化学在医药实践中崭露头角。瑞士医生帕拉塞尔苏斯（Philippus Aureolus Paracelsus，见邮票9）是第一个从炼金术领域过渡到医药化学领域的人，他认为炼金术的意义不在于金属间的转化，而在于制药。他研究把矿物质和金属复合物入药，与我国的炼丹术不谋而合。帕拉塞尔苏斯是第一个在行医中使用鸦片作为麻醉剂的医生，并将其命名为鸦片酊，他的观点和实践改变了炼金术，创立了医药化学。我国的炼丹家希望炼制金丹，并通过服用金丹以达延年益寿、长生不老的目的。虽然从未炼成使人长生不老的丹药，但是炼丹术的发展亦促进了良药的研制，如药王孙思邈①和他研发的黑火药②。传说豆腐也源于炼丹，虽然豆腐不是丹药，但豆腐是营养丰富的健康食品。

炼金和炼丹的产物是化学反应的结果，比如，炼丹家将丹砂（朱砂，硫化汞 HgS）在空气中加热得到银色的液体——水银（汞 Hg），这一过程就是硫化汞分解为汞。同时，炼丹家发现研磨水银和硫磺粉（S）可以生成黑色物质，加热升华后得到红色的丹砂。正如东晋葛洪在《抱朴子·金丹篇》中所述："凡草木烧之即烬，而丹砂炼之成水银，积变又还成丹砂。"丹砂炼汞和汞与硫化合成丹砂的反应如下：$HgS + O_2 \xrightarrow{\triangle} Hg + SO_2$，$Hg + S \longrightarrow HgS$（黑）；$HgS$（黑，$\beta$ 型）$\xrightarrow[升华]{\triangle} HgS$（红，$\alpha$ 型）。

德国医生阿格里科拉（Georgius Agricola，邮票10）的著作《矿冶全书》

① 北京邮票厂. 纪92《中国古代科学家》（二）邮票（8-3）孙思邈像［EB/OL］. http：//www. cptu. org. cn/html1/report/1909/3834-1. htm.

② 布约翰拍卖行(香港). 2005 artist design art work for "The Four Great Inventions of Ancient China" stamps［EB/OL］.［2019-12-5~8］. https：//jbull. com/en/_auctions/&action = showLots&auctionID = 27&catalogPart = 88&show_all_lots = 1&page = 40.

(*De Re Metallica*)，是最早的应用化学专著之一。在书中他总结了采矿的经验，可见他对矿物的研究和采矿的兴趣远胜于做医生，这本书使阿格里科拉获得了"矿物学之父"的美誉。还有荷兰医学家布尔哈夫（Hermann Boerhaave，邮票12）是一位大学教师，他以教学讲义为蓝本出版了《元素化学》（*Elemente Chemiae*）一书。此书被译成多种语言发行，是早期最具影响力的化学教科书。当然，这个时期著名的英国化学家波义耳（Robert Boyle）和他的空气泵也是不会在邮票的图案中缺席的（邮票11）。

7.2.2 近代化学时期——化学理论的建立

从千百年来的尝试中，人类获得了认识自然的基本思想方法——要认识自然就必须了解其物质基础及其变化规律，化学正是这样的一门学科。炼金术的技术和方法用于医药和冶金取得了巨大成就，为化学学科的独立奠定了基础。在炼金术向化学转变的过程中，波义耳和拉瓦锡及他们的著作起到了重要作用。1661 年波义耳在《怀疑派化学家》（*The Sceptical Chymist*）一书中驳斥了一些陈旧的观念，提出了新见解。他定义了元素的概念，阐述了实验观察的必要性，提出将化学从炼金术和医学中分离出来成为一门独立的学科。恩格斯这样评价波义耳："波义耳把化学确定为科学。"

1789 年，法国化学家拉瓦锡的《化学基础论》（*Traite Elementaire de Chimie*，又译为《化学纲要》《普通化学原理》）的出版标志着近代化学的诞生。拉瓦锡在该书中详细解析了推翻燃素学说的各种实验依据，并阐述了燃烧的氧化学说；他发展了波义耳的化学元素概念，提出了近代元素学说，列出了第一份元素表；他确立了化学的基本定律——质量守恒定律；他确立了定量分析为化学研究的基本方法，而定量实验则促进了化学走向精确。在这本书中，他还与其他化学家共同制定了化学命名法。自此，近代化学诞生了，拉瓦锡也被尊称为"近代化学之父"。

18 世纪末，以拉瓦锡为代表的杰出科学家使化学成为一门独立的学科。邮票 13 是 1983 年为纪念拉瓦锡测定水成分 200 周年而发行的邮票，票面上画有拉瓦锡肖像和实验仪器以及水的分子式 H^2O（当时的命名规则是这样写的）。这张邮票上水的分子式特别重要，因为近代化学的诞生由水而起。水是什么？水的组成如何？破解水的真面目研究始于 18 世纪中叶，有四位科学家尝试揭开水的秘密。首先是英国化学家普利斯特利，他将氢气通入有空气的玻璃瓶中并将其点燃，瓶子中发出爆鸣声，瓶口吐出火苗，瓶壁上出现水珠。他经过反复实验，证明氢气在空气中燃烧后，生成了水。随后，英国化学家卡文迪许（Henry Cavendish）进行了更细致的研究，他用不同比例的氢气和空气混合进行实验，证明均有水生成。进一步，他又用氧气代替空气进行了多次实验，同样获得了水。遗憾的是，在燃素学说的影响下，水被认为是一种元素，虽然普利斯特利和卡文迪许的实验结果都已经显示水不是一种元素，但是受"燃素学说"的束缚，他们并没意识到这一点，当然也就没有对这样的实验结果给出正确的解释。重大突破出现在 18 世纪末，拉瓦锡不仅重复了他们二位的实验，还进行了水分解的实验，得到了氢气和氧气，由此确证了水由氢元素和氧元素组成，并且用燃烧的氧化学说给予了解释。19 世纪初，法国科学家盖·吕萨克（Joseph Louis Gay-Lussac，邮票 43）通过实验证实了氧气和氢气反应生成水的计量关系是：氢气∶氧气∶水 = 2∶1∶2（体积比）。之后，科学家确定了水的分子式 H_2O。

1775 年前后，拉瓦锡推翻了燃素学说，并用定量化学实验阐述了燃烧的氧化学说，自此，化学进入定量化学时期。化学以前所未有的速度发展，诞生了众多化学家，他们在化学理论、技术和应用以及哲学思想等方面创造出的杰出业绩，为现代化学的发展奠定了基础。

英国化学家、物理学家道尔顿（John Dalton）1803 年提出原子学说（原子论），其要点是化学元素由原子构成，原子在一切化学变化中是不可再分的最小单位；同种元素的原子性质和质量都相同，原子质量是元素基本特征之一；形成化合时，原子以简单整数比结合，道尔顿还推导并用实验证明了倍比定律（倍比定律：如果一种元素的质量固定时，那么另一元素在各种化合物中的质量一定成简单整数比）。他提出了相对原子质量的概念并进行了测定，发表了第一张相对原子质量表。2012 年，马绍尔群岛发行一套二十枚的《世界伟大科学家》邮票，其中第十六枚是纪念道尔顿的（封二 3）[①]。意大利科学家阿伏伽德罗（Amedeo Avogadro）于 1811 年提出了著名的阿伏伽德罗假说（阿伏伽德罗定律，也称分子学说），"Volumi equali di gas nelle stesse condizioni di temperatura e di pressione contengono lo stesso numero di molecule."（在相同的

---

① DUDLEY R H, Theodore W R. Apostle of atomic weights and Nobel prize winner in 1914 [J]. Angewandte chemie international edition, 2014, 53: 2 - 8.

温度和压力条件下，具有相同体积的气体，含有相同数目的分子。）该定律以文字形式写在了邮票 44 上。只可惜，在那个时代科学界还不能清楚地区分原子和分子，这个假说等待了近 50 年才被普遍接受。依据阿伏伽德罗定律，人们对相对原子质量和相对分子质量之间的差异有了清楚的认识，原子学说和分子学说的提出奠定了近代化学的基础。

1869 年，俄国化学家门捷列夫发现元素周期律，创建了化学元素周期表，这不仅是化学史上的里程碑，也是科学史上重大发现之一。事实上，对于元素周期律的研究，门捷列夫既不是第一人也不是最后一人，可以说元素周期表凝聚了一代又一代化学家的智慧。1789 年拉瓦锡发布了第一张元素表，1803 年道尔顿发布了第一张原子量表，化学家们一直在探寻元素之间的内在联系和关系，也发现了一些元素之间的变化规律。如，德国化学家德贝赖纳（Johann Wolfgang Döbereiner）提出的"三组定律"。19 世纪初，发现的元素已经超过 50 种，德贝赖纳发现锂和钾的相对原子质量的平均值与钠的相对原子质量非常接近，类似的还有钙、锶、钡和硫、硒、碲，并且每组三种元素的性质也有着关联性和相似性，他希望发现更多的"三组"元素系列。随后，溴元素的发现非常有力地印证了他的观点。溴的原子量非常接近氯和碘原子量的平均值，并且溴的性质介于氯和碘之间。这三种元素的单质有较高的化学活性，在自然界中以化合物形式存在，比如常见的氯化钠（NaCl）、溴化钠（NaBr）和碘酸钠（$NaIO_3$），而且这三种元素的单质都是双原子分子，Cl_2 是黄绿色气体，Br_2 是红棕色液体，I_2 是紫黑色带有金属光泽的固体。氯、溴、碘这三种元素单质的颜色依次加深，状态由气态到液态和固态，非金属性逐渐减弱。很明显，这三种元素的原子量、存在形态、颜色和化学活性等存在依次递进关系。据此，德贝赖纳根据相似性和性质递进关系，对元素进行了分组，提出了"三组定律"（Döbereiner's triads）。如，锂钠钾、钙锶钡、硫硒碲、氯溴碘等几组。由于德贝赖纳分组并没有包括当时发现的全部元素，缺乏整体性，人们并没有重视他的假说。但他对元素进行的归纳分类工作，预示了元素周期表的诞生，只是德贝赖纳没能亲眼看见这一重大成就的问世。值得一提的是，德贝赖纳还发明了点火器（Döbereiner's lamp），这是他另一个著名的成就。

元素周期表和门捷列夫是化学主题邮票的热点之一。苏联为纪念元素周期律发现 100 周年，于 1969 年发行了两张纪念邮票。邮票 22 的画面为门捷列夫头像以及他创建的第一张元素周期表草稿（取自他 1869 年 2 月 17 日工作笔记中的一页）其中元素钪（Sc）、镓（Ga）、锗（Ge）、铪（Hf）以"？"标记。邮票 35 是思考中的门捷列夫对类铝元素镓（Ga）和铟（In）的预言，他预言的"？=68"空位填上了"Ga = 69"，"？=116"空位填上了"In = 113"。2019 年是"国际化学元素周期表年"，许多国家发行了纪念邮票。俄罗斯的邮票（封二 5）[①] 截取了早期化学元素周期表的局部和书籍作为背景，呈现了门捷列夫构思元素周期表的样子，同时配有分离元素和测试原子量的仪器和玻璃器皿，画面精美。阿尔及利亚发行的邮票[②]有醒目的国际化学年字样，门捷列夫的肖像居中，还有一个印着五种元素符号和相应原子序数的大地球，其中以门捷列夫名字命名的元素 Md（钔）置于中心位置，以此表达对门捷列夫的景仰，而 N（氮）、C（碳）、O（氧）及 H（氢）四种元素是地球上构成生命物质最主要的元素。西班牙发行的邮票[③]最显著的特征是突出了 23 号 V（钒）、74 号 W（钨）和 78 号 Pt（铂）三种元素并且在这三种元素小格子的右下角呈现了西班牙国旗，以纪念西班牙科学家发现了这三种元素。

7.2.3　元素发现

门捷列夫画出了一张清晰的元素地图，特别是他在元素周期表上预测的元素被相继发现，这激起了人们发现新元素的热潮。在元素周期表的指引下，寻找新元素的效率大为提高，近代化学时期也是元素发现的大爆炸期。发现新元素无疑是一种至高无上的成就和荣誉，被印刻于邮票之上更是对这种荣耀的极佳纪念。英国化学家戴维（Humphry Davy）发现的元素最多，他独立或与他人共同发现了七种元素（硼 B、钠 Na、镁 Mg、钾 K、钙 Ca、锶 Sr、钡 Ba），他是采用电解方法得到这七种元素单质的。瑞典化学家舍勒（Carl Wilhelm Scheele，邮票 23）独立或与他人共同发现六种元素（氮 N、氧 O、氯 Cl、锰 Mn、钼 Mo、钨 W）。他是氧气最早的发现者，并对氧的性质做了深入的研究，因为他的著作被印刷者延误出版，所以氧的发现权曾经仅记在了普利斯特利名下（邮票 27）。舍勒在发现和制备化合物方面也有着杰出的业绩，如，他发现

---

① DUDLEY R H, RICHARDS T W. Apostle of atomic weights and Nobel prize winner in 1914 ［J］. Angewandte chemie international edition, 2014, 53：2－8.

② https：//www. filatelista－tematico－blog. net/2019－ano－internacional－da－tabela－periodica/.

③ https：//www. murcia. com/noticias/2019/10/15－correos－presenta－el－sello－dedicado－a－la－tabla－periodica－de－elementos－quimicos－en－la－universidad－de－murcia. asp.

了磷酸、砷酸、钨酸、氟化氢、氰化物等。当时人们对有机化学的认识还很粗浅，实验条件也有限，但他凭借着高超的实验技能，发现了多种有机酸。如，他从酿酒的副产物中分离出了酒石酸，从酢浆草中分离出草酸，从酸牛乳中分离出乳酸，从尿液中分离出尿酸，从柠檬中分离出柠檬酸，从苹果中分离出苹果酸等。除此之外，他还研究出从骨骼中提取磷的办法。英国化学家拉姆赛（William Ramsay，邮票24）与他人共同发现了五种元素（氦 He、氖 Ne、氩 Ar、氪 Kr、氙 Xe），他最了不起的成就是发现了稀有气体（曾经称为惰性气体）和扩展了元素周期表。拉姆赛发现了氩，但它在周期表中无处安置，因为氩的相对原子质量是39.9，应该排在钾（39.1）和钙（40.1）之间，但是二者之间没有空位。随后拉姆赛又发现了氦，而且经研究显示氦和氩的性质相似，都是稀有气体，周期表中同样也没有位置安放氦。于是拉姆赛建议在周期表上列出新的一族，即 0 族（18 族）。然后他又用门捷列夫的方法预言了尚未发现的其他惰性元素的相对原子质量和性质，并且发现了氖、氪、氙。因发现和研究稀有气体并确定了稀有气体在周期表中的位置，拉姆赛荣获了 1904 年诺贝尔化学奖。独立或与他人共同发现五种元素的还有著名瑞典化学家贝采利乌斯（Berzelius Ions Jacob，邮票14 和25），他发现的元素是硅 Si、钙 Ca、硒 Se、铈 Ce、钍 Th。邮票 26、邮票 28~34、邮票 36~38 记录了元素 H（氢）、W（钨）、V（钒）、Al（铝）、Cs（铯）、Ga（镓）、Gd（钆）、Po（钋）、Ra（镭）的发现及其发现者。其中邮票 28 呈现了较多的信息，票面上有钨的发现者西班牙人迪尔赫亚兄弟（D'Elhuyar brothers）的肖像、钨的元素符号 W、玻璃仪器示意图和钨矿石的图片。

铝的发现颇为艰辛，铝在地壳中的含量仅次于氧和硅，位列第三，是丰度最高的金属，主要以铝硅酸盐矿石的形式存在，还有铝土矿和冰晶石，泥土中也含有许多氧化铝。史前时代，人类就使用含铝化合物的黏土烧制陶器了。公元前五世纪，人类已有使用一种称为明矾的矿物作染色固定剂（收敛剂）的记载。历史上，明矾水（浓的明矾水溶液）也在"密写术"中被广泛使用。蘸着明矾水在白纸上写字，晾干后看上去就是一张白纸，没有字迹，但是浸入水中，字迹顿现。现在运用化学知识很容易解释此密写术：明矾，即是十二水硫酸铝钾 $[KAl(SO_4)_2 \cdot 12H_2O]$，它在干燥的空气中失去结晶水，无色的硫酸铝钾吸附于纸上，将纸浸入水中，书写处因硫酸铝钾吸水，浸湿速度比没有字迹的地方慢，故白色字迹显现。大约 17 世纪末 18 世纪初，德国化学家施塔尔（Georg Ernst Stahl，燃素学说创立者）注意到明矾中含有一种与金银铜铁等金属不同的金属，虽然人们对含铝的物质不陌生，但是单质铝（金属铝）却难寻踪迹，因为铝比较活泼，容易被氧化，氧化铝的熔点高达 2 054 ℃，古代的冶炼工艺很难达到这个温度，不易得到纯金属铝。19 世纪初，戴维和贝采利乌斯都曾试图采用电解技术从明矾土中分离出铝这种未知金属，但都没有成功。贝采利乌斯还给这个未能得到的金属起名 Alumien，拉丁文 alumen 指具有收敛性的矾，aluminium（Al）由此而来。直到 1825 年，丹麦化学家奥斯特（Hans Christian Øersted，邮票 30）让钾汞齐（钾溶解在汞中）与无水氯化铝反应，得到铝汞齐，然后蒸馏去除汞，首次得到了微量金属铝，但是纯度不高。此后，维勒在奥斯特方法的基础上，用钠替代钾，用钠汞齐与无水氯化铝反应也得到了金属铝。维勒不断改进和优化制备条件得到了纯度较高的金属铝小颗粒，并研究了铝的化学性质。到了 1854 年，法国化学家德维尔（Sainte-Claire Deville，邮票 31）进一步改进了维勒的方法，用金属钠还原氯化钠和氯化铝的复盐，获得了质地较纯的金属铝。之后，他发明了生产纯铝的工艺流程，制备出铝铸块（铝锭）。历经了半个多世纪，在多位化学家的努力下纯铝终于被提炼出来并投入生产，此后各种铝制品逐渐融入了我们的生活。

到 20 世纪 30 年代，周期表上的元素已经排至 92 号铀（U），但是 43 号、61 号、85 号（门捷列夫预测的"类碘"）和 87 号（门捷列夫预测的"类铯"）的位置一直空着，这四个元素像在和人类玩捉迷藏。1934 年出现了转机，法国科学家约里奥·居里夫妇（Jean Frédéric Joliot - Curie 和他的妻子 Irène Joliot - Curie，皮埃尔·居里夫妇的女婿和女儿）用钋（Po）产生的 α 粒子（拥有 2 个质子和两个中子的氦原子核 He，相对原子量为 4）轰击铝箔时，金属铝竟然变成了磷！铝是 13 号元素，原子核中含有 13 个质子，当它吸收了 2 号元素氦原子核中的 2 个质子，就得到了质子数为 15 的磷（15 号元素）。这是非常神奇的变化，一个元素变成了另一个元素！科学家们敏感地意识到这是寻找新元素的好方法。不仅如此，约里奥·居里夫妇在这个轰击过程中还发现当 α 源移去后，铝箔仍有放射性，其强度随时间变化呈指数规律下降，由此他们发现了人工放射性。从此，科学家不再仅仅依靠天然放射性物质进行研究和治疗疾病，还可以用人工放射源代替昂贵的镭源，为放射性的研究和应用开辟了新道路。因在人工放射性方面的杰出贡献，约里奥·居里夫妇获得了 1935 年的诺贝尔化学奖，1977 年毛里塔尼亚发行了一枚纪念约里奥·居里夫妇的邮票。①

20 世纪 30 年代初，美国物理学家劳伦斯（Ernest Orlando Lawrence）发明了回旋加速器，因此获得了 1939 年诺贝尔物理学奖。1936 年底，意大利年轻的物理学家佩里埃（Carlo Perrier）在劳伦斯协助下用回旋加速器加速了含有一个质子的氘原子核（D），并用其轰击 42 号元素钼（Mo），然后在塞格雷（Emilio Giho Segrè）协助下分离和分析轰击过的钼。1937 年，佩里埃和塞格雷向世界宣布发现了 43 号元素，并依照希腊文 Technetos（人造）命名为 Technetium（Tc，锝），这是第一个用人工方法制得的元素。此后，在非洲的一个铀矿的铀裂变物之中发现了极微量的锝（^{99}Tc）。接着，1939 年，法国化学家佩雷（Marguerite Perey，居里夫人的学生和助手）在研究锕的放射性衰变时，发现在衰变反应中形成的元素混合物中含有一种陌生的物质，最终发现其为 87 号元素，并对其进行了研究。为了纪念她的祖国法国，87 号元素命名为 francium（钫 Fr）。通过质子轰击 90 号元素钍（Th）也可以得到钫，元素钫在自然界中含量稀少。1940 年，意大利化学家塞格雷（Emilio Gino Segrè，1959 年诺贝尔物理学奖获得者）发现了 85 号元素，并将其命名为 Astatine，At（砹），希腊文 Astatium 是不稳定的意思。之后，西博格（Glenn Thedore Seaborg）等美国科学家用 α 粒子轰击 83 号元素铋（Bi），观测到了 85 号元素砹的存在。后来也在自然界中发现了砹，它主要存在于一些放射性物质的衰变链中，由于存在周期非常短，致使其在地壳中的含量非常稀少。接下来，科学家全力寻找 61 号元素，同样是先人工合成，后于自然界中发现它的存在。1947 年，从铀的裂变产物中发现了 61 号元素钷（Pm），1972 年，在天然铀矿提取物中又发现了钷同位素^{147}Pm。至此，镧系元素全部找到，元素周期表填满了 92 个元素。锝、钷、砹、钫四种元素都是放射性元素，原子核会不断分裂，变成另外一种原子核，这种变化的过程叫作衰变。放射性元素的原子核有半数发生衰变时所需要的时间，称为半衰期（half - life）。放射性元素的衰变速度各有不同，半衰期差别极大，有的半衰期很长，元素相当稳定，有的半衰期不足 1 秒，很难稳定存在。锝、钷、砹、钫这四种元素的半衰期都很短，很难以可观的浓度存在于自然界中，因此不容易被发现。

① Martinique commemorating Irène and Frédéric Joliot - Curie's 1935 Nobel prize in chemistry 1977［EB/OL］. https：//digital. sciencehistory. org/works/08612n601.

继第一个合成元素锝的发现，人造元素成为科学家追逐的目标。人们开始通过核物理"轰击"的方法合成更多的人造元素。元素周期表中带有"＊"标记的元素是人工合成的，被称为"人造元素"，95 号至 118 号元素即为人造元素。人造元素都是放射性元素，且原子的核电荷数很高，半衰期很短，非常不稳定，因此在自然界存在时间极其短暂或者存在极其微量而无法提取出来，当然合成也非常困难。西博格与他人合作发现了其中 10 种元素。不仅如此，西博格依据自己合成超铀元素（原子序数大于 92 的元素统称超铀元素）的经验，提出了"锕系"概念（actinide concept）并修订了元素周期表。他认为天然存在的重放射性元素和人工合成的超铀元素构成了一个新的类似于"镧系"的过渡系，称作"锕系"，在元素周期表中位于镧系之下，该系对应于镧系的 4f 系而为 5f 系，以 89 号元素锕（Ac）开始至 103 号元素铹（Lr）结束，应有 15 种元素。按照新概念，他设计了合成新元素的实验，顺利合成出 95 号镅（Am）和 96 号锔（Cm），它们在周期表中位于镧系的 63 号铕（Eu）和 64 号钆（Gd）的下边。此后的研究表明 104 号铲（Rf）和 105 号𬭊（Db）的化学性质分别类似于ⅣB 族和ⅤB 族元素，不属于锕系元素，由此证明锕系截止于 103 号元素。

1945 年西博格在美国 *Chemical & Engineering News* 周刊上发表了修订后的元素周期表，增加了"锕系"。锕系元素概念的提出扩充和完善了元素周期表。西博格因在人造元素领域的杰出贡献获得了 1951 年诺贝尔化学奖。作为核化学家，西博格致力于推动商业化核能以及核化学的和平应用，他签名的纪念"现代化学百年"首日封（封二4）① 诠释了"化学是人类进步的关键"的理念。IUPAC 用西博格的名字命名了 106 号元素 Seaborgium（Sg，𬬭）。该元素是由美国核物理学家吉奥索（A. Albert Ghiorso）和苏联杜布纳联合核子研究所的两位物理学家弗洛伊洛夫（Georgy Nikolayevich Flyorov）、奥加涅相（Yuri Oganessian）发现的。这三位科学家对于人造元素的发现作出了杰出贡献：吉奥索参与了 12 种人造元素的发现，在新元素的合成和鉴定方面作出了一系列的重大贡献；弗洛伊洛夫和奥加涅相带领杜布纳联合核子研究所的同事们一起合成了多种人造元素，是合成极重元素的先驱。114 号元素以弗洛伊洛

---

① SEABORG G. A century of modern chemistry［EB/OL］. https：//digital. sciencehistory. org/works/6w924b86j.

夫的名字命名，为 Flyorium（Fl，铁），而且 2013 年俄罗斯发行一枚纪念弗洛伊洛夫诞辰 100 周年邮票①。118 号元素以奥加涅相的名字命名为 Oganesson（Og 氮）。除此之外，你知道 "Sg, Lr, Bk, Cf, Am" 是什么吗？没错，这是一串元素符号：𬭩、𫓧、锫、锎、镅。这也是西博格的地址，他是世界上唯一一位可以用元素符号书写自己地址的人。

Sg（Seaborgium）106 号元素𬭩，是以西博格名字命名的元素。

Lr（Lawrencium）103 号元素𫓧，是以西博格工作的地方——劳伦斯伯克利国家实验室（Lawrence Berkeley National Laboratory）命名的元素。

Bk（Berkelium）97 号元素锫，是以伯克利市（Berkeley）命名的元素。

Cf（Californium）98 号元素锎，是以加利福尼亚州（California）命名的元素。

Am（Americium）95 号元素镅，是以美国（America）命名的元素。

7.2.4 有机化学的诞生

近代化学时期也是有机化学诞生及快速发展时期。定量化学实验方法不仅用于矿物的分析，也用于动植物成分的测定。化学家贝采利乌斯（邮票 14）分析了大量的植物枝叶、动物油脂等材料后，发现与生命相关的物质几乎都含有碳元素，化合物的组成和结构也比常见的无机物（如焦炭、二氧化碳、碳酸盐）复杂。于是，1806 年贝采利乌斯基于 "活力论" 的观点和他的实验结果，提出了 "organic chemistry"（有机化学）的概念，他认为有机物是生命体特有的物质，是不可能在实验室里由无机化合物合成出来的，故以 "有机物" 区别于无生命的 "无机物"。在当时，用于研究的有机物只能从天然动植物体内取得，因而绝大多数化学家接受了 "活力论" 的思想，认同有机物是生命体的专利。然而，维勒的惊世发现打破了 "活力论" 的堡垒，邮票 15 呈现的是维勒通过氰酸铵制备尿素的化学方程式和尿素的结构模型，这是一张全面展示维勒伟大成果的邮票。此后，因合成方法的改进和新技术的发展和应用，越来越多的有机化合物在实验室中被合成出来，"活力论" 学说渐渐被抛弃，但是 "有机化学" 这一名词却沿用至今。同一时期，另一位有机化学的奠基人是德国化学家李比希（Justus von Liebig，邮票 16），他发展和改进了有机物中

---

① 弗洛伊洛夫．https：//cn. chem - station. com/elements/2020/05/114 - %E9%88%87 -fl. html.

碳、氢元素的定量分析方法，准确地分析了大量的有机化合物，发现并合成了多种有机化合物，在有机化学理论方面也多有建树。

到了 19 世纪初，化学家已经从动植物中分离并合成了许多种有机化合物，并对其组成和性质也有了更全面的认识，特别是关注到了碳原子的重要性，但是有机化合物分子中各原子是如何排列和结合的，以及它们与无机化合物性质之间的关系等问题还困扰着化学家们。在当时，贝采利乌斯的电化学二元理论有电化学实验的支持，可以解释已知的绝大部分无机化合物和无机化学反应，是化学界的主流理论。电化学二元理论认为每一种元素的原子都有正电和负电不等的两极，元素的电化学特性取决于原子中的正电荷或负电荷占据的优势，有的原子显正电性，有的原子显负电性。如，氧有较强的负电性和较弱的正电性，钾则是正电性强、负电性弱的元素，原子依靠彼此间的静电吸引力结合形成化合物。该理论很好地解释了硫元素既能与正电性强的钾结合，又能与负电性强的氧结合的事实。但该理论无法解释同种原子组成的分子，因为同种原子电性相同，是互相排斥的。同时，该理论在解释有机化合物及其反应时有明显的不足。1834 年，法国化学家杜马（Jean – Baptiste André Dumas）和罗朗（Auguete Laurent，杜马的学生和实验室助理）发现石蜡（主要成分为烷烃、环烷烃和芳香烃）可以和氯气反应并生成氯化氢和氯代烃，由此提出了取代理论。氯取代了氢的事实彻底动摇了电化学二元理论，按照二元论观点，能够与氢结合的原子一定是带负电的，但它不可能与负电性很强的氯相结合。李比希通过实验验证了这个取代反应，并结合他和维勒共同研究得到的安息香酸系列化合物的结果（安息香酸即苯甲酸，最初从安息香树胶中提取得到，故称安息香酸），提出了"基"的概念。他指出这些"基"是在化学反应中不变的组成部分，一个物质的"基"可以被其他的"基"或简单元素取代。基团理论可以解释一些有机反应，对有机化合物分类和系统化起到了一定的作用，基团的概念也是现代官能团概念的起源，但是取代理论和基团概念并未阐明有机化合物的结构。

1858 年，德国化学家凯库勒（FriedrichA·Kekule）和英国化学家库珀（Archibald Scott Couper）认为有机化合物分子是由其组成的原子通过键结合而成的，由此提出了价键的概念，用"—"表示"键"，一个分子中碳是四价的，碳碳之间可以以单键（C—C）、双键（C = C）和叁键（C ≡ C）互相结合成碳链，并且碳链在化学反应中是不变的、牢固稳定的。凯库勒和库珀提出的价键概念和以碳四价为核心建立的碳链结构理论对有机化学结构理论的形成起到了重要作用。

1861 年，俄国化学家布特列洛夫（Aleksandr Mikhaylovich Butlerov）在前人研究的基础上提出了化学结构理论，其基本思想是化合物中原子之间存在着相互影响。他把物质中的各原子相互结合的方式，称为化学结构，并且指出物质的化学性质决定于组成这种物质的基本质点的性质、数量和化学结构。因此，可以从物质的化学结构预测它的性质。布特列洛夫还预言，在化学反应中各种基团有进行重排的可能性，并且首先正确地解释了同分异构现象。他指出同分异构体是那些由相同的化学元素组成，但具有不同化学结构的化合物。同分异构体的性质之所以会有不同，是因为物质内部的原子之间存在相互的影响，导致原子具有不同的"化学意义"，这种不同的"化学意义"依赖于原子所处的化学结构。布特列洛夫不仅仅是理论家，也是了不起的实验家，他带领学生成功地合成了依据化学结构理论预言的一些新物质，证实了其理论的正确性。如，依据化学结构理论推测的分子中存在原子的位置异构和碳链异构，他们合成了丁醇和异丁醇。随后，他预言并证实了其他烷烃异构体的存在。化学结构理论成功地解释了有机化学中的许多经验事实，也成功地预言了新事实，成为有机化学研究的指导理论并促进了化学合成工业的发展。

有机化学建立之后，化学家们就有机物的平面结构和立体结构提出了各种猜测，最具代表性的是凯库勒的平面结构和范特霍夫的立体结构。凯库勒梦见碳原子的长链像蛇一样盘绕卷曲，还咬住了自己的尾巴，由此悟出苯分子的结构是一个单、双键相间的六碳环状平面，以保持了碳原子的四价（邮票17）。荷兰化学家范特霍夫（Jacobus Henricus van't Hoff，邮票18）提出了"不对称碳原子"概念以及碳的正四面体构型假说（范特霍夫—勒贝尔模型），建立了分子的立体概念，这标志着立体化学的诞生。同时，范特霍夫在化学动力学和化学平衡理论方面也有杰出的贡献，成为第一位诺贝尔化学奖的获得者（1901 年）。

从有机化学概念的提出到无机物和有机物界限的打破，从二元论到基团概念和取代基反应，从碳四价为核心的碳链结构理论到化学结构理论，从苯环的平面结构再到有机化合物的三维结构，有机化学一步步发展成化学的一个主要分支。

7.2.5　化学概念和化学语言

化学语言的形成是化学学科成熟的重要标志，化学语言与化学的演进是同步进行的。早期，炼金术士创造了一些表示物质、实验器皿和操作的符号，但是为了保守秘密，他们常常使用一些令人费解的符号、暗语等来描述他们所用的原料、结果和操作。因此，这些符号和标记不仅复杂，而且难以理解和记忆，不利于交流。独立的化学学科需要有一套简洁通用的符号体系以方便交流。道尔顿尝试过建立通用的化学符号系统，他所设计的符号是以圆圈为主的图式，不够抽象和简洁。化学家贝采利乌斯（邮票 25）也是现代化学命名体系的建立者。1813 年，他首先倡导以符号表示化学元素，即用化学元素的拉丁文名首字母大写表示元素，如果第一个字母相同，就用前两个字母加以区别，第二个字母小写，如：H、C、N、O、P、S、I、Na、Cl、Fe、Cu、Au 等一直沿用至今。随后他又提出了化学式的书写规则，他把各种原子的数目以阿拉伯数字标在元素符号的右上角。例如 H^2O（邮票 13）、CO^2 等。后来李比希等人提出将阿拉伯数字写在元素符号的右下角，即下标而非上标，从此化学有了简明实用的通用符号。

贝采利乌斯还基于对众多事实的归纳推理，提出了 catalysis（催化）、isomer（同分异构体）、allotrope（同素异形体）、polymer（聚合物）、halogen（卤素）、protein（蛋白质）等重要化学概念和术语，这些概念对于化学学科的发展起到了至关重要的作用，如，现代化学和化学工业离不开的催化和催化剂。最早关于催化作用的记载是德国—俄国化学家基希霍夫（Gottlieb Sigismund Constantin Kirchhof）发现淀粉在酸的作用下可以转化成葡萄糖。1817 年，戴维发现煤气和空气可以在高温的铂丝表面反应，该反应放出的热量能够维持铂丝的红热状态，以及铂有促进有机物蒸气在空气中氧化的作用。之后，德贝赖纳发现如果把铂制成铂绵（或称海绵铂，疏松多孔，形态似海绵），这种促进作用更加显著。他还发现在常温常压下氢气能够在铂绵表面产生高热，即氢气在铂绵表面与氧气（源自空气）反应释放大量的热量，不仅如此，如果提供足量的氢气，氢气就会燃烧。于是，德贝赖纳利用这一原理在1823 年发明了一个点火器，也称德贝赖纳灯（Döbereiner's Lamp）[1]。该灯的点

---

① HOFFMANN R. Döbereiner's lighter [J]. American scientist, 1998, 86 (4)：236 - 329.

火原理是将氢气流吹到铂绵上，氢气和空气中的氧反应瞬间产生火苗。在特定的物质存在下某些反应会发生得更加剧烈，基于众多这类孤立的实验现象，1835 年，贝采利乌斯分析了这些研究结果，集各方见解提出了"catalysis"（催化）这一学术概念。贝采利乌斯认为催化剂与反应物之间的亲和力唤醒了反应。催化概念的提出对化学及化学工业有着重要意义。加入淀粉中的酸和点火器中的铂绵分别就是促进淀粉水解和氢气燃烧（产生火苗）的催化剂。邮票 54 呈现的就是德贝赖纳点火装置的工作原理和催化作用：硫酸（H_2SO_4）与锌（Zn）反应生成的氢气通过导气管出口时接触铂绵和空气，在铂绵催化作用下，氢气与空气中的氧反应，即放热点火。通气管上写着"Katalyse"（催化）。

　　虽然铂绵容易被污染而失去催化活性，从而导致德贝赖纳灯的耐用性并不高，且昂贵的铂用于点火，在经济上也不划算，但是铂可以加速某些反应，使一些常规难以实现的反应成为可能，因而铂依然是化学工业中一种重要的催化剂。随后，更多的催化剂被发现并应用，催化作用也成为化学反应和化学工业的基础。法国化学家萨巴蒂埃（Paul Sabatier，邮票 55）发现了比较廉价的镍（Ni）能够催化有机物的加氢反应，并利用镍催化加氢反应成功地将棉籽油转变为人造黄油和煎炸用油。利用低成本催化剂，人们实现了氢化油的工业化生产，从而令棉籽油的经济效益显著提高。萨巴蒂埃因研究金属催化加氢在有机合成中的应用而荣获了 1912 年的诺贝尔化学奖。催化是化学研究的主题，也是化学工业的基础，它广泛应用于化工生产，大约有 90% 以上的化学工业涉及催化作用。从德贝赖纳灯到氢化油和合成氨，再到不对称催化以及钯催化交叉偶联反应，催化带给我们的不仅是知识，还是财富。

7.2.6　近代化学教育的圣地——吉森实验室

　　中世纪的化学教育依附于，或者说混于其他学科的教育中，如医药化学、矿物化学等，以实用和应用为主。进入近代化学时期，化学成为一门独立学科，化学的理论体系逐步形成和发展，同时化学实验室也逐渐增多，但是只有较有名望的化学家才有自己的私人实验室。这些实验室的规模也不大，一般只能容纳 2~4 人，多是以师徒制的传承方式从事化学研究，化学教育则以理论知识为主。德国化学家李比希认为化学是实验科学，没有实验支撑既不利于学好化学，也不利于进行高水平的化学研究，于是他提出建立公共实验室来实施实验教学。经过多方努力，于 1826 年在他任教的吉森大学落成了第一个可容纳二十多名学生同时进行实验的化学实验室（吉森实验室）以及与其配套的天平室、化学药品储藏室和准备室等，实现了在实验室对学生进行严格实验训练的教学模式。李比希制定的培养方案是：学生在学习理论知识的同时也必须进行实验，在助教的指导下从基础知识和基本操作学起，自己动手做实验，掌握化学合成方法以及定性和定量分析技术，能够独立进行无机化合物和有机化合物的合成、提纯和鉴定。掌握了一定的理论和实验技能后，学生在导师指导下进行研究工作，完成毕业研究项目和撰写论文，最后经鉴定合格后，方可获得学位。李比希建立的在实验室中系统地学习化学知识、掌握实验技能，逐步转入独立研究的教学体制，开创了实验教学和化学研究相结合的教育新模式，为近代化学教育体制奠定了基础。因此，李比希被誉为历史上最伟大的化学教育家之一。如今，大学生在实验室做实验的学习模式已经基本普及，亲自动手操作成为化学教育的重要环节，邮票 108 呈现的是在实验室中做实验的学生，邮票 109 展示的是正在做滴定操作的学生。

李比希创立的理论教学、实验教学和化学研究相结合的教育模式日趋成熟，吉森实验室发挥集体的智慧，凝聚团队的力量，不断产出重大成果，在化学领域的影响力越来越大，确立了其在人才培养和化学研究的领先地位。李比希一生的化学成就多数是在这里完成的，吉森实验室成为化学的"圣地"，吸引了大批有志青年从世界各地慕名而来，他们在李比希等化学家的指导下探究化学的奥秘，学成离去后到其他地方或回到自己的祖国，成为李比希教育模式和化学知识的传播者。由此形成了第一个自然科学研究学派——李比希学派或称吉森学派，吉森实验室培养了众多闻名于世的化学家，例如，霍夫曼（August Wilhelm von Hofmann）、凯库勒、武尔兹、齐宁（Николай Николаевич Зинин）等。

在吉森大学，李比希是校园里颇受敬仰的化学家，他讲课认真，语言幽默风趣、富有吸引力，常常吸引不同专业的学生去听课。霍夫曼和凯库勒就是听过李比希的课后，放弃了原专业改学了化学的。李比希讲授的化学知识把霍夫曼、凯库勒带入了一个全新的世界，这奇妙而美丽的化学世界强烈地吸引着他们，于是霍夫曼放弃了法学，而凯库勒放弃了建筑学，两人转学了化学。或许法学界失去了一位大律师或大法官、建筑学界失去了一位优秀的设计家，但是化学界却因此而获得了两位了不起的化学家。德国化学家霍夫曼，从品红开始，合成了一系列紫色染料（称霍夫曼紫），他开创了煤焦油染料工业，被称为"合成染料工业之父"。霍夫曼在研究苯胺及其化合物方面也有重大成果，他实验技术精湛，思维敏捷，曾任李比希实验室的助理。1845 年，霍夫曼任伦敦皇家化学学院首任院长和化学教授，最先将实验教学引入英国，并培养了珀金（William Henry Perkin，第一个人造染料苯胺紫的发明者）和弗兰克兰（Edward Frankland，提出原子价的概念）等著名化学家。回国后又把实验教学带到了柏林。1868 年，在霍夫曼的倡导下，德国创办了化学学会，他被推举为第一任会长。凯库勒是有机化学结构理论的主要创始人，苯环状结构理论的提出者。法国化学家武尔兹，发现了武尔兹反应（由烷基卤化物与钠反应形成碳—碳键）制备烃类的合成方法等。俄国化学家齐宁也曾受教于李比希等著名化学家，他在吉森实验室学习了一年多，学到了一整套的科学研究方法和新的教育理念和教学方法，他把这些理念和方法带回了俄国。在喀山大学，他一方面积极地从事教学活动，另一方面继续开展他在吉森实验室开始的苯化合物的研究，不久他的研究就赢得了国际盛誉。他一生致力于培养俄国年轻的有机化学家，在化学教育中他重视实验室建设和实验教学，对俄国化学教育事业作出了重大的贡献。他参与了俄国化学会的创立并当选第一任会长，被誉为俄国近代化学奠基人。1962 年，苏联发行了纪念齐宁的邮票①，苯胺的结构式代表他发现的著名反应——芳香族硝基化合物还原为氨基化合物。据统计，1901—1957 年，李比希学派门下有 42 人荣获诺贝尔奖，这足以说明李比希的教育理念和模式对科学发展有着深远的影响，他所构建的吉森学派是自然科学研究的有效组织形式。

邮票带着我们从古代的炼金术进入近代化学时期，拉瓦锡用定量化学实验阐述了燃烧的氧化学说，开创了定量化学时期。这一时期建立了许多重要的化学基本定律，提出了原子学说和分子学说，发现了元素周期律，发现了众多新元素，提取、分离并合成了大量有机化合物，提出了化学结构理论，形成了化学语言系统，有了新的化学教学模式……所有这一切都为现代化学的发展奠定了坚实的基础。

接下来，我们将跟随邮票回顾化学工业和医药化学成就。

---

① 7788 收藏. 俄国科学家多利沃和化学家济宁（1962）[EB/OL]. https：//www. 997788. com/pr/detail_615_73865070. html.

7.2.7　化学工业成就

化学品的使用可以追溯到古代，然而与我们生活息息相关的化学工业只有二百多年的历史，而且伴随着化学工业的发展，社会生产力水平有了极大提高，人们的生活变得越来越好。世界各地都发行过很多以化学工业为主题的邮票。

今天我们很常见的铝制品，在 100 多年前是非常珍贵的。自从德维尔发明了生产铝的工艺流程，制出了铝锭，社会便开启了商业产铝的进程，但因生产中需要用到金属钠，导致其生产成本很高，且产量有限，因此铝产品的价格非常昂贵。此后一段时间，铝一度让金银贬值，那时候铝比金子还贵重，曾经是王宫贵族专享的珍宝，使用铝匙和铝叉进餐成了富有和尊贵的象征，如今在大英博物馆还能看到当时那些精美雕花的铝制餐具。1855 年的巴黎国际博览会上，会方展出了一小块铝，标签上写着："来自黏土的白银"，并将其与珍贵的珠宝陈列在一起展示。门捷列夫还曾因发现元素周期律和创建元素周期表得到过铝制奖品。直到 19 世纪末，电解铝技术改变了铝的命运。1886 年，美国人霍尔（Charles Martin Hall）和法国人埃鲁特（Paul Louis Toussaint Heroult）各自独立发明了电解炼铝法（又称霍尔—埃鲁特熔盐电解法），这一技术可谓铝历史上的又一个里程碑。采用电解铝技术，铝得以大规模生产而且成本大幅度减低，铝不再被视作珍贵金属。同时，铝的各种优良性能被发现和应用，铝逐渐取代铁、铜等金属广泛用于国民生产的各个领域，各种铝制品也开始进入千家万户。如，铝的密度很小（仅为 2.7 g/cm^3），可以制成各种轻质的铝合金，广泛应用于火箭、飞机、船舶、火车、汽车等制造工业以及日用品的制造。铝有良好的导电和导热性能，可广泛用于制造电器和各种热交换器、散热材料等。铝的表面有致密的氧化膜，耐腐蚀，常被用来制造化学反应器、医疗器械、石油精炼装置、石油和天然气管道等。因为铝在低温度时，强度增加而且无脆性，是理想的低温材料，所以铝合金可应用于生产冷冻库、南极雪上车辆等低温装置和设备。铝的延展性好，仅次于金和银，可制成铝箔用于包装药品、糖果等。此外，铝具有较强的吸音性能，铝材可用于制作播音室、大型建筑的室内隔音、静音板等。邮票 31 呈现了铝的应用实例。画面右上角的飞机非常显眼，因为铝合金特别适合制造飞机，被誉为"带翼的金属"。从奥斯特炼出第一块不太纯净的铝，到德维尔获得第一块铝锭，再到电解法制铝成功，经历了跌宕起伏的 60 多年，铝从奢侈品成为普通商品，逐渐被人们认识和应用，很难想象如果我们今天的衣食住行用离开了铝会是怎样的。

玻璃和铝一样曾经也是最昂贵的材料之一，但现在已成为我们非常熟悉的非金属材料。真空玻璃瓶结合通电灯丝产生了电灯泡，点亮了世界，也改变了人类的生活。从门窗、镜子、器皿到眼镜、电视机、手机等各类触屏，玻璃无处不在，我们天天享受着玻璃工业的成果。说到玻璃，我们就不能不说德国化学家肖特（Otto Schott，邮票 68），玻璃制造有悠久的历史，但是在肖特系统地研究玻璃的组成及其制造工艺之前，一直缺乏科学研究。肖特研制出了多种光学玻璃和耐热玻璃，被誉为"现代玻璃之父"，大名鼎鼎的肖特玻璃广泛用于光学仪器和化学及生命科学领域，比如蔡司光学仪器、肖特试剂瓶和肖特药瓶等。这些辉煌的成就是和科学家之间的合作分不开的，正是光学仪器专家和企业家蔡司（Carl Zeiss）、物理学家阿贝（Ernst Abbe）、化学家肖特三位科学家通力合作实现了特种玻璃及光学仪器科研创新成果的工业化。1881 年，肖特和阿贝系统地研究了玻璃的化学成分与其特性的关系，为此，肖特研制出多种新型光学玻璃，这些光学玻璃是由高纯度硅、硼、钠、钾、锌、铅、镁、钙、钡等的氧化物按一定配方混合而成的，具有特定的色散比例，可提高显微镜的成像质量。1884 年，他们三人在耶拿（Jena）建立了肖特玻璃厂（Schott Glaswerke AG）。阿贝是蔡司企业的合伙人，他们一起研究光学产品的基本原理，以期改善光学系统的品质，而肖特则专门研究和生产用于蔡司显微镜的玻璃。1884 年，肖特、阿贝、蔡司在德国耶拿创立肖特联合玻璃技术实验室（研究所），这是科学和工业相结合的典范。很快蔡司公司生产的新型复消色差显微镜成为当时最先进的科学仪器之一，它成像清晰、稳定，叩开了观测微观世界的大门，为自然科学和医学领域迎来了新的发展机会。有了显微镜，科学家可以观察和表征材料的精细结构，鉴定病原体。除了光学玻璃外，肖特另一项里程碑式的发明是硼硅酸盐玻璃，这种玻璃具有化学稳定性高、耐酸碱、能承受高热和剧烈的温度变化、抗震、容易清洗和消毒的优点，被广泛用于制作化学和生物实验器皿、医药包装材料（如药瓶）和制造温度计、测量容器等。由于这些优质的特种玻璃产于耶拿，这些玻璃也称为耶拿玻璃（Jena glass），耶拿玻璃是世界上最知名的玻璃之一。如今，化学、生物、食品、药学等实验用的高端玻璃器皿多数是肖特玻璃。

碳酸钠（Na_2CO_3），又名苏打（soda）、纯碱，是玻璃、造纸、纺织、制革等工业的重要原料。1861 年，比利时工业化学家索尔维（Ernest Solvay）取得了制碳酸氢钠（$NaHCO_3$，小苏打）的第一个专利——索尔维制碱法（氨碱法）。这个方法是将氨气通入饱和食盐溶液中，然后通入二氧化碳（石灰石煅烧制取）制备碳酸氢钠（$NaHCO_3$），碳酸氢钠加热分解后制得纯碱，其化学反应是：$CaCO_3 \xrightarrow{\triangle} CaO + CO_2$，$NaCl + NH_3 + H_2O + CO_2 = NH_4Cl + NaHCO_3$（溶解度较小，析出），$2NaHCO_3 \xrightarrow{\triangle} Na_2CO_3 + H_2O + CO_2$（循环使用），氯化铵溶液与石灰乳混合加热可回收氨气继续循环使用 $[CaO + H_2O = Ca(OH)_2$，$2NH_4Cl + Ca(OH)_2 = CaCl_2 + NH_3 + 2H_2O]$。索尔维制碱法原料易得，成本低廉，以液相和气相作业过程为主，适于大规模连续生产。1865 年 1 月，索尔维公司的碳酸钠厂投产，到了 1913 年，索尔维公司几乎生产了全世界所需的碳酸钠，索尔维也因此成为富翁。邮票 61 是索尔维和他的工厂。

1926 年，中国工业化学家侯德榜攻破了氨碱法技术的奥秘，打破了索尔维的垄断，他不仅开创了中国的制碱工业，还向世界公开了制碱工艺。由于日本发动了侵华战争，碱厂迁入四川，导致生产条件改变，索尔维法制碱工艺不再适用。1941—1943 年，侯德榜发明了联合制碱法，又称侯氏制碱法。联合制碱法是将氨碱法和合成氨法两种工艺联合起来，同时生产碳酸氢钠和氯化铵两种产品的方法。联合制碱的原料为食盐、氨和二氧化碳，其中氨和二氧化碳来自合成氨，二氧化碳是合成氨过程中的废气（水蒸气通过炽热的焦炭制得水煤气，再进一步制取氢气时会同时产出二氧化碳：$C + H_2O \xrightarrow{高温} CO + H_2$，$CO + H_2O \xrightarrow{高温} CO_2 + H_2$）。联合制碱法包括两个过程：第一个过程与氨碱法相同，得到 $NaHCO_3$ 后再煅烧制得纯碱产品。第二个过程根据氯化铵和氯化钠溶解度差异，从第一过程产生的混合滤液中结晶出氯化铵晶体。由于氯化铵的溶解度在常温下大于氯化钠，而在低温下小于氯化钠，因此，降低滤液的温度至 5 ℃~10 ℃可析出氯化铵晶体，经过滤、洗涤和干燥即得氯化铵产品，而氯化钠滤液可回收循环使用。相较于索尔维制碱法，侯氏制碱法不仅利用了合成氨的废气（CO_2），而且氯化钠可以循环利用，提高了食盐的利用率。同时，有氯化铵的提纯工艺，析出的氯化铵可作为化工产品或化肥，生产过程减少了废液和废渣的排放。1990 年，我国发行了一套《中国现代科学家（第二组）》邮票，共四枚，其中第三枚是中国制碱工业之父侯德榜肖像和侯氏制碱法的工艺流程图①。这枚邮票展现了侯德榜和中国化学工业的成就。可惜这是一枚错印的邮票，依据联合制碱法原理，你会发现制碱的工艺流程图左下方的圆圈代表的应该是 CO_2，而邮票错印成了 CH_2。

　　一直以来，材料都深刻地影响着人类的生产和生活方式，塑料、合成橡胶、化学纤维的发明和应用使人类对木材、皮革、棉花和丝绸等自然材料的依赖大大降低，并且在一些领域里部分替代了金属、石材等。邮票75呈现了从橡树上获取橡胶的情景和橡胶单体异戊二烯分子模型。Rayon（螺萦，又译为人造丝）是最早的人工制造纤维，它是由法国化学家夏尔多内（Hilaire Berrnigaud Chardonnet）在1878—1890年研制所得的。邮票77的画面是夏尔多内肖像和制造人造丝的场景。夏尔多内是巴斯德的学生，受到巴斯德研究蚕的启示，他于1878年模仿蚕吐丝过程用人工的方法生产纤维，他先将纤维素部分硝化，并将其溶解在醇和醚的混合溶剂中，然后让溶液由玻璃毛细管中挤出，在热空气中蒸发掉溶剂，凝固后便得到了一种类似蚕丝的纤维。由于这纤维闪闪发亮，好像在发光，于是取名Rayon（发光之意）。接着夏尔多内着手解决Rayon的防火问题，以期获得更好的实用性。1891年，Rayon开始了工业化生产。虽然Rayon只是改良的纤维素，但是它为研究合成纤维指明了方向。邮票78展示的是合成纤维PET（聚对苯二甲酸乙二醇酯）的化学结构。化学纤维在解决衣着穿用方面发挥了巨大作用，但是中华人民共和国成立之初，我国只有一家化学纤维厂（丹东化纤厂）。此后，化纤工业有了很大发展。1978年，我国发行了一套反映中国化学纤维生产面貌的特种邮票——化学纤维（T.25），全套五枚②，描述了化学纤维从原料到成品的全过程，分别为：5-1原料（反应），图案是聚合釜，展示了原料在高温高压条件下进行聚合反应；5-2抽丝，描绘了化纤液体从纺丝泵的喷丝头喷出的情景；5-3纺织，以纱锭和织梭表示化纤纺纱织布的过程；5-4印染，图案是红黄蓝三原色色块和印染出的花色织物；5-5成品，图案为色彩绚丽的织物和衣服。

　　说到固氮和化肥，人们想到最多的是合成氨工业以及荣获诺贝尔化学奖的化学家哈伯（发明氢气和氮气直接合成氨的方法，邮票57）和工业化学家博

　　①　北京邮票厂.J173中国现代科学家（第二组）[EB/OL].http：//stampprint.chinapost.com.cn/html1/report/1909/4919-1.htm.

　　②　北京邮票厂.T25化学纤维[EB/OL].http：//stampprint.chinapost.com.cn/html1/report/1909/5923-1.htm.

施（实现合成氨工业化），其实还有两位著名的科学家也为此作出了杰出贡献，他们是挪威科学家伯克兰（Kristian Olaf Bernhard Birkeland）和大名鼎鼎的化学家李比希。

所谓的固氮就是将空气中的氮气（游离态）转化为其他含氮化合物（化合态）的过程，以此"固定"氮元素。含氮化合物是生产化肥、炸药等很多化学品的原料。来自空气的氮取之不尽用之不竭，因此固定源于空气的氮就非常有意义。于是人们就探索大气固氮的方法以及让其实现工业化生产的方法，最著名的就是哈伯—博施法。其实，工业固氮的先驱不只有哈伯和博施，还有挪威科学家伯克兰。伯克兰最负盛名的成就是阐明了极光的原理，然而，为了得到研究资金，他还从事了其他研究，通过转让发明专利获取资金，从空气中固氮的伯克兰—艾德电弧法（Birkeland-Eyde process）就是其中之一。

很早以前，人们在实践中就发现雨水中含有氮氧化合物，并且雨水有利于农作物生长，后来了解到，闪电的能量巨大，能直接破坏氮—氮叁键（N_2，$N \equiv N$），使其与氧气结合生成氮氧化物，如一氧化氮（NO）、二氧化氮（NO_2）等，氮氧化物溶于雨水降落到土壤中，成为植物可利用的营养物质。据此，伯克兰想到利用电能制造"闪电"实现固氮，进而生产化肥，他和工程师艾德（Sam Eyde）发明了伯克兰—艾德电弧法。1903 年，他们建造了基于伯克兰—艾德电弧法生产硝酸（HNO_3，硝酸可用于生产化肥）的工厂以及与其配套的水力发电设施，实现了工业固氮。虽然这个生产过程耗电量极大，能源利用率低，之后被哈伯—博施合成氨方法替代，但是它证明了工业固氮是可行的，伯克兰和艾德也成为挪威工业的主要创始人（两人合伙创办的挪威水电集团发展得很好）。邮票 56 是为了纪念这一成就而发行的邮票，这枚邮票呈现的是硝酸钙 [$Ca(NO_3)_2$] 在溶液中存在状态的示意图，试管中每个钙离子（Ca^{2+}，空心圆表示）周围有两组硝酸根离子（NO_3^-，实心圆是氧，三个氧原子中间的一个小点是氮原子）。硝酸钙的水溶性很好，在农业生产中作为化肥使用，有快速补氮、补钙的特点，在缺钙的酸性土壤上施用效果尤其好，是最有价值的化肥之一。

为什么需要通过化肥给农作物补充氮和其他元素（比如钙）呢？19 世纪中叶，除了传统的医药、冶金和探矿领域外，化学在其他领域的应用甚少，李比希开始关注与民生相关的农学、植物学等学科，探索化学在农业生产中的应用。在那时的欧洲，人们普遍接受德国科学家泰伊尔（Albrecht Daniel Thaer）

提出的腐殖质营养学说——植物的初始营养主要来自腐殖质。泰伊尔认为除水分以外，腐殖质是土壤中唯一的植物营养物质，土壤肥力决定于土壤腐殖质的含量。腐殖质是死亡的动植物在土壤中经过微生物分解而形成的有机物质。然而，李比希对此有质疑，他深入到田间地头进行调研，他要搞清楚庄稼生长需要什么来保证好的收成，为此他开始了长期的实验和研究。他带领学生分析了大量的农作物，从植物的汁液和灰分中除检测到大量的碳、氢、氧、氮、硫等元素外，还检测到钾、磷、钙、铁、硅等矿物元素，说明植物不仅仅含有机物，还有无机物质。据此，他认为腐殖质理论有局限，腐殖质源于植物，不是在植物出现以前出现的，因此，植物的原始养分只能是矿物质。土壤中必定含有植物所必需的这些矿物元素，而且这些矿物元素是以植物能够吸收的形式存在于土壤中的。接着李比希研究了植物所需要元素的来源，如，通过分析多种庄稼和植物，他发现植物中含碳的量不会因土壤的条件不同而有所不同，因此他支持植物中的碳来自大气的观点。此外，在对雨水的分析中，他发现了氮元素，在那时，人们还不知道闪电能导致氮气和氧气结合这个自然固氮的原理，李比希将雨水中发现的氮元素全部视为腐烂植物产生的氨气扩散到空气中所致。

基于大量的实地调查和实验结果及潜心研究，1840 年，李比希出版了《化学在农业和生理学上的应用》，在这本书中他提出了植物的矿物质营养学说和培肥土壤的养分归还学说。李比希指出植物最初的营养物质是矿物质，而非腐殖质，有机质只有当其分解转变成矿物质时才对植物有营养作用。年复一年的耕作，农作物不断从土壤中摄取矿物质养分，土壤的肥力因此将日益贫瘠，导致农作物产量下降。为了保证产量，必须以肥料的形式为土壤补充这些矿物质以恢复土壤的肥力，保持充足养分供植物生长。随后，对于植物无法直接从大气和水中获取的必需元素，他开始研发含有这些元素且适宜植物吸收的无机化合物（即人工合成肥料，简称化肥）并进行田间试验。虽然不算顺利，但最终他成功制出化肥并获得了显著成效，由此德国的化肥工业诞生了，化肥成了农民的宝贝。在研发和施用化肥成功后，李比希又开始探索各种化肥施用的剂量与产量的关系，在实验的基础上提出了最小养分律，即植物生长量或产量的增减受环境中最缺少的养分的限制，环境中最缺少的养分称为最小养分，可以将其理解为木桶效应，为合理有效地使用化肥提供了理论依据。

然而，李比希错误地认为植物所必需的氮与碳、氢、氧一样是从大气和水中直接吸收和补充的，因此在他研发的化肥中没有含氮化物，这一错误后来被纠正了。英国科学家劳斯（John Lawes，他发明了磷肥）和吉尔伯特（Joseph Gilbert）发现农作物所需要的氮营养通常只能从土壤中摄取。此后，更深入的研究证明，腐殖质中的氮只有转变为硝态氮（NO_3^-）、氨（NH_3）和铵态氮（NH_4^+）才能被植物吸收。但天然的氮肥数量有限，人们开始探索大规模、廉价制取含氮化合物的方法，20世纪初，合成氨工业使农业生产发生了巨大的飞跃。李比希是19世纪最伟大的化学家之一，他将化学引入了农业科学，提出了一套完整的农田培肥理论，并经实验结果和大田种植实践的检验，开创了农业化学，被称为"农业化学之父"。化肥的使用带来了农业革命，也诞生了化肥工业，李比希也被称为"肥料工业之父"。邮票58是为纪念李比希而发行的邮票，邮票呈现了他的肖像和生卒年、三束谷穗和一个蒸馏瓶以及元素符号N、P和K，这三种元素是肥料的三要素，世界上生产和使用最多的化肥是氮肥、磷肥和钾肥。

另外，在英国还有一个始于1843年并延续至今的关于化肥的实验，是有史以来时间跨度最长的五个科学实验（科研项目）之一。这是劳斯发起的，他在自己的洛桑庄园里进行矿物肥料和有机肥料对农作物产量影响的研究实验，探究氮、磷、钾、钠、镁等化肥和农家肥对小麦、大麦、豆类和一些块茎作物等主要农作物产量的影响。170多年的实验和研究积累了大量翔实的数据资料，这些数据能够动态地呈现各种因素之间的相关性，拥有巨大的价值。正如2008年接手此实验项目的麦克唐纳（Andy Macdonald）所说："这些数据资料并不是保存在博物馆里的老古董，而是当今科学研究的组成部分。"

7.2.8　医药化学成就

化学与医药关系密切，19世纪60年代，英国外科医生李斯特（Joseph Lister）发现皮肤完好的骨折病人一般不易发生感染，而手术后死亡的病人多数是有伤口化脓感染的。他根据巴斯德的疾病细菌说，指出外科手术成功率不高的主要原因是缺乏消毒导致的细菌感染。他提出手术前需要消毒手术的器械以及医生的双手，实施后病人的感染情况显著减少。1867年，李斯特使用的第一种消毒剂是苯酚的稀溶液，邮票82呈现的是李斯特的肖像和苯酚的结构图。

自古以来，很多动植物和矿物的提取物或有效成分是治疗疾病的良药，但这些物质大多源于民间药方。随着化学的发展，越来越多的药物是科学家有意识地合成和筛选得到的。使用化学合成的药物治疗疾病称为化学治疗（化学疗法），简称化疗。化学治疗的创立者是德国人欧利希（Paul Ehrlich，邮票83），他不是临床医生，是一位实验医学科学家，他创造了"chemotherapy"（化学疗法）这个词。20世纪初，欧利希按照自己的化学疗法理论，开始合成并筛选能杀死特定组织而不伤害其他组织的化学药物，即一种他称为"magic bullet"（魔力子弹）的药物。经过多年实验和寻找，1909年，他的研究团队发现合成的第606种化合物（一种含砷的化合物）可以杀死螺旋体（引起梅毒的组织），且对其他组织伤害较小。1910年这种药物问世，命名为 savlarsan（砷凡纳明），即606。欧利希的魔力子弹——606一直作为梅毒的主要治疗药物，直到20世纪40年代被青霉素所取代。邮票98呈现了青霉素的发现者英国生物化学家弗莱明（Alexander Fleming）肖像和青霉素 G 的化学结构。

维生素的发现史也是一段人类与维生素缺乏症不断抗争的过程。1912年，波兰生物学家冯克（Kazimierz Funk）从糠皮中提取到一种胺类化合物，他发现这种物质可以治愈脚气病，并对维持身体健康具有重要作用，于是将其命名为 vitamine（生命胺），由拉丁文 vita（生命）和 amine（胺）组成。然而随着研究的深入，科学家发现生命必需物质不全是胺类化合物，于是改名为 vitamin，译为维他命或维生素，特指非矿物质的微量营养素，即维持生命的要素，人缺少它就会得病甚至死亡。冯克发现的物质就是维生素 B_1（VB_1），因此他获得了1929年诺贝尔生理学或医学奖。随后科学家发现了更多的维生素，并逐步揭开了维生素的奥秘，拿下多届诺贝尔生理学或医学奖和化学奖。

维生素 C（也称抗坏血酸）是我们非常熟悉的一种维生素，人们认识它是从防治坏血病开始的，从发现、治病到分离、鉴定和最终合成药物，经过了几代人的努力。坏血病的历史悠久，15、16世纪曾经波及欧洲，人类进入大航海时代以后，坏血病成了海上凶神，在远洋出海的海军和船员中坏血病的发病率和死亡率都很高。到了18世纪，人们发现吃新鲜绿色蔬菜或橘子、柠檬等水果能预防坏血病。1747年，英国海军医官林德（James Lind）在船上做了一个著名的实验，他给12名坏血病患者分组进食不同的食物，以比较不同食物在防治坏血病中的作用，结果显示坏血病与营养缺乏直接相关，柑橘类水果可以预防这种疾病。1993 年，特兰斯凯发行的邮票再现了这一过程。如封二 9①所示，在林德肖像旁描绘了几个吃着橘子、柠檬等新鲜水果的水手，那种酸溜溜、甜丝丝的表情再现了一种起死回生的喜悦，抗坏血病食物的酸涩味道带给人们健康和希望。接着，在收集了大量坏血病资料的基础上，林德详细观察和总结了柑橘类水果和果汁在治疗坏血病中的功效，向政府提出了强制船员吃新鲜橘子和喝柠檬汁的建议。至 1808 年，英国海军有效地预防了坏血病。1865年开始，英国的商船海员出海期间每天必须服用柠檬汁，至此，肆虐几百年的海上凶神——坏血病消失了。

虽然有了治疗和预防的坏血病的方法，但是人们并不清楚喝柠檬汁等的治病机理。直到冯克提出维生素概念，人们开始研究蔬果中治疗坏血病的有效成分和治病机理，英国生物化学家德鲁蒙（Jack Cecil Drummond）提议将这种抗坏血病的物质叫作维生素 C（VC）。1928 年匈牙利化学家圣捷尔吉（Albert Szent-Györgyi）从牛肾上腺皮质和橘子、白菜等多种植物汁液中分离出少量的维生素 C，但不能满足结构分析的用量。1930 年，圣捷尔吉发现了一种维生素 C 含量特别高的辣椒，于是他从这种辣椒中分离出了 1 千克维生素 C。他将一部分样品送给了化学家霍沃思（Walter Norman Haworth），请他分析鉴定。霍沃思确定了维生素 C 的结构，并且成功合成出维生素 C。1937 年，维生素 C 成就了两项诺贝尔奖，圣捷尔吉因发现和分离维生素 C 以及对生物氧化过程的研究成果获得了诺贝尔生理学或医学奖，霍沃思因合成了维生素 C 和研究碳水化合物获得了诺贝尔化学奖，为此 1977 年英国发行了一枚纪念邮票（邮票97）。1933 年，瑞士化学家雷池斯坦（Tadeus Reichstein）发明了维生素 C 的工业合成方法，此方法被命名为 Reichstein 过程，不久维生素 C 的工业化生产实现了。从此有了市售药品，维生素 C 真正成为人类健康的使者。2011 年，瑞士发行了一枚纪念国际化学年的邮票②，图案是维生素 C 的结构模型，以此表达对科学家，特别是本国科学家造福人类的敬意。

维生素是人体代谢过程中必需的营养素之一，虽然在体内含量不高，但是缺乏它们会引起一些疾病。维生素的发现和利用改变了人类对疾病和健康的认

---

① JV Pai–Dhungat. Albert Szent–Gyorgyi：discoverer of vitamin C［EB/OL］. https：//www. japi. org/w2e4e4/albert–szent–gyorgyi–discoverer–of–vitamin–c.

② Chemistry views. IYC postage stamp central［EB/OL］. https：//www. chemistryviews. org/details/ezine/1435503/www. chemistryviews. org/details/news/1006893/IYC_Postage_Stamp_Central. html.

识，也促进了营养学的发展。人们认识到有一些疾病的发生是由于体内缺少了某些营养成分，人们开始注意营养均衡和关注健康的生活方式，努力改善生活条件、保持良好的生活和饮食习惯。

发现胰岛素并成功实施对糖尿病患者的胰岛素治疗、确定其结构和人工合成胰岛素都是化学和医学史上的里程碑事件。为纪念1921年加拿大生物化学家班廷（Frederick Grant Banting，1923年诺贝尔生理学或医学奖获得者）与生理学家贝斯特（Charles Herbert Best）合作，首次成功提取胰岛素并应用于临床治疗50周年，加拿大发行了一枚呈现实验仪器和玻璃器皿的邮票（邮票87）。比利时邮票（邮票88）的图案则是胰岛素肽链的氨基酸单元和连接两条肽链的S-S桥键的结构。1976年，我国发行了一套《胜利完成第四个五年计划》纪念邮票（共16枚），其中第12枚科研领域的标志性成果就是胰岛素的X射线衍射图谱（邮票89即封二8），这是一张出神入化的X射线衍射测定的胰岛素的三维结构图。2015年，我国再次发行一枚纪念中国科学家人工全合成结晶牛胰岛素50周年的纪念邮票①，图案为人工全合成的牛胰岛素晶体及观测用的显微镜和胰岛素分子的一级结构图（两条肽链）以及出版论文的首页，全面地展现了这一伟大科研成果。2021年，瑞士发行了纪念发现胰岛素100周年的纪念邮票②，图案是胰岛素两条肽链的模型图。

疟疾是一种会感染人类及其他动物的寄生虫传染病，疟原虫借由蚊子传播，曾是热带、亚热带地区流行的疾病，夺走成千上万人的生命。人类与疟疾已经进行了几个世纪的斗争，科学家发现、分离与合成抗疟疾药物的艰辛历程和业绩也被记录在了邮票上。第一种治疗疟疾的药源自金鸡纳树的树皮。19世纪20年代，法国化学家佩尔蒂埃（Pierre Joseph Pelletier）和卡旺图（Joseph Bienaime Caventou）一起从金鸡纳树皮中分离得到了奎宁单体，又名金鸡纳碱，后来证实奎宁就是金鸡纳树皮治疗疟疾的有效成分。邮票84是佩尔蒂埃和卡旺图的肖像和奎宁的化学结构。卢旺达为纪念奎宁发现150周年发行了两枚邮票，其中一枚如封二6③所示，以开着白色小花的金鸡纳树为图

① 北京邮票厂.2015纪念邮票《人工全合成结晶牛胰岛素五十周年》［EB/OL］.http：//stampprint.chinapost.com.cn/html1/report/1909/5531-1.htm.
② 瑞士邮政发行纪念发现胰岛素一百周年邮票［EB/OL］.［2021-03-04］.https：//www.sohu.com/a/453951965_654561.
③ 1970年卢旺达为纪念奎宁发现150周年发行了两枚邮票［EB/OL］.http：//www.kfzimg.com/sw/kfzimg/437/574dfb96000265a1_b.jpg.

案，突出了树干和树皮，奎宁是从这里提取的。另一枚呈现的是用于提取和分离奎宁的研钵、容量瓶以及奎宁晶体和成药（邮票 85）。天然奎宁的来源有限，随着医学对奎宁需要量的增加，人们希望能人工合成奎宁。1854 年确定了奎宁的分子式 $C_{20}H_{24}N_2O_2$，1907 年德国化学家拉贝（Paul Rabe）用化学降解法确定了奎宁的平面结构。但因奎宁的立体结构比较特殊复杂，直到 20 世纪 40 年代，奎宁的立体化学结构才被真正确定，如图 7-5，尽管奎宁分子并不大，但是因为其中有 4 个手性中心，立体选择性反应给化学合成带来相当大的难度。至今奎宁的主要来源还是靠从植物中提取或是半合成，并没有按照化学家们研究出来的全合成路线进行工业化生产。

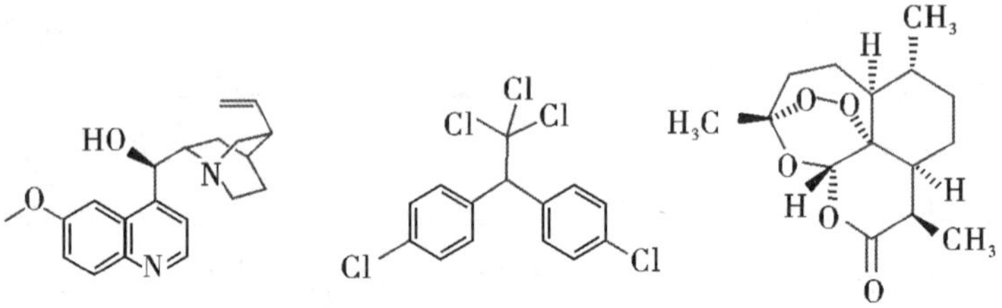

图 7-5　奎宁（左）、DDT（中）、青蒿素（右）的分子结构式

　　DDT（滴滴涕），化学名为双对氯苯基三氯乙烷，分子结构如图 7-5 所示，是由奥地利人蔡德勒（Ottman Zeidler）于 1874 年首次合成的。1939 年瑞士化学家牟勒（Paul Hermann Müller）发现 DDT 是杀灭昆虫的特效药，而且 DDT 工业合成和生产工艺简单、价格便宜，于是将其用于消灭蚊子及其他昆虫以预防疟疾等疾病和提高农作物产量，获得了显著成效。用奎宁药物治疗疟疾，再加上喷洒 DDT 灭蚊，一度使全球疟疾的发病得到了有效的控制。第二次世界大战期间，DDT 在对抗疟疾、黄热病、斑疹伤寒等虫媒传染病方面大显神威，救治了很多生命。牟勒也因此荣获 1948 年的诺贝尔生理学或医学奖。1955 年在全球兴起了消灭疟疾的运动，1958 年第 6 届热带病及疟疾防治国际会议召开，澳门发行了一枚邮票[①]。20 世纪 60 年代初，为筹集经费用于生产和购买 DDT 和抗疟疾药物，世界卫生组织倡导 100 多个国家联合发行抗疟邮

---

　　① 澳门 1958 年第 6 届热带病及疟疾防治国际会议［EB/OL］. https：//www. 997788. com/pr/detail_612_20208045. html.

票（见封二 7① 等邮票②），并制定了统一的口号"全世界联合抗疟"，以及由蚊子和地球加蛇杖组成抗疟标志（蚊徽）。邮票的语言有着神奇的力量，设计巧妙的蚊徽借助邮票传遍世界，警示人们消灭蚊子防控疾病。遗憾的是，DDT虽然不会杀死其他动物，但是在进入食物链后，最终会在动物体内富集产生副作用。比如，DDT 积累在一些食昆虫的鸟类体内会干扰鸟的钙代谢，致使蛋壳变薄，这可能会导致鸟的灭绝。认识到 DDT 的副作用以后，世界范围内人们开始少用（仅用于防止疟疾等疾病）或禁用 DDT。此外，疟原虫对奎宁类药物也产生了抗药性。进入 20 世纪 70 年代，科学家开始筛选和研发抗疟疾的新药。

我国有用青蒿治疗疟疾的实践和记载，科研人员尝试从青蒿中提取抑制和杀灭疟原虫的有效成分，科学家屠呦呦在查阅中医古书时发现《肘后备急方》记载"青蒿一握，以水二升渍，绞取汁，尽服之"。受"绞取汁"启发，她选用低沸点亲脂的溶剂提取有效成分，她带领团队用乙醚在 60 ℃下提取，获得了乙醚提取物。1971 年迎来了振奋人心的好消息，实验显示乙醚提取物对疟原虫有强大的抑制杀灭作用，说明青蒿抗疟的有效成分主要在亲脂部分，随后分离得到青蒿素单体。1975 年上半年，中国科学院上海有机化学研究所的化学家鉴定出了青蒿素的结构，如图 7 - 5 所示。青蒿素分子结构中的 5 个氧原子组成的一个内酯环和一个过氧桥，2 个氧原子构成的过氧桥就像青蒿素的一双大眼睛，非常漂亮。1975 年 11 月，中国科学院生物物理研究所的科学家用X 射线单晶衍射技术确证了青蒿素分子的立体结构，并于 1977 年确认了其绝对构型。青蒿素的提取、分离和结构确定为最终创制新型抗疟药奠定了基础。以屠呦呦为代表的科学家团队从传统中医药中找到了战胜疟疾的新药，在对抗疟疾的过程中发挥了重要作用，屠呦呦荣获了 2015 年诺贝尔生理学或医学奖。2016 年马里发行了纪念屠呦呦获得诺贝尔奖的邮票③。这是一枚圆形邮票，图

---

① 利比亚 1962 防治疟疾［EB/OL］. http：//www.e1988.com/picshow/? bigcategory = A&id = 224816&type = 1.

② 澳门 1962 抗疟疾运动［EB/OL］. http：//www.zhybb.com/byc/16764；民主德国 1963 抗疟运动［EB/OL］. http：//www.e1988.com/picshow/? type = 1&id = 232317&bigcategory = A；波兰 1962 抗疟疾［EB/OL］. http：//g‐search1.alicdn.com/img/bao/uploaded/i4/10011322/TB2aTkylY5YBuNjSspoXXbeNFXa_%21%2110011322.jpg_300x300.jpg.

③ 邮票记载屠呦呦［EB/OL］.［2016 - 11 - 20］. http：//blog.sina.com.cn/s/blog_45b505f40102wkw9.html.

案为屠呦呦肖像。邮票边纸的内容丰富、主题鲜明，上部图案主题为灭蚊，由蚊子、疟原虫和红细胞组成，表示蚊子叮咬导致疟原虫入侵人体红细胞，下部图案主题为抗疟药的有效成分青蒿素，通过两株青蒿、小液滴和青蒿素的分子结构表述了药物发现和研发的过程。这枚邮票全面展示了屠呦呦的诺贝尔奖成果和意义。

　　米勒的论文叙述了化学从古代的炼金术到现代化学及化学工业和药物合成的发展史。透过小小的邮票，我们不仅能看见化学的精彩与魅力，还能窥见化学的发展与变迁。这些邮票从不同的侧面展现了化学人的探索之路和伟绩，化学造福人类，化学家创造新世界。该文涉及内容广泛，更多详细内容请阅读米勒的原文①。

---

① Miller F A. A postage stamp history of chemistry[J]. Applied spectroscopy, 1986, 40 (7): 911－924.

8　诺贝尔化学奖漫谈

我们有些人就像是乌龟，走得慢，一路挣扎，到了而立之年还找不到出路。但乌龟知道，他必须走下去。

——约翰·B. 古迪纳夫（97 岁高龄的诺贝尔化学奖获得者）

人类的文明史实际上就是一部认识自然和改造自然的奋斗史，化学在这一历史进程中作出了巨大的贡献，成为人类文明进步的助推器。人类利用化学的历史可以追溯到公元前 3 世纪的古代实用化学时期（约公元前 3 世纪至 18 世纪中期），但化学真正高速发展阶段是在 20 世纪之后的现代化学时期。设立于 20 世纪初的诺贝尔化学奖，其主旨是"每年奖给在前一年中为人类作出杰出贡献的人"。自 1901 年首次颁发以来，诺贝尔化学奖已成为化学科学的最高荣耀，就像一颗耀眼的明珠，激励着一代代的化学家去攀登化学科学的高峰。这些攀登者中有敏捷如兔的奔跑者，也有很多像古迪纳夫（Goodenough）一样终身持之以恒的"乌龟"。随着人类对自然不断的认识和改造，人类逐渐在老的自然界旁边，建造了一个新的自然界，而诺贝尔化学奖获得者则是一百多年来的众多新自然界的建设者中那些熠熠生辉的星星。

8.1　诺贝尔生平简介

阿尔弗雷德·伯纳德·诺贝尔，1833 年 10 月 21 日出生在瑞典首都斯德哥尔摩。他的父亲伊马尼尔·诺贝尔不仅是一位在俄国拥有大型机械工厂的成功人士，而且还是名极具创造发明天赋的机械师兼建筑师，同时还酷爱化学。母亲也是科学圈的名门之后，其先祖瑞典博物学家奥洛夫·鲁德贝克以发现淋巴系统（约 1653 年）而享誉后世。

　　诺贝尔 8 岁上学，但是在学校接受正规教育时间非常短，大部分时间是在家里由家庭教师辅导学习。1850 年，17 岁的诺贝尔到美国的艾利逊工程师的工场里实习了一段时间，随后又到欧美各国考察了 4 年。游学欧美之后，诺贝尔返回瑞典开始制造液体炸药——硝化甘油。由于硝化甘油的安全性存在问题，刚投产不久，1864 年 9 月位于斯德哥尔摩的 Heleneborg 工厂就发生了一场大爆炸，造成了包括诺贝尔弟弟在内的 5 人死亡。大爆炸给工厂周边的居民造成了极大的恐慌，他们纷纷向政府投诉，迫于压力，政府禁止诺贝尔在市里继续做炸药实验。然而，诺贝尔并没有因此而放弃，这次为了安全起见，他将实验的场地转移到了湖泊中的一艘船上，继续他的"炸药之梦"。诺贝尔的坚持终于赢得了回报，有一次他偶然地发现硅藻土可以吸附硝化甘油，而吸附后的硝化甘油变得稳定而易于安全运输。诺贝尔大喜过望，立即着手改进了黄色炸药和雷管，并申请了专利，1867 年和 1868 年诺贝尔的黄色炸药技术分别取得了英国和美国的专利。1875 年，诺贝尔通过将一定质量的胶状硝化纤维素（火棉）溶液混合进硝化甘油里，成功地研制出一种威力更大的炸药"爆炸胶"，并于 1876 年取得专利。

　　1865—1873 年，诺贝尔的家、实验室和事业的重心是在德国的汉堡。1873 年，由于他要与合作者保罗·巴布一起展开大的改组计划，特别是重组他在西欧的企业，诺贝尔迁居法国巴黎。1873—1891 年，诺贝尔的公司在欧洲各地兴办工厂，其中在法国和英国就分别开办了 7 家和 8 家。他还指派他的大哥在芬兰和俄国开办了化工厂，并且投资了诺贝尔兄弟石油公司。到了 1896 年，诺贝尔跨国公司已经成为一个庞大的工业帝国，一个在全球 21 个国家拥有 90 多座工厂的庞然大物，雇工高达一万多人。此时的诺贝尔富可敌国。

　　1896 年 12 月 10 日，诺贝尔这位伟大的科学家在意大利因为心脏病突发去世，享年 63 岁。诺贝尔去世后被安葬在瑞典斯德哥尔摩的北墓园。

　　诺贝尔一生没有妻室儿女，也没有固定住所，为了工作他四处为家，被戏称为欧洲"最富有的流浪汉"。他生前有两句名言："我更关心生者的肚皮，而不是以纪念碑的形式对死者的缅怀。""我看不出我应得到任何荣誉，我对此也没有兴趣。"

8.2　诺贝尔奖概况

诺贝尔奖自 1901 年首次颁发，至今已经延续了一个多世纪。诺贝尔奖是根据诺贝尔 1895 年 11 月 27 日写下的遗嘱设立的，当时设立有物理学、化学、生理学或医学、文学、和平五种奖项。五种奖项分别由不同的机构颁发，其中物理学奖和化学奖由斯德哥尔摩瑞典科学院颁发；生理学或医学奖由斯德哥尔摩卡罗琳医学院颁发；文学奖由斯德哥尔摩文学院颁发；和平奖由挪威议会选举产生的 5 人委员会颁发。诺贝尔奖奖金来自诺贝尔基金会的直接收益——利息和红利，该基金是由诺贝尔的全部资产转变而来的。1969 年瑞典银行用诺贝尔的名义捐了一笔款，增设了诺贝尔经济学奖。

1901 年 12 月 10 日，在诺贝尔逝世五年的纪念日，依照诺贝尔的遗嘱，在斯德哥尔摩举行第一届诺贝尔颁奖典礼。诺贝尔奖金质奖章重约 270 克，内含黄金，奖章直径约为 6.5 cm，正面是诺贝尔的浮雕像。不同奖项，奖章的背面图案不同，每份获奖证书的设计和词句都不一样。

每年诺贝尔奖的奖金金额视基金会的收入而定，总体来说，由于通货膨胀的原因，奖金的金额逐年有所提高。1901 年第一次颁奖的时候，单项奖金金额为 15 万瑞典克朗，差不多是那个时代瑞典教授年薪的 20 倍。1980 年，诺贝尔奖的单项奖金增加到 100 万瑞典克朗，1991 年为 600 万瑞典克朗，2000 年为 900 万瑞典克朗。从 2001 年到 2011 年，单项奖金均为 1 000 万瑞典克朗，2012 年从 1 000 万瑞典克朗减少至 800 万瑞典克朗。2017 年 9 月 25 日，瑞典的诺贝尔基金会宣布，将 2017 年诺贝尔奖各奖项的奖金提高 100 万瑞典克朗，即向获奖者给予 900 万瑞典克朗。2018 年和 2019 年的诺贝尔奖奖金金额与 2017 年相同，单项奖金为 900 万瑞典克朗。

8.3　诺贝尔化学奖

诺贝尔化学奖自 1901 年颁发至今，经历了近 120 年。自 20 世纪以来非凡的 120 年中，人类在科学技术领域的发展超过了以前所有世纪的总和。在这

120 年中，化学无论是在实验方面、理论方面，还是在应用方面，都获得了飞速的发展，其研究领域从宏观进入到微观，与各种学科的相互渗透也日益紧密。我们通过对历届诺贝尔化学奖得主的国籍、获奖原因、研究领域、获奖年龄和性别等进行分析，可以看出 120 年来，诺贝尔化学奖获奖地域分布的变迁、获奖研究领域的变化、化学与其他学科的相互渗透、获奖年龄分布等方面信息。诺贝尔奖不仅已成为科学家们的崇高荣誉，其数量多少更成了衡量一个国家科学水平和科技实力的标准。一个国家诺贝尔获奖者的数量也与其社会、经济、教育发展有紧密的联系。

8.3.1 诺贝尔化学奖的一些统计数字

诺贝尔化学奖自 1901 年首次颁发至今，其间经历了第一次世界大战和第二次世界大战，历时近 120 年。

迄今一共颁发过多少次诺贝尔化学奖？

从 1901 年到 2019 年的 119 年间诺贝尔化学奖共颁奖 111 次，其中在 1916、1917、1919、1924、1933、1940、1941 和 1942 年共 8 次未颁奖。为什么这 8 年没有颁奖呢？在诺贝尔基金会规定中写道："如果所考虑的工作中没有一个达到（本规定）第一段所表明的重要性的话，奖金将保留至下一年。如果届时仍没有颁奖，奖金将被添加到基金会指定的基金中去。"因此，在第一次和第二次世界大战期间，仅颁发了很少数的诺贝尔奖。

迄今一共有多少位科学家获得过诺贝尔化学奖？

119 年间，总共产生了 184 人次诺贝尔化学奖获得者，其中弗雷德里克·桑格（Frederick Sanger）（1918 年 8 月 13 日—2013 年 11 月 19 日）是唯一一位获得过两次诺贝尔化学奖的人，分别是在 1958 年和 1980 年。这也意味着，实际上获得诺贝尔化学奖的人数是 183 位。

共享或独享诺贝尔化学奖的次数各有多少？

在被颁出的 111 次诺贝尔化学奖中，有 63 次只颁给了一位获奖者，23 次同时颁给两人，25 次同时颁给三人，其中有 15 次三人共享奖项是在 2000 年之后。诺贝尔基金会的规定是：每次的奖金可以由两项工作平分，每一项工作均被视为（诺贝尔）奖的一部分。如果一项获奖的工作是由 2 人或 3 人所完成的话，将授予他们共同获奖。任何情况下，获奖人数都不能超过 3 人。

获得诺贝尔化学奖的女性科学家有多少？

　　历史上共有 5 名女性获得过诺贝尔化学奖。其中玛丽·居里和英国生物化学家多萝西·玛丽·霍奇金是单独获奖。玛丽·居里于 1911 年获诺贝尔化学奖，而在这之前的 1903 年，她还曾经获得过诺贝尔物理学奖。1935 年，法国化学家伊雷娜·约里奥·居里（玛丽·居里的大女儿）和丈夫约里奥·居里因合成新的放射性核素荣膺诺贝尔化学奖。1964 年，来自英国的生物化学家多萝西·玛丽·霍奇金单独获奖，其获奖是因为用 X 射线衍射方法研究青霉素和维生素 B_{12} 等分子结构方面的成就。2009 年，以色列阿达·约纳特（与文卡特拉曼·拉马克里希南和托马斯·施泰茨共享奖项）因"核糖体的结构和功能"的研究而获得诺贝尔化学奖。2018 年美国生物化学家弗朗西斯·阿诺德因在酶研究等领域的贡献荣膺诺贝尔化学奖。

　　化学家中有哪几位多次获得诺贝尔奖？

　　119 年诺贝尔化学奖历史上，多次获得诺贝尔奖的科学家仅有 3 位，他们是：玛丽·居里（1903 年物理学奖和 1911 年化学奖）、莱纳斯·鲍林（1954 年化学奖和 1962 年和平奖）和弗雷德里克·桑格（1958 和 1980 年化学奖）。此外，桑格和鲍林还保持了另一项诺贝尔奖纪录，其中桑格是迄今唯一一位两次获得诺贝尔化学奖的科学家，而鲍林是迄今唯一一位两次独享诺贝尔奖的科学家。

　　诺贝尔化学奖家庭有多少？

　　一百多年中，获诺贝尔化学奖的"诺贝尔奖家庭"仅仅有三家。其中，居里一家是当之无愧的豪门，一共有 6 人获诺贝尔奖。玛丽·居里与她丈夫皮埃尔·居里一起获得 1903 年诺贝尔物理学奖，之后她又于 1911 年单独获得诺贝尔化学奖。1935 年，居里夫妇的长女伊雷娜·约里奥·居里和女婿约里奥·居里又分享诺贝尔化学奖。1965 年，在联合国儿童基金会工作的小女儿艾芙·居里的丈夫亨利·R. 拉博瑟获得了诺贝尔和平奖。另外两个获诺贝尔化学奖的"诺贝尔奖家庭"均是父子兵，德国的冯·欧拉父子和美国的科恩伯格父子。德国家庭中父亲汉斯·冯·欧拉·切尔平是 1929 年诺贝尔化学奖得主，而儿子乌尔夫·冯·欧拉获得 1970 年诺贝尔生物学或医学奖。美国家庭中父亲阿瑟·科恩伯格于 1959 年获得诺贝尔生物学或医学奖，而儿子罗杰·科恩伯格则于 2006 年获得诺贝尔化学奖。

　　最年轻和最年长的诺贝尔化学奖得主是谁？

　　诺贝尔化学奖历史上最年轻的得主出自一个诺贝尔奖的豪门——居里家

族。弗雷德里克·约里奥是著名的居里夫妇的大女婿，1935 年，他与妻子伊雷娜·约里奥·居里因合成新的放射性核素而获得了诺贝尔化学奖。那一年，约里奥 35 岁，伊雷娜 38 岁。时至今日，这一最年轻诺贝尔化学奖获得者的殊荣已经持续了 84 年之久。

最年长的诺贝尔化学奖得主则是美国固体物理学家约翰·B. 古迪纳夫，他因为在锂离子电池方面的卓越贡献，而以 97 岁的高龄荣获 2019 年诺贝尔化学奖。这一年龄不仅是诺贝尔化学奖得主最年长的纪录，同时也是所有诺贝尔奖得主中的最年长纪录。在此之前，最年长的诺贝尔化学奖获奖年龄纪录是由美国科学家约翰·贝内特·芬恩保持的。芬恩因为发展了对生物大分子进行鉴定和结构分析的方法而荣膺 2002 年诺贝尔化学奖，时年 85 岁。

8.3.2　诺贝尔化学奖国家分布情况及变化趋势

1901—2019 年中一共有 183 位科学家获得了诺贝尔化学奖。虽然说科学是一门真正国际性无国界的事业，但诺贝尔奖数量多少可以作为衡量一个国家科学水平和科技实力的标准。在诺贝尔奖图景中西方的优势是显而易见的，20 世纪获奖科学家共 135 人次，发达国家占绝大多数，其中仅美、德、英三国就有 98 人次获奖，占总获奖人数的 72.6%；2001—2019 年获奖的 49 人次中，发达国家依然是大赢家，仅美、日、英三国就有 33 人，占总获奖人数比例虽然有所下降，但仍高达 67.3%。

从世界化学研究中心的转移来看，大致可分为三个阶段，前 100 年以第二次世界大战为节点划分为"战前"（1901—1939 年）和"战后"（1939—2000 年）两个阶段，以及 21 世纪阶段（2001—2019 年）。20 世纪"二战"前，德国是当之无愧的世界化学研究中心，1901—1939 年间德国共有 16 人获诺贝尔化学奖，占获奖总人数的 40%，紧随其后的英国有 6 人获诺贝尔化学奖。而这时的美国仅有 3 人获诺贝尔化学奖，仅占获奖总人数的 7.5%。美国科学家第一次获奖是在 1914 年，获奖者是理查兹。此外，1932 年和 1934 年美国科学家兰格缪尔和尤里分别获得诺贝尔化学奖。这一时期化学的一些重大发现，如：爱德华·比希纳发现了无细胞发酵，哈伯开发了合成氨，瓦尔特·能斯特提出热力学第三定律等，都是德国科学家完成的。1943—2000 年，诺贝尔化学奖获奖人数共 95 人，美国有 42 人获奖，占获奖总人数的 44.2%，而此时的德国已经退居第二，仅仅有 16 人获诺贝尔化学奖，世界化学研究的中心已经转移到了美国。这一时期化学的重大发现多数由美国科学家完成，如：鲍林的价键理论，罗伯特·伯恩斯·伍德沃德合成维生素 B_{12}，保罗·伯格重组 DNA 分子，罗德·霍夫曼的分子轨道对称守恒原理，沃尔特·科恩的密度泛函理论等。第三阶段，即 2001—2019 年，美国依然是世界化学研究中心，获奖人数 22 人，占总获奖人数 49 人的 44.9%。欧洲的获奖人数比重大幅下挫，诺贝尔化学奖的"三强"由美、德、英三国变成了美、日、英三国，日本成为 21 世纪的大赢家，共有 6 位科学家获奖，而在 20 世纪的 100 年中日本仅有 1 人获诺贝尔化学奖。

8.3.3 21 世纪诺贝尔化学奖的新趋势

1. 21 世纪传统发达国家获奖比重下降的趋势

从诺贝尔化学奖获奖数据可以看出 21 世纪的新趋势，其中一个就是前面提到的诺贝尔化学奖获奖人数的"三强"由美、德、英三国变成了美、日、英三国，反映了 21 世纪世界各国在经济、文化、科学和教育的变化。日本经济在 20 世纪60—70 年代起飞后，总量最高曾经达到美国的 70%，经济腾飞的强大助推力，带来教育和科学的快速发展。1995 年，日本通过《科学技术基本法》，开始制订并实施《科学技术基本计划》。计划明确了这样一项数字目标：今后日本应在以诺贝尔奖为代表的国际级科学奖获奖数量上与欧洲主要国家保持同等水平，力争在未来的 50 年里使日本的诺贝尔奖获得者数达到 30 人以上。计划实施 19 年来，日本诺贝尔奖获奖人数已经达到了 19 人，其中仅化学奖获奖人数就有 7 人。展望未来，随着以中国为代表的新兴国家在经济上的快速增长，带动教育、文化和科学技术水平的飞速发展，诺贝尔化学奖获奖大家庭中会出现越来越多的新面孔，传统发达国家获奖人数的所占比例持续下降是一个必然的发展趋势。

2. 21 世纪诺贝尔化学奖得主获奖年龄呈上升趋势

20 世纪的 100 年中诺贝尔化学奖共授予 135 人次，平均年龄 55.4 岁，获奖者中约里奥·居里在 1935 年获奖时年仅 35 岁，是诺贝尔化学奖历史上最年轻的获奖者；佩德森在 1987 年获奖时已经 83 岁高龄，是这 100 年中最年长的诺贝尔化学奖获得者。进入 21 世纪（2001—2019 年），诺贝尔化学奖共授予 49 人，平均年龄 68.5 岁，其中年龄最小的是日本科学家田中耕一，获奖时年龄43岁；年龄最大的是美国科学家约翰·巴尼斯特·古迪纳夫，获奖时年龄97岁。有趣的是，在2019年之前，年龄最小的田中耕一（43岁）和当时年龄最大的约翰·芬恩（85岁），因共同"发明了对生物大分子进行确认和结构分析的方法"和"发明了对生物大分子的质谱分析法"而共同分享了2002年的诺贝尔化学奖。从获诺贝尔化学奖的平均年龄来看，21世纪之后获奖化学家的平均年龄增加了13.1岁。2019年的诺贝尔化学奖得主更是刷新了多项纪录，三位获奖者的平均年龄高达82岁，其中古迪纳夫以97岁获奖同时创造了诺贝尔化学奖和诺贝尔各奖项的最高龄获奖者纪录。

获奖年龄当然不能等同于取得诺贝尔奖科研成果时候的年龄，其实20世纪和21世纪获奖的化学家，取得诺贝尔奖科研成果的年龄并没有显著的变化，但获得诺贝尔奖的年龄却显著增加。产生这一现象的原因是什么呢？其中一个方面是，科学从发现到得到社会认可并广泛接受是一个长时间的过程，而且这一过程有逐渐延长的趋势。其中一个典型事例就是2009年诺贝尔物理学奖的获得者高锟。他在1966年就着手研究使用玻璃纤维传送讯号，并且发表一篇题目为《光频率介质纤维表面波导》的论文。而他的这一理论当时并未获得认同，更有媒体嘲笑他"痴人说梦"。事情后面的演变就众所周知了，高锟通过不断坚持，成功开发出第一代光纤系统，最终使得光纤技术成为现代通讯领域不可替代的技术。高锟从33岁开始研究，获奖时已经是年过古稀的老年病患者（颁奖典礼上代替他领奖的是他的夫人），时光流逝了43年。另一个例子就是2008年诺贝尔化学奖获得者日本科学家下村修。他1962年首次从水母中提取出绿色荧光蛋白GFP，当时他刚过而立之年。但当时该技术并未获得足够的重视，随后的30多年也几乎无人问津。契机出现在1994年，查尔菲发现GFP可以在细菌和线虫内发光。同年，钱永健开始着手改进GFP的发光强度和发光颜色，随即发现了更多应用方法，并且阐明了其发光原理。至此，下村修的发现才重新获得学术界的关注，GFP技术才得到飞速发展和广泛应用，最终三人因此而荣获2008年的诺贝尔化学奖，此时下村修已是耄耋之年，距其最初提取出GFP已有近半个世纪之久。另外一个方面是，进入21世纪之后，现代化学在继续分化的同时，越来越趋向于综合，生物化学、材料化学、环境化学等边缘学科的出现，促进了化学与其他各学科之间的渗透和融合，这种学科之间的交叉与融合必然导致化学新兴领域的产生，而诺贝尔化学奖每年只评一项，所以每项成果从产生到获得诺贝尔奖所需的等待时间也就变得越来越长。

3. 诺贝尔化学奖的"理综奖"化趋势

在 20 世纪的诺贝尔化学奖颁奖历史中，也曾有过奖项旁落其他领域科学家的事情。例如：1908 年诺贝尔化学奖就颁给了新西兰著名物理学家，被称为原子核物理学之父的欧内斯特·卢瑟福。但是进入 21 世纪后，一方面现代化学不断地分化和衍生，另一方面现代化学也越来越趋向于综合，与生物、医学、能源、材料和环境等领域的交叉和融合日益紧密，导致新领域，如生物化学、能源化学、材料化学、环境化学等边缘学科的出现。从 21 世纪获奖者的信息分析可以看出，诺贝尔化学奖越来越趋向于综合，故而网上有人将之称为"诺贝尔理综奖"。据统计，在 2001—2019 年已颁发的 19 个诺贝尔化学奖中，完全属于传统化学的奖项仅仅有 7 项，与生物相关的化学奖则多达 10 项。

2017 年，诺贝尔化学奖颁给雅克·杜波切特、乔基姆·弗兰克和理查德·亨德森三位生物物理学家，表彰他们发展了冷冻电子显微镜技术，以很高的分辨率确定了溶液里的生物分子结构。这一年的奖项在网上被称为"物理学家因帮助生物学家而获得诺贝尔化学奖"。长久以来电子显微镜不能用于观察生物大分子，因为高能的电子束会破坏生物大分子的结构。这三位科学家的共同努力成功地解决了这一难题，这是一个多学科协作的成功典范。其中杜波切特解决了样品保护的问题，他利用水的快速冷冻玻璃化保护生物大分子样品在测试过程中结构不会被破坏。弗兰克则解决了图像处理的问题，开发出一种可以对电子显微镜生成的模糊 2D 图像进行分析、合并，最终生成清晰的 3D 图像结构的图像处理技术。而在 1990 年，亨德森成功利用一台电子显微镜生成了一种蛋白质的 3D 图像，图像分辨率达到原子水平。三位科学家技术的相互结合使冷冻电镜技术实现了颠覆性的突破——分辨率达到近原子级别。原来模糊的生物大分子世界变得清晰了，人类终于能够掀开生物大分子的神秘面纱。

2016 年使用分辨率高达 3.8 埃的冷冻电子显微镜，美国科学家观察到了寨卡病毒结构和其他黄热科病毒的细微差异，该发现进一步推动了针对寨卡病毒的抗病毒疗法和相关疫苗的研发。2019 年 10 月，经过几个月的连续攻关，中国科学院院士饶子及其团队利用冷冻电子显微镜首次得到了高分辨率的非洲猪瘟病毒结构。这是一种正二十面体的巨大病毒，由基因组、核心壳层、双层内膜、衣壳和外膜 5 层组成，病毒颗粒包含 3 万余个蛋白亚基，组装成直径约 260 纳米的球形颗粒，这是目前解析近原子分辨率结构的最大病毒颗粒。相信非洲猪瘟病毒结构的确定将极大地推动针对非洲猪瘟病毒的抗病毒疗法和相关疫苗的研发，人类控制和战胜非洲猪瘟将不再是梦想。

8.3.4　华人科学家与诺贝尔化学奖

诺贝尔化学奖第一个华人获奖者是李远哲，他 1936 年出生于中国台湾，1974 年加入美国国籍，1986 年以分子水平化学反应动力学的研究获诺贝尔化学奖，时年 50 岁。另一个华人获奖者是钱永健，1952 年 2 月 1 日出生于美国纽约，2008 年钱永健因为在绿色荧光蛋白方面作出突出成就获诺贝尔化学奖。

近年来，随着我国综合国力不断增强，我国科研支出在全球已经排名第二，相信未来中国科学家获得诺贝尔化学奖是历史发展的必然趋势。

8.4　诺贝尔化学奖留下的遗憾

一百多年来，诺贝尔化学奖作为世界上最具知名度的科技大奖，激励着众多化学家去攀登。然而，任何事物就像一枚硬币，都有正反面，诺贝尔化学奖也不例外，虽然获奖的主流是积极正面的，但同时也留下了不少疏漏、错误和遗憾。其中颇具争议的就是门捷列夫和哈伯这两位科学家。

1. 与诺贝尔奖失之交臂的门捷列夫

诺贝尔化学奖最大的遗憾当属俄国科学家门捷列夫。早在首次诺贝尔奖颁发前 32 年，门捷列夫就发现了元素的周期排列规律，发现化学元素的周期性，依照原子量，制作出世界上第一张元素周期表。这张表揭示了物质世界的秘密，把一些看起来似乎互不相关的元素统一起来，组成了一个完整的自然体系。他的发现是近代化学史上的一个创举，对于促进化学的发展起了巨大的作用。2019 年是门捷列夫编制元素周期表 150 周年，全世界都在以各种各样的方式来纪念和缅怀这位伟大的化学家。联合国大会表示，"化学元素周期表是现代科学领域最重要和最具影响力的成果之一，不仅反映了化学的本质，也反映了物理学、生物学和其他基础科学学科的本质"。

英国科学家威廉·拉姆齐因发现了空气中的惰性气体元素并确定了它们在元素周期表里的位置荣膺 1904 年诺贝尔化学奖。这令门捷列夫的支持者倍感振奋，他们认为拉姆齐的获奖与门捷列夫编制的元素周期表关系密切，门捷列夫获得诺贝尔化学奖应该是顺理成章的事情。事情的发展起初看起来非常顺利，1905 年门捷列夫获得了诺贝尔化学奖提名，但并没有赢得奖项。1906 年门捷列夫再次被提名，诺贝尔奖委员会也以 4：1 的投票结果推荐门捷列夫获奖。但此时突起波澜，瑞典化学家阿伦尼乌斯在皇家科学院的讨论会上大肆贬低"老掉牙"的元素周期表，认为在门捷列夫之前已有很多科学家做过类似的工作，同时大力举荐另一位诺贝尔化学奖候选人——法国化学家莫瓦桑。最终瑞典皇家科学院驳回了诺贝尔奖委员会这一投票结果，决定增加诺贝尔奖委员会的人数后重新投票。在阿伦尼乌斯的主导下，诺贝尔奖委员会扩大到九人并重新进行了投票，这次的投票没有出现意外，门捷列夫以 4：5 的投票结果，一票之差输给了法国化学家莫瓦桑（分离了氟元素，并且发明了莫氏电炉），再次无缘诺贝尔奖。次年（1907 年）2 月 2 日，这位享有世界盛誉的俄国化学家因心肌梗死与世长辞，给诺贝尔奖留下无法弥补的遗憾！

2. 备受争议的哈伯

诺贝尔化学奖得主中一个饱受争议的科学家就是合成氨的发明者——德国化学家弗里茨·哈伯，其照片因此还被倒挂在其故乡一个俱乐部的墙上，以示对后人的警醒。赞扬哈伯的人说："他是天使，为人类带来丰收和喜悦，是用空气制造面包的圣人。"诅咒他的人说："他是魔鬼，给人类带来灾难、痛苦和死亡。"

19 世纪末，化肥工业的出现和发展推动了农业生产的发展，但是随着世界人口增长、工业和军事等方面的迫切需要，人工固氮成为一个备受关注的难题。1904 年，哈伯开始研究合成氨的工业化生产，起初采用高压放电固氮，实验历时一年，无功而返。之后受法国化学家用高温、高压合成氨发生爆炸的启发，他转而采用高温、高压方法改进试验。在历经无数次失败后，哈伯终于获得了成功，在铁催化剂作用下利用氮气和氢气在高温高压下（600 ℃和 200 个大气压）合成了氨，而氮气和氢气来自空气、煤和水。这种人工固氮的方法廉价易行，至此结束了人类完全依靠天然氮肥的历史，给世界农业发展带来了福音，为全人类免于饥饿作出了不可磨灭的贡献。

第一次世界大战期间，哈伯受德皇威廉二世指派兼任化学兵工厂厂长，主要工作是研制最新式的化学武器。在他的领导下研究人员研制出军用毒气氯气罐，从而揭开了世界第一次化学战的帷幕，哈伯则成了制造化学武器的鼻祖。此期间，德国军队在欧洲战场上第一次使用了化学武器。化学武器在"一战"

中一共造成近 130 万人的伤亡，占大战伤亡总人数的 4.6%。虽然按照哈伯自己的说法，他研制化学武器的初衷是"为了尽早结束战争"，但哈伯这一行径，仍然遭到了美、英、法、中等国科学家们的谴责，哈伯的妻子伊美娃也以自杀的方式以示抗议。

1918 年，瑞典皇家科学院因哈伯在合成氨发明上的杰出贡献，决定授予他诺贝尔化学奖。但世界各地的许多科学家都对此提出异议，因为诺贝尔奖是颁给那些"在前一年中为人类作出杰出贡献的人"，而哈伯研制的化学武器给欧洲战场带来 100 多万人的伤亡，给人类带来巨大的灾难。对于研制化学武器带来的灾难性后果，哈伯辩称自己迫不得已，他的初衷只是想尽快结束战争。最终，瑞典皇家科学院力排众议，认定哈伯对人类的贡献远远大于他在化学武器研制方面的过错，最终颁给哈伯 1918 年诺贝尔化学奖。获奖之后，哈伯为了表达自己内心的愧疚之情，将全部奖金捐献给了慈善组织。

3. 当代化学界最成功的"伯乐"

诺贝尔化学界的伯乐有许许多多，如奥斯特瓦尔德独具慧眼识阿伦尼乌斯，阿道夫·冯·拜尔悉心指导赫尔曼·费歇尔，但其中最成功的且极具悲剧色彩的伯乐当属美国化学家吉尔伯特·路易斯（1875—1946 年）。路易斯自 1891 年起先后在内布拉斯加大学和哈佛大学学习，24 岁获博士学位，之后前往德国进修，得到过物理化学界的牛人奥斯特瓦尔德和能斯特的指导。1901 年，路易斯返回美国，先是在哈佛大学任教，1905 年就职于马萨诸塞州工业学院，1911 年成为教授，1912 年后任加利福尼亚大学伯克利分校化学系主任。

在哈佛大学和马萨诸塞州工业学院工作期间，路易斯致力于物理化学方面的研究，先后于 1901 和 1907 年提出了逸度和活度的概念，用逸度代替压力，用活度代替浓度，这在当时是相当大的突破，此时路易斯年仅 26 岁和 32 岁。1921 年，他获得了稀溶液中盐的活度系数取决于离子强度的经验定律。1923 年，他与 M. 兰德尔合著《化学物质的热力学和自由能》一书。同年，路易斯从电子对的给予和接受角度提出了新的广义酸碱概念，即路易斯酸碱理论，这一理论如今仍是大学教科书中的经典。

路易斯虽然在科学上成就非凡、著作等身，但他的人生有重重的悲剧色彩。他一直和忧郁奋战，"二战"期间一直渴望参加曼哈顿计划，却不知何种原因不能得偿所愿，而他的学生和他招募的科学家许多都参加了该计划。路易斯因其在物理化学方面的成就，一生中被提名了 35 次（创诺贝尔奖提名的纪录），但始终与诺贝尔奖无缘。与之不同的是，他领导和指导过的学生中就有5名获得过诺贝尔化学奖，可谓诺贝尔化学奖名副其实的"最佳伯乐"。这五位诺贝尔奖获得者分别是：

（1）尤里：重氢重水的发现者，1934年诺贝尔化学奖得主。

（2）乔克：超低温化学的应用技术发明者，1949年诺贝尔化学奖得主。

（3）西博格：镎、镅、锔和锫等元素的发现者，1951年诺贝尔化学奖得主。

（4）科比：用碳14测定历史年代的发明者，1960年诺贝尔化学奖得主。

（5）开尔文：光合作用机理的研究和发现者，1961年诺贝尔化学奖得主。

路易斯离开这个世界的方式也弥漫着悲剧和神秘气氛。1946年，路易斯的研究生在工作台下面发现了路易斯的尸体，此时房间充满了氰化氢的苦杏仁味。他当时的实验一直在使用此物质，但氰化氢是如何泄漏导致路易斯中毒的，这仍然是个谜。巧合的是，在路易斯死亡那天，他和兰格缪尔曾经一起共进过午餐，而兰格缪尔1932年曾因表面化学和热离子发射方面的研究成果获得诺贝尔化学奖。同事们回想说，路易斯从那次午餐回来后，明显地郁郁寡欢，几个小时后，他即亡故。路易斯的死亡是意外还是自杀，成为一个永远的谜题。

8.5　诺贝尔化学奖给人的启示

科学家们都有自己成长、成功之路。分析诺贝尔化学奖历史上的近两百位获奖者，他们之中有敏捷如兔的奔跑者，也有像古迪纳夫一样终生持之以恒的"乌龟"，他们之所以取得成功，有共性更有特性，条条大路通罗马，通往成功之门的路远远不止一条。

1. 持之以恒，不屈不挠

马克思曾经说过，在科学的道路上没有平坦的大道可走，只有不畏艰险沿着崎岖陡峭的山路攀登的人，才有希望到达光辉的顶点。马克思的这句话道出了科学研究的成功共性要素之一——持之以恒，不屈不挠，斯万特·奥古斯特·阿伦尼乌斯的成功很好地诠释了这一点。阿伦尼乌斯1859年2月19日生于乌普萨拉，自幼聪敏好学，17岁就进入乌普萨拉大学学习，仅仅两年就完成大学学业。1878 年，年仅 19 岁的阿伦尼乌斯开始攻读物理学博士学位，导师是著名的光谱分析专家塔伦教授。在博士期间，他常常去旁听数学与化学课程，从而迷恋上了电学。他确信"电的能量是无穷无尽的"，他热衷于研究电流现象和导电性，对自己主修的光谱学专业反而兴趣索然。导师塔伦教授认为他这是不务正业，勒令他离开自己的实验室。

倔强的阿伦尼乌斯并没有因此而放弃自己的信念和研究兴趣，1881 年，他来到了首都斯德哥尔摩的埃德隆教授实验室继续研究电学。其间，他发现电解质溶液的浓度影响着很多稀溶液的导电性。这一发现令阿伦尼乌斯非常振奋，他立即着手对实验仪器进行改进，做了大量的实验，最后带着收集的大量实验数据回到乡下老家，研究数据背后的规律，完成他的博士论文。1883 年 5 月，阿伦尼乌斯完成了电离理论的博士论文，回到乌普萨拉大学准备参加博士论文答辩。他与著名的实验化学家克莱夫（他发现了两种化学元素：钬和铥）讨论电离理论，克莱夫对他的理论完全不能理解，声称"这个理论纯粹是空想，我无法相信"。第一次博士论文答辩，他的两个导师都不能理解和支持他的理论，委员会未能通过阿伦尼乌斯的博士论文答辩。一年后，阿伦尼乌斯再次以《电解质的导电性研究》论文申请博士，答辩后其论文被评为有保留通过的四等。这样的成绩使他险些失去了担任乌普萨拉大学讲师资格，幸运的是德国著名物理化学家奥斯特瓦尔德对他的理论大为赞赏，全力举荐他成为乌普萨拉大学的讲师。

1885 年，阿伦尼乌斯先后在里加和莱比锡的奥斯特瓦尔德的实验室里工作，这一期间他与多位著名科学家有了接触，如科尔劳许、玻耳兹曼和范特霍夫等。范特霍夫发现阿伦尼乌斯的电离理论可以用于解释自己研究工作的一些现象，对他相见恨晚，相互之间讨论了很多问题。至此，阿伦尼乌斯的人生出现了重大转折，电离理论得到了奥斯特瓦尔德和范特霍夫这两位化学界"大牛"的加持后，渐渐被人们所接受了。原来认为电离理论"纯粹是空想"的克莱夫教授也改变了自己的观点，并且提议选举阿伦尼乌斯为瑞典科学院院士。

1901 年的首届诺贝尔奖阿伦尼乌斯成为物理奖的 11 个候选人之一，但他最终未能获奖。1902 年，阿伦尼乌斯被提名诺贝尔化学奖，可惜这次又落选了。1903 年，阿伦尼乌斯众望所归，成了获奖的大热门，但是，对于他应获得物理学奖还是化学奖发生分歧，因为电离理论在物理学和化学两个学科都具有很重要的作用。委员会为此提出了几种方案，但均被否决。最终，瑞典皇家科学院颁给阿伦尼乌斯诺贝尔化学奖。

富有戏剧性的是，阿伦尼乌斯因电离理论荣膺诺贝尔化学奖，而电离理论正是当初他第一次答辩未获得通过的博士毕业论文的核心内容。假如没有阿伦尼乌斯不屈不挠的坚持，没有奥斯特瓦尔德和范特霍夫这样的著名化学家的加持，电离理论还需多久才能问世？

2. 老骥伏枥，志在千里

汉末的曹操曾在《龟虽寿》一诗中写道："老骥伏枥，志在千里。烈士暮年，壮心不已。"诺贝尔化学奖的获得者就有许多暮年依然壮心不已的前行者，2019 年诺贝尔化学奖的得主 约翰·B. 古迪纳夫就是其中的杰出代表。

古迪纳夫出生于 1922 年，家在耶鲁附近。1940 年，18 岁的古迪纳夫考入了耶鲁大学，先是学习古典文学，后来转学哲学，其间还学习过一些化学课程。后来有一位教授发现古迪纳夫在数学方面颇有天赋，他又改学了数学专业。大学二年级时，因为日本和美国之间爆发了珍珠港事件，古迪纳夫主动选择休学加入美军，三年后才回到耶鲁大学完成学业。大学毕业后，古迪纳夫再度选择返回战场。"二战"结束后，他由于是军人，获得了美国政府资助进入大学深造的机会。古迪纳夫选择去芝加哥大学学习物理，1952 年获得博士学位。1952—1976 年，古迪纳夫在麻省理工学院（MIT）的林肯实验室工作，主要进行关于内存的材料物理研究。

1976 年，古迪纳夫进入牛津大学任教授，并担任无机化学研究院负责人。这一年是古迪纳夫的命运转折年，此时他已经 54 岁。这是一个很多人都开始规划退休生活，准备含饴弄孙的年龄，而他却选定了新的研究方向——电池材料，并一直坚持下去。

57 岁那年，他找到了让他名声大噪的层状结构的钴酸锂（$LiCoO_2$），解决了早期锂电池容易产生枝晶导致爆炸的难题。61 岁那年他发现尖晶石结构的锰酸锂（$LiMn_2O_4$）正极材料。

1986 年，古迪纳夫又一次面临抉择——是选择退休还是跳槽？因为牛津有 65 岁强制退休的政策。为了继续他的电池研究，64 岁的古迪纳夫最终选择跳槽，回到了美国德州大学奥斯汀分校当机械工程和材料科学教授，继续研究工作。

75 岁的他开发出一种既廉价又稳定的橄榄石结构的磷酸铁锂（$LiFePO_4$）

正极材料，这种材料至今在锂离子电池中的使用仍占有很大比重。90 岁的古迪纳夫开始研究一种更为先进的电池——固态电池。他同时还思考如何用丰度高且廉价易得的金属钠来取代金属锂，做成钠电池。

97 岁这年，古迪纳夫获得了诺贝尔化学奖。

约翰·古迪纳夫有一句名言"我们有些人就像是乌龟，走得慢，一路挣扎，到了而立之年还找不到出路。但乌龟知道，他必须走下去。"

他的经历提醒我们：什么时候努力做事都不晚，只要你真的开始努力去做！

3. 勤奋工作，不忘初心

理查德·亨德森，1945 年出生于苏格兰爱丁堡，1966 年在爱丁堡大学获得物理学学士学位，1969 年取得英国剑桥大学博士学位。2017 年因冷冻电镜的研究荣膺诺贝尔化学奖。

亨德森年仅 38 岁就当选了英国皇家学会的院士，但他在整个科研生涯中，一直工作在科研一线，亲手做实验是他工作的常态。1984 年，当时冷冻电镜还处于萌芽阶段，分子结构检测的主流技术是 X 射线晶体学。1988 年，德国科学家哈特穆特·米歇尔还因 X 射线晶体学对膜蛋白原子模型的成像工作荣膺诺贝尔化学奖，但这并没有动摇亨德森研究冷冻电镜的初心，他继续研究冷冻电镜。这一时期的亨德森其行为在常人看来有些傻，纯粹以科研为目的，不以发表论文为目的。1990 年，亨德森成功地利用一台电子显微镜生成了一种蛋白质的 3D 图像，图像分辨率达到原子水平。冷冻电镜技术与雅克·杜波切特的样品保护技术、乔基姆·弗兰克的图像处理技术相结合，2012 年实现了伟大的突破——分辨率达到近原子级别。原来模糊的生物大分子世界变得清晰了，人类终于能够掀开生物大分子的神秘面纱。

4. 看似偶然，实则必然

2002 年的诺贝尔化学奖得主是田中耕一。对日本甚至全世界来说，田中耕一的获奖是一个传奇。因为他是一个"非传统和非主流"的诺贝尔奖得主，既没有显赫的学历，也没有著作等身，似乎是一个学术圈外的人。他的获奖给向来迷信只有象牙塔中的学术界才可挑选和培养人才的日本社会一个巨大的讽刺。

田中耕一的获奖颇具戏剧性。他大学学的是电气工程学专业，与化学和生化并无多少关系。他大学成绩一般，毕业之后成为岛津制作所一位普通的研究员。田中耕一 26 岁那年犯了一个外行的低级错误，而这一错误彻底改变了他的一生。这一年公司安排田中耕一负责研发测定生物大分子相对分子质量的检测技术。在一次检测维生素 B_{12} 实验中，田中耕一犯了一个非常低级的错误，他原本想用丙酮来悬浮 UFMP，结果错用了甘油。用错试剂是一个非常低级的错误，田中耕一很快就意识到了这一点。但勤俭节约的田中耕一将错就错，用激光照射来加快甘油的挥发，以继续进行后续的实验。最终奇迹出现了，田中耕一第一次检测到了维生素 B_{12} 的相对分子质量。之后田中耕一进行反复试验，最后发现：如果时间过长甘油变干后再去测量，维生素 B_{12} 又无法测定了。田中耕一因错用试剂再加上激光挥发甘油的"失误性操作"，最终导致一个质谱分析法——"软激光脱着法"的诞生。

在田中耕一的软激光脱着法出现前，质谱分析法只能用于小分子和中型分子的分析，如今质谱分析法可以用来分析生物大分子，这极大地推动了生物化学领域的发展。

2002 年田中耕一荣膺诺贝尔化学奖。获奖后的田中耕一曾表示："真是无心插柳柳成荫，一次失败却创造了让世界震惊的发明，真有些难以启齿。"

一次偶然的失误，彻底改变了田中耕一的一生。然而如果没有当时的错误，又怎会有现在卓越的发现？田中耕一的获奖看似偶然，实则必然，因为人类不就是在不断的试错中前进的吗？

参考文献

［1］ R. 布里斯罗. 化学的今天和明天——化学是一门中心的、实用的和创造性的科学［M］. 华彤文，宋心琦，张德和，等译. 北京：科学出版社，1998.

［2］ 王兴余. 化学学科的文化价值［J］. 新校园（中旬刊），2013（8）：235.

［3］ 唐有琪，王夔. 化学与社会［M］. 北京：高等教育出版社，1997.

［4］ 洛德·霍夫曼. 相同与不同［M］. 李荣生，王经琳，等译. 长春：吉林人民出版社，1998.

［5］ R. K. 默顿. 科学社会学［M］. 鲁旭东，林聚任，译. 北京：商务印书馆，2003.

［6］ 凌永乐. 化学元素的发现［M］. 3 版. 北京：商务印书馆，2009.

［7］ 潜伟. 科学文化、科学精神与科学家精神［J］. 科学学研究，2019，37（1）：1-2.

［8］ 刘辉. 解读诺贝尔自然科学奖评奖制度［J］. 科学管理研究，2009（3）：39-42.

［9］ 张功耀. 从诺贝尔奖的评奖制度说起［J］. 研究与发展管理，2002，14（5）：10-15.

［10］ 福利吧. 从"搞笑"到"诺贝尔奖"［EB/OL］.［2016-08-03］. https：//www. chenjiayu. cn/archives278834. html.

［11］ ANDRE K G. Nobel lecture：random walk to grapheme［J］. Reviews of modern physics，2011，83（3）：851-862.

［12］《科技术语研究》编辑部. 关于"碳"与"炭"在科技术语中用法的意见［J］. 科技术语研究，2006，8（3）：17-18.

［13］ 陈晓峰，吴勇. 浅析焰色反应［J］. 大学化学，2013（5）：77-81.

［14］丁庆红，张国. 对科学美的追求是科学探索的一种原动力［J］. 物理教师，2014（12）：8－12，19.

［15］永利化工. 中国化学工业奠基人范旭东与"永久黄"团体［J］. 经营与管理，2018（1）－2019（4）.

［16］袁怡松. 颜色玻璃（一）：基本原理［J］. 玻璃与搪瓷，1996，24（4）：54－57，61.

［17］王承遇，温暖心，葛毅. 无铅金红玻璃的研究［J］. 玻璃与搪瓷，2015（6）：17－19，23.

［18］山间溪流阅览室. 名家经典赏析：《叶灵凤：文学与生活》［EB/OL］.［2021－06－06］. http：//www. 360doc. com/content/21/0616/17/49834161 _982317188. shtml.

［19］安徒生. 卖火柴的小女孩［M］. 任溶溶，译. 杭州：浙江少年儿童出版社，2005.

［20］车尔尼雪夫斯基. 怎么办［M］. 蒋路，译. 北京：人民文学出版社，1984.

［21］普里莫·莱维. 元素周期表［M］. 牟中原，译. 北京：人民文学出版社，2017.

［22］延斯·森特根. 火焰中的秘密：从炼金术到现代化学［M］. 王萍，万迎朗，译. 维达利·康斯坦丁诺夫，绘. 南京：译林出版社，2018.

［23］JAMES L. Archer John Porter Martin CBE 1 March 1910－28 July 2002［J］. Biographical memoirs of fellows of the Royal Society，2004，50：157－170.

［24］HUGH G. Richard Laurence Millington Synge：28 October 1914－18 August 1994［J］. Biographical memoirs of fellows of the royal society，1996，42：455－479.

［25］Miller F A. A postage stamp history of chemistry［J］. Applied spectroscopy，1986，40（7）：911－924.

［26］王毓明. 化学元素的发现和名称便览［J］. 大学化学，1986（4）：67－77.

［27］周程，周雁翎. 战略性新兴产业是如何育成的？——哈伯－博施合成氨法的发明与应用过程考察［J］. 科学技术哲学研究，2011，28（1）：84－94.

［28］王越. 农业科学与 19 世纪英国农业的发展 ［J］.农业考古，2020 （3）：205－210.

［29］窦元. 魅力化学 ［M］.北京：北京大学出版社，2010.

［30］刘旦初. 化学与人类 ［M］.3 版. 上海：复旦大学出版社，2007.

［31］刘化章. 合成氨工业：过去、现在和未来——合成氨工业创立 100 周年回顾、启迪和挑战 ［J］.化工进展，2013 （9）：1995－2005.

［32］章福平. 化学与社会 ［M］.1 版. 南京：南京大学出版社，2007.

［33］江元汝. 生活中的化学 ［M］.北京：中国建材工业出版社，2002.

［34］王云生. 化学世界漫步 ［M］.北京：化学工业出版社，2017.

［35］德里克·B·罗威. 化学之书 ［M］.重庆：重庆大学出版社，2019.

［36］张海洋. 真善美的化学 ［M］.北京：北京师范大学出版社，2018.

［37］贝尔纳戴特·邦索德·文森特，乔纳森·西蒙. 化学，不纯粹的科学 ［M］.贾向娜，译. 北京：北京邮电大学出版社，2018.

［38］英雄超子. 鬼脸化学课 元素家族 ［M］.南京：南京师范大学出版社，2018.

［39］江东. 趣谈百年飞机材料之变迁 ［J］.大飞机，2013 （6）：97－99.

［40］陈永胜，黄毅. 石墨烯——新型二维碳纳米材料 ［M］.北京：科学出版社，2013.

［41］代波，邵晓萍，马拥军，等. 新型碳材料：石墨烯的研究进展 ［J］.材料导报，2010 （3）：17.

［42］江雷，冯琳. 仿生智能纳米界面材料 ［M］.北京：化学工业出版社，2016.

［43］江雷. 纳米科学与技术 仿生智能纳米材料 ［M］.北京：科学出版社，2015.

［44］文刚，郭志光，刘维民. 仿生超润湿材料的研究进展 ［J］.中国科学 （化学），2018，48 （12）：1531－1547.

［45］约翰·C. 伯纳姆. 科学是怎样败给迷信的：美国的科学与卫生普及 ［M］.上海：上海科技教育出版社，2006.

［46］王井. 科学谣言传播内容分析——以 2004—2014 年科学热点事件为例 ［J］.江苏科技信息，2018，35 （4）：62－67.

［47］骆睿昊，黄雁翀，崔世勇，等. 无处不在的化学——颜色的故事

［J］.大学化学，2019，34（8）：81‒86.

［48］彭鹏，曾笑菲，吴双，等. 生物染料生命渲染衣装［J］.博物杂志，2009（9）：28.

［49］解雪. 诺贝尔传［M］.长春：时代文艺出版社，2012.

［50］郭豫斌. 诺贝尔化学奖明星故事［M］.西安：陕西人民出版社，2009.

［51］贝加. 田中耕一："一根筋"的诺贝尔化学奖得主［J］.名人传记，2017（10）：83‒88.

［52］彭万华. 从诺贝尔化学奖看20世纪化学的发展——纪念诺贝尔奖颁发100周年［J］.化学通报，2001（11）：735‒742.

［53］郝士明. 材料图传：关于材料发展史的对话［M］.北京：化学工业出版社，2014.

［54］路甬祥. 仿生学的意义与发展［J］.科学中国人，2004（4）：23.

［55］陈振，张增志，杜红梅，等. 仿生材料在集水领域应用的研究现状［J］.材料工程，2020，48（3）：10‒18.

［56］整理，李颖. 中国科协"科学流言榜"发布揭开谣言伪科学面纱［J］.中国质量万里行，2019（7）：92‒94.

［57］西奥多·格雷. 视觉之旅 化学世界的分子奥秘［M］.陈晟，孙慧敏，何菁伟，等译. 北京：人民邮电出版社，2015.